高职高专"十一五"精品规划教材

水利工程概论

主　编　何晓科　殷国仕

副主编　刘　宁　周卫民　王长运

　　　　王海兴　张　宁

主　审　白玉慧

U0238227

中国水利水电出版社

www.waterpub.com.cn

内 容 提 要

　　本书为高职高专非水利类相关的专业和水利水电工程管理、水务管理、道路桥梁工程技术、工程测量技术、港口航道与治河工程、基础工程技术、给排水工程技术等专业的通用教材。全书共分 12 章，主要讲述了水利工程基础知识、水库基本知识、防洪治河工程、取水枢纽工程、灌排工程、蓄泄水枢纽工程、水力发电工程、给排水工程、水利工程的勘测设计、水利工程施工、水利工程管理等。

　　本书也可作为从事水利工程管理一线人员的培训教材和参考书，或作为水利类专业人员的入门教材。

图书在版编目（CIP）数据

　　水利工程概论/何晓科，殷国仕主编 . —北京：中国水利水电出版社，2007（2017.8 重印）
　　高职高专"十一五"精品规划教材
　　ISBN 978 - 7 - 5084 - 4791 - 9

　　Ⅰ．水… 　Ⅱ．①何…②殷… 　Ⅲ．水利工程-高等学校：技术学校-教材 　Ⅳ．TV

　　中国版本图书馆 CIP 数据核字（2007）第 132034 号

书　　名	高职高专"十一五"精品规划教材 **水利工程概论**
作　　者	主编　何晓科　殷国仕　　主审　白玉慧
出版发行	中国水利水电出版社 （北京市海淀区玉渊潭南路 1 号 D 座　100038） 网址：www. waterpub. com. cn E - mail：sales@waterpub. com. cn 电话：(010) 68367658（营销中心）
经　　售	北京科水图书销售中心（零售） 电话：(010) 88383994、63202643、68545874 全国各地新华书店和相关出版物销售网点
排　　版	中国水利水电出版社微机排版中心
印　　刷	北京瑞斯通印务发展有限公司
规　　格	184mm×260mm　16 开本　16.25 印张　416 千字
版　　次	2007 年 9 月第 1 版　2017 年 8 月第 4 次印刷
印　　数	10101—12100 册
定　　价	**39.00 元**

序

2005 年《国务院关于大力发展职业教育的决定》中提出进一步深化职业教育教学改革，根据市场和社会需要，不断更新教学内容，改进教学方法，大力推进精品专业、精品课程和教材建设。教育部也在《关于全面提高高等职业教育教学质量的若干意见》（〔2006〕16 号）中明确指出，课程建设与改革是提高教学质量的核心，也是教学改革的重点和难点，而教材建设又是课程建设的一个重要内容。教材是体现教学内容和教学方法的载体，是进行教学的基本工具，是学科建设与课程建设成果的凝结与体现，也是深化教育教学改革、保障和提高教学质量的重要基础。

编写高职教材，要明确高职教材的特征，如同高职教育的定位一样，高职教材应既具有高教教材的基本特征，又具有职业技术教育教材的鲜明特色。因此，应具有符合高等教育要求的理论水平，重视教材内容的科学性，既要符合人的认识规律和教学规律，又要有利于学生的学习，使学生在阅读时容易理解，容易吸收。做到理论知识的准确定位，既要根据"必需、够用"的原则，又要根据生源的实际情况，以学生为主体确定理论深度；在教材的编写中加强实践性教学环节，融入足够的实训内容，保证对学生实践能力的培养，体现高等技术应用性人才的培养要求。编写教材要强调知识新颖原则，教材编写应跟随时代新技术的发展，将新工艺、新方法、新规范、新标准编入教材，使学生毕业后具备直接从事生产第一线技术工作和管理工作的能力。编写时不能孤立地对某一门课程进行思考，而要从高职教育的特点去考虑，从实现高职人才培养目标着眼，从人才所需知识、能力、素质出发。在充分研讨的基础上，把培养职业能力作为主线，并贯穿始终。

《高职高专"十一五"精品规划教材》是为适应高职高专教育改革与发展的需要，以培养技术应用性的高技能人才的系列教材。为了确保教材的编写质量，参与编写人员都是经过院校推荐、编委会答辩并聘任的，有着丰富的教学和实践经验，其中主编都有编写教材的经历。教材较好地贯彻了新的法规、规程、规范精神，反映了当前新技术、新材料、新工艺、新方法和相应的岗位资格特点，体现了培养学生的技术应用能力和推进素质教育的要求，注重内容的科学性、先进性、实用性和针对性，力求深入浅出、循序渐进、强化应用，具有创新特色。

这套《高职高专"十一五"精品规划教材》的出版，是对高职高专教材建设的一次有益探讨，因为时间仓促，教材可能存在一些不妥之处，敬请读者批评指正。

《高职高专"十一五"精品规划教材》编委会

2006 年 11 月

前言

本教材是根据教育部在《2003～2007 年教育振兴行动计划》中提出的要求，以及"高职高专'十一五'精品规划教材"编委会编审出版计划进行编写的。

水是人类及一切生物赖以生存的物质基础。由于地理和气候的特殊性，我国自古以来就是一个水旱灾害频繁的国家，除水害、兴水利，历来是治国安邦的重要大事。自1949 年 10 月新中国成立以来，我党和我国政府高度重视水利工作，领导全国人民进行了大规模水利建设，基本形成了防洪、排涝、灌溉、供水、发电等水利工程体系，在抗御水旱灾害，保障经济和社会安全，促进工农业生产持续稳定发展，保护水土资源和改善生态环境等方面取得了巨大成就。水电作为一项可重复利用的清洁能源，对人类生活和社会进步发挥着越来越重要的作用，尤其是随着小浪底、三峡、二滩等一批大型水利工程项目的建设，需要越来越多不同行业类型的人才，如外语、商贸、管理、机电、信息等专业人才，投身于水利事业。本教材编写的目的就是为了让非水利类学生与水利类专业低年级的学生学习和了解水利工程建设相关知识，使学生通过本课程的学习，能够更好地在水利工程建设中发挥积极作用。

本书力求在内容上突出实践性，在叙述上浅显易懂，重点讲述水利工程的基本特点、作用、类型、构造和布置方式，并尽量反映水利工程设计、施工与管理等方面的新技术、新材料、新方法的应用新进展和最新的水利工程建设成就，以使学生较为全面地、有针对性地获取水利工程方面的知识，突出高职高专教育教学的实用性和针对性。本书为非水利类相关专业高职高专学生教材，也可作为从事水利工程管理一线人员的培训教材和参考书，或作为水利类专业人员的入门教材。

本书由何晓科、殷国仕任主编，刘宁、周卫民、王长运、王海兴、张宁任副主编。具体分工如下：山东水利职业学院何晓科编写第1章、第3章、第9章（与山东水利职业学院张宁合编），湖南水利水电职业技术学院殷国仕编写第8章、第10章，山东水利职业学院刘宁编写第7章，广东水利电力职业技术学院周卫民编写第2章、第5章，山西水利职业技术学院王长运编写第4章、第11章，河北工程技术高等专科学校王海兴编写第6章、第12章。全书由何晓科统稿。

山东水利职业学院白玉慧教授担任本书主审，对本教材提出了许多建设性意见，使本书质量大为提高，在此表示衷心感谢。

在本书编写过程中，参阅和借鉴了有关教材和科技文献资料，除部分已在本书参考文献中列出外，其余未能一一注明，编者在此一并表示感谢。

由于编者水平有限，书中难免存在缺点、错误和不足之处，诚恳地希望读者随时提出批评和指正。

编　者

2007 年 6 月

目 录

第1章 绪 论

【学习目标】 了解水资源含义及特点，熟悉我国水资源的分布及变化特征；理解水利事业及水利工程建设的意义；认识我国水利工程建设成就并树立现代水利及水利工程建设的理念。

1.1 我国水资源及其特点

1.1.1 水资源

1.1.1.1 水资源含义

水是生命的源泉，是人类赖以生存和发展的最基本的物质。水是不可或缺、不可替代的自然资源。

广义的水资源，指自然界所有的以气态、固态和液态等各种形式存在的天然水。天然水体包括海洋、河流、湖泊、沼泽、土壤水、地下水，以及冰川水、大气水等。其总储量达 13.86 亿 km^3，其中海洋水约占 97.47%，而这部分高含盐量的咸水，目前直接用于工农业生产的微乎其微。

陆地淡水存贮量约为 0.35 亿 km^3，而能直接利用的淡水只有 0.1065 亿 km^3，这部分水资源常称为狭义的水资源。

通常将当前可供利用或可能被利用，且有一定数量和可用质量，并在某一地区能够长期满足某种用途的并可循环再生的水称为水资源。

水资源是实现社会与经济可持续发展的重要物质基础。随着科学技术的进步和社会的发展，可利用的水资源范围将逐步扩大，水资源的数量也可能会逐渐增加。但是，其数量还是很有限的。同时，伴随人口增长和人类生活水平的提高，随着工农业生产的发展，对水资源的需求会越来越多，再加上水质污染和不合理开发利用，使水资源日渐贫乏，水资源紧缺现象也会愈加突出。

1.1.1.2 水资源的特性

水资源的基本特点表现为：一是水资源本身的水文和气象本质，既有一定的因果性、周期性，又带有一定的随机性；二是水资源本身的二重性，既能给人类带来灾难，又可为人类所利用以有益于人类。具体特点如下：

（1）循环性。水资源与其他固体资源的本质区别在于其具有的流动性，它是在循环中形成的一种动态资源。水资源在开采利用以后，能够得到大气降水的补给，处在不断地开采、补给和消耗、恢复的循环之中，如果合理利用，可以不断地供给人类利用和满足生态平衡的需要。

（2）有限性。在一定时间、空间范围内，大气降水对水资源的补给量是有限的，这就决定了区域水资源的有限性。从水量动态平衡的观点来看，某一期间的水量消耗量应接近于该期间的水量补给量，否则将破坏水平衡，造成一系列不良的环境问题。可见，水循环过程是无限的，水资源量是有限的，并非取之不尽、用之不竭。

（3）分布的不均匀性。在地球表面，受经度、纬度、气候、地表高程等因素的影响，降水在空间分布上极为不均，如热带雨林和干旱沙漠、赤道两侧与南北两极、海洋和内地差距很大。在年内和年际之间，水资源分布也存在很大差异，如冬季和夏季，降雨量变化较大。另外，往往丰水年形成洪水泛滥而枯水年干旱成灾。

水资源空间变化的不均匀性，表现为水资源地区分布的不均匀性。如我国水资源总的来说，东南多，西北少；沿海多，内陆少；山区多，平原少。这是由于水资源的主要补给源——大气降水和雪融水的地带性而引起的。

（4）水的利、害双重性。自古以来，水用于灌溉、航运、动力、发电等，为人类造福，为生活、生产作出了很大贡献。但是，暴雨及洪水也可能冲毁农田、淹没家园、夺人生命，如果对水的利用、管理不当，还会造成土地的盐碱化、污染水体、破坏自然生态环境等，也会给人类造成灾难。

（5）利用的多样性。人类对水资源的需求是多种多样的。有的是消耗性的需水，如灌溉、工农业及生活供水等；有的是重复地利用水体而本身不消耗水量，如发电、航运、水景区旅游等。可见，人类利用水资源既有同一性，也有多样性。同时，也给我们人类综合利用水资源提供了更广阔的空间。

（6）不可替代性。水是一切生命的源泉。例如，成人体内含水量占体重的 66%，哺乳动物含水量为 60%～68%，植物含水量为 75%～90%。由此可见，水资源在维持人类生存和生态环境方面的作用是任何其他资源所不能替代的。

1.1.2 我国的水资源

1.1.2.1 我国水资源量

我国地域辽阔，河流、湖泊众多，水资源总量丰富。我国有河流 4.2 万条，河流总长度达 40 万 km 以上，其中流域面积在 1000km² 以上的河流有 1600 多条。长江是中国第一大河，全长 6380km。我国湖泊总面积 71787km²，天然湖面面积在 100km² 以上的有 130 多个，全国湖泊贮水总量 7088 亿 m³，其中淡水贮量 2260 亿 m³。

我国多年平均年降水总量约 61889 亿 m³，多年平均年河川径流总量约 27115 亿 m³，地下水资源量约 8288 亿 m³，两者的重复计算水量为 7279 亿 m³，扣除重复水量后得到水资源总量约为 28124 亿 m³，居世界第六位。

由于受降水的地域分布和地形地貌、水文地质条件等因素的影响，全国水资源分布极为不均，北方 5 片流域（东北诸河、海滦河流域、淮河与山东半岛、黄河流域、内陆诸河）多年平均年水资源量为 5358 亿 m³，占全国水资源总量的 19%，南方 4 片流域（长江流域、华南诸河、东南诸河、西南诸河）多年平均年水资源量为 22766 亿 m³，占全国水资源总量的 81%。全国及各流域片水资源量见表 1-1 所示。

表 1-1　　　　　　　　　　　　　中 国 水 资 源 及 分 布

分区名称	计算面积（km²）	降水资源（km³）	地表水资源（km³）	地下水资源（km³）	水资源总量（km³）
东北诸河	1248500	6377	1653	625	1928
海滦河流域	318200	1781	288	265	421

续表

分区名称	计算面积（km²）	降水资源（km³）	地表水资源（km³）	地下水资源（km³）	水资源总量（km³）
淮河与山东半岛	329200	2830	741	393	961
黄河流域	794700	3691	661	406	744
长江流域	1808500	19360	9513	2464	9613
华南诸河	580600	8967	4685	1116	4708
东南诸河	239800	4216	2557	613	2592
西南诸河	851400	9346	5853	1544	5853
内陆诸河	3374400	5321	1164	862	1304
全　　国	9545300	61889	27115	8288	28124

注　内陆诸河区包括额尔齐斯河；《中国水资源评价》，水利电力出版社，1987 年。

1.1.2.2　我国水资源特点

（1）水资源相对缺乏。虽然我国水资源总量较丰富，但我国人口占世界总人口的 22%，人均水资源占有量仅为 2185m³（2004 年《中国水资源公报》），约为世界人均水资源占有量的 1/3，居世界第 121 位，属于严重的贫水国家。我国的耕地面积为 9600 万 hm²，平均每公顷土地占有的水资源量为 28300m³，约为世界平均水平的 80%。

（2）水资源时空分布严重不均。从空间分布上，我国幅员辽阔，南北气候悬殊，东南沿海地区雨水充沛，水资源丰富；而华北、西北地区干旱少雨，水资源严重缺乏。在时间分布上，降水多集中在汛期的几个月，汛期降雨量占全年的 70%～80%，往往是汛期抗洪、非汛期抗旱。同时，年际变化很大，丰水年洪水泛滥，而枯水年则干旱成灾。

（3）水资源分布与耕地人口的布局严重失调，长江以南地区水资源总量占全国的 82%，人口占全国的 54%，人均水量 4170m³，是全国平均值的 1.9 倍；亩均水资源量为 4134m³，是全国平均值的 2.3 倍；而淮河以北地区人口占全国的 43.2%，水资源总量占全国的 14.4%，人均水量仅为全国平均值的 1/3，亩均水资源量为全国平均值的 1/4。这种水土资源与人口分布的不合理，加剧了水资源短缺和更进一步恶化了水环境。特别是西北、华北的广大地区，已出现严重的水危机。

（4）水质污染和水土流失严重。近年来，水污染在全国各地普遍发生，特别是淮河、海河流域，污染尤为严重，使原本紧缺的水资源雪上加霜一度曾导致沿岸部分城镇饮水困难，影响了社会的和谐及稳定。长江、黄河、珠江、松花江等流域，河流水质污染状况没有得到改善。由于西北地区水土流失严重，地面植被覆盖率低，风沙较大，使黄河成为世界上罕见的多泥沙河流，年含沙量和年输沙量均为世界第一。每年大量泥沙淤积，使河床抬高影响泄洪，严重时则会造成洪水泛滥。因此，必须加强对黄河及相关流域的水土保持，退耕还草、植树造林，减少水土流失，确保河道安全行洪。

1.2　我国水利工程建设概况

为防止洪水泛滥成灾，扩大灌溉面积，充分利用水能发电等，需采取各种工程措施对河流的天然径流进行控制和调节，合理使用和调配水资源。这些措施中，需修建一些工程结构物，这些工程统称水利工程。为达到除水害、兴水利的目的，相关部门从事的事业统称为水利事业。

水利事业的首要任务是消除水、旱灾害，防止大江大河的洪水泛滥成灾，保障广大人民群众的生命财产安全。第二是利用河水发展灌溉，增加粮食产量，减少旱涝灾害对粮食安全的影响。第三是利用水力发电、城镇供水、交通航运、旅游、生态恢复和环境保护等。

1.2.1　防洪治河

洪水泛滥可使农业大量减产，工业、交通、电力等正常生产遭到破坏。严重时，则会造成农业绝收、工业停产、人员伤亡等。如 1931 年武汉地区特大洪水，武汉关水位达 28.28m，造成武汉、南京至上海各城市悉数被淹达百日之久，5000 万亩农田绝收，受灾人口 2855 万人，死亡 4.5 万人，损失惨重。

在水利上，常采取相应的措施控制和减少洪水灾害，一般主要采取以下几种工程措施及非工程措施。

1.2.1.1　工程措施

（1）拦蓄洪水控制泄量。利用水库、湖泊的巨大库容，蓄积和滞留大量洪水；消减下泄洪峰流量，从而减轻和消除下游河道可能发生的洪水灾害。如 1998 年特大洪水，武汉关水位达到 29.43m，是历史第二高水位，由于上游的隔河岩、葛洲坝等水库的拦洪、错峰作用，缓解了洪水对荆江河段及下游的压力，减小了洪水灾害的损失。

在利用水库来蓄洪水的同时，还应充分利用天然湖泊的空间，围积、蓄滞洪水，降低洪水位。当前，由于长江等流域的天然湖泊的面积减少，使湖泊蓄滞洪水的能力降低。1998 年大洪水后，对湖面日益减少的洞庭湖、鄱阳湖等天然湖泊，提出退田还湖，这对提高湖泊滞洪功能和推行人水和谐相处的治水方略具有积极作用。

另外，拦蓄的洪水还可以用于枯水期的灌溉、发电等，提高水资源的综合利用效益。

（2）疏通河道，提高行洪能力。对一般的自然河道，由于冲淤变化，常常使其过水能力减小。因此，应经常对河道进行疏通清淤和清除障碍物，保持足够的断面，保证河道的设计过水能力。近年来，由于人为随意侵占河滩地，形成阻水障碍、壅高水位，威胁堤防安全甚至造成漫堤等洪水灾害。

1.2.1.2　非工程措施

（1）蓄滞洪区分洪减流。利用有利地形，规划分洪（蓄滞洪）区；在江河大堤上设置分洪闸，当洪水超过河道行洪能力时，将一部分洪水引入蓄滞洪区，减小主河道的洪水压力，保障大堤不决口。通过全面规划，合理调度，总体上可以减小洪水灾害损失，可有效保障下游城镇及人民群众的生命、财产安全。

（2）加强水土保持，减小洪峰流量和泥沙淤积。地表草丛、树木可以有效拦蓄雨水，减缓坡面上的水流速度，减小洪水流量和延缓洪水形成历时。另外，良好的植被还能防止地表土壤的水土流失，有效减少水中泥沙含量。因此，水土保持对减小洪水灾害有明显效果。

（3）建立洪水预报、预警系统和洪水保险制度。根据河道的水文特性，建立一套自动化的洪水预测、预报信息系统。根据及时准确的降雨、径流量、水位、洪峰等信息的预报预警可快速采取相应的抗洪抢险措施，减小洪水灾害损失。

另外，我国应参照国外经验，利用现代保险机制，建立洪水保险制度，分散洪水灾害的风险和损失。

1.2.2 灌排工程

在我国的总用水量中约 70% 的是农业灌溉用水。农业现代化对农田水利提出了更艰巨的任务，一是通过修建水库、泵站、渠道等工程措施提高农业生产用水保障；二是利用各种节水灌溉方法，按作物的需求规律输送和分配水量。补充农田水分不足，改变土壤的养分、通气等状况，进一步提高粮食产量。

1.2.3 水力发电

水能资源是一种洁净能源，具有运行成本低、不消耗水量、环保生态、可循环再生等特点，是其他能源无法比拟的。

水力发电，即在河流上修建大坝，拦蓄河道来水，抬高上游水位并形成水库，集中河段落差获得水头和流量。将具有一定水头差的水流引入发电站厂房中的水轮机，推动水轮机转动，水轮机带动同轴的发电机组发电。然后，通过输变电线路，将电能输送到电网的用户。

1.2.4 水土保持工程

由于人口的增加和人类活动的影响，地球表面的原始森林被大面积砍伐，天然植被遭到破坏，水分涵养条件差，降雨时雨水直接冲蚀地表土壤，造成地表土壤和水分流失。这种现象称为水土流失。

水土流失可把地表的肥沃土壤冲走，使土地贫瘠，形成丘陵沟壑，减少产量乃至不能耕种。而雨水集中且很快流走，往往形成急骤的山洪，随山洪而下的泥沙则淤积河道和压占农田，还易形成泥石流等地质灾害。

为有效防止水土流失，则应植树种草、培育有效植被，退耕还林还草，合理利用坡地，并结合修建埝坝、蓄水池等工程措施，进行以水土保持为目的的综合治理。

1.2.5 给排水工程

随着城镇化进程的加快，城镇生活供水和工业用水的数量、质量在不断提高，城市供水和用水矛盾日益突出。由于供水水源不足，一些重要城市只好进行跨流域引水，如引滦入津、引碧入大、京密引水、引黄济青等工程。特别是正在建设中的南水北调工程，引水渠全长 300km，投资近 2000 亿元人民币，每年可为华北地区的河北、山东、天津、北京等省市供水 200 亿 m³。

由于城市地面硬化率高，当雨水较大时，在城镇的一些低洼处，容易形成积水，如不及时排放，则会影响工、商业生产及人民群众的正常生活。因此，城市降雨积水和渍水的排放，是城市防洪的一部分、必须引起高度重视。

1.2.6 水资源保护工程

水污染是指由于人类活动，排放污染物到河流、湖泊、海洋的水体中，使水体的有害物质超过了水体的自身净化能力，以致水体的性质或生物群落组成发生变化，降低了水体的使用价值和原有用途。

水污染的原因很复杂，污染物质较多，一般有耗氧有机物、难降解有机物、非植物性营养物、重金属、无机悬浮物、病原体、放射性物质、热污染等。污染的类型有点污染和面污染等。

水污染的危害严重并影响久远。轻者造成水质变坏，不能饮用或灌溉，水环境恶化，破坏自然生态景观；重者造成水生生物、水生植物灭绝，污染地下水，城镇居民饮水危险，而长期饮用污染水源，会造成人体伤害，染病致死甚至遗传后代。

水污染的防治任务艰巨，首先应全社会动员，提高对水污染危害的认识，自觉抵制水污染的一切行为，全社会、全民、全方位控制水污染。第二是加强水资源的规划和水源地的保护，预防为主、防治结合。第三是做好废水的处理和应用，废水利用、变废为宝，花大力气采取切实可行的污水处理措施，真正做到达标排放，造福后代。

1.2.7 水生态及旅游

（1）水生态。水生态系统是天然生态系统的主要部分。维护正常的水生生态系统，可使水生生物系统、水生植物系统、水质水量、周边环境良性循环。一旦水生态遭到破坏，其后果是非常严重的，其影响是久远的。水生态破坏后的主要现象为：水质变色变味，水生生物、水生植物灭绝；坑塘干涸、河流断流；水土流失，土地荒漠化；地下水位下降，沙尘暴增加等。

水利水电工程的建设，对自然生态具有一定的影响。建坝后河流的水文状态发生一定的改变，可能会造成河口泥沙淤积减少而加剧侵蚀，污染物滞留，改变水质。对库区，因水深增加、水面扩大、流速减小，产生淤积。水库蒸发量增加，对局部小气候有所调节。

筑坝对回游性鱼类影响较大，如长江中的中华鲟、胭脂鱼等。在工程建设中，应采取一些可能的工程措施（如鱼道、鱼闸等），尽量减小对生态环境的影响。

另外，水库移民问题也会对社会产生一定的影响，由于农民失去了土地，迁移到新的环境里，生活、生产方式发生变化，如解决不好，也会引起一系列社会问题。

（2）水与旅游。自古以来，水环境与旅游业一直有着密切的联系，从湖南的张家界、黄果树瀑布、桂林山水、长江三峡、黄河壶口瀑布、杭州西湖，到北京的颐和园以及哈尔滨的冰雪世界，无不因水而美丽纤秀，因水而名扬天下。清洁、幽静的水环境可造就秀丽的旅游景观，给人们带来美好的精神享受，水环境是一种不可多得的旅游、休闲资源。

水利工程建设，可造就一定的水环境，形成有山有水的美丽景色，形成新的旅游景点。如浙江新安江水库的千岛湖，北京的青龙峡等。但如处理不当，也会破坏当地的水环境，造成自然景观乃至旅游资源的恶化和破坏。

1.3 现代水利工程进展

1.3.1 我国水利工程建设成就

1.3.1.1 新中国成立前

我国是世界上历史悠久的文明古国。我们勤劳智慧的祖先在水利工程建设方面的光辉成就，是全世界人民熟知和敬仰的。几千年来，我国人民在治理水患、开发和利用水资源方面进行了长期斗争，创造了极为丰富的经验和业绩。例如，从4000年前的大禹治水开始到至今仍在使用的长达1800km的黄河大堤，就是我国历代劳动人民防治洪水的生动记录；公元前485年开始兴建，至1292年完成的纵贯祖国南北、全长1794km的京杭大运河，将海河、黄河、淮河、长江和钱塘江等五大天然河流联系起来，是世界上最早、最长的大运河；公元前600年左右的芍陂大型蓄水灌溉工程；公元前390年建有12级低坝引水的引漳十二渠工程；公元前251年在四川灌县修建的世界闻名的都江堰分洪引水灌溉工程，一直是成都平原农业稳产高产的保障，至今运行良好。这些水利工程都堪称中华民族的骄傲。

但在新中国成立之前的近百年里，我国遭受帝国主义、封建主义和官僚资本主义的统治和压迫，社会生产力受到极大摧残。已有的一些水利设施，大多年久失修，甚至遭到破坏；有的地区水旱交替，灾患频繁，使广大劳动人民饱受旱涝之苦。以黄河为例，在公元前 602 年至 1938 年的 2500 多年内，共决口 1590 余次，其中大的改道 26 次；1938 年黄河大堤被人为决口，直至 1947 年才堵上，淹没良田 133.3 万 hm²，灾民达 1250 万人，有 89 万人死亡。

1.3.1.2 新中国成立后

新中国成立以来，在中国共产党和人民政府的正确领导下，我国水利建设事业得到了迅速发展。人们对水利在国民经济中的重要性的认识不断得到加强，从"水利是农业的命脉"到"水利是国民经济的基础产业"进一步发展到"水利是国民经济基础产业的首位"，水利事业的地位越来越高。

（1）河道治理。从 20 世纪 50 年代初开始，我国对淮河和黄河全流域进行规划和治理，修建了许多山区水库和洼地蓄水工程。1958 年治理后的黄河，遇到与 1933 年造成大灾的同样洪水（22300m³/s），没有发生事故，经受住了考验；对淮河的规划和治理则改变了淮河"大雨大灾，小雨小灾，无雨旱灾"的悲惨景象。1963 年开始治理海河，在海河中下游初步建立起防洪除涝系统，排水不畅的情况得到了改善。

（2）水库建设。经过 50 多年的建设，全国已建成水库 8.6 万多座，其中库容大于 1 亿 m³ 的水库 400 多座，库容在 1000 万～1 亿 m³ 的中型水库 2600 多座，总库容达 4500 亿 m³ 以上的水库数量为世界之首。这些水库在防洪、灌溉、供水等方面发挥了巨大作用。

（3）水力发电也得到了迅猛发展，基本改变了我国的能源结构，节约了大量的煤、石油等不可再生的自然资源。机电排灌动力由 7.056 万 kW 发展到 5788.86 万 kW 以上。

（4）农田灌溉。全国农田灌溉面积由 2.4 万亩增加到 7 亿多亩，为农业稳产、高产作出了突出的贡献。

（5）河道通航。建成通航建筑物 800 多座，10 万 t 以上的港口 800 多处，提高了内河航道与渠化航道的通航质量，航运能力显著提高。

（6）调水工程。已完成了引滦入津、引黄济青、引碧入连等供水工程；正在建设中的南水北调工程是我国有史以来最大的引水工程，也是世界上最大的调水工程。南水北调工程分东线、中线和西线工程。

这些成就为我国经济建设和社会发展提供了必要的、也是重要的基础条件，对工农业生产的发展、交通运输条件的改善和人民生活水平的提高等方面起了巨大的促进作用。

1.3.1.3 水利科学技术发展成就

随着水利工程建设的发展，中国的水利科学技术也迅速提高。流体力学、岩土力学、结构理论、工程材料、地基处理、施工技术以及计算机技术的发展，为水利工程的建设和发展创造了有利的条件。

以坝工建设为例，我国在 20 世纪 50 年代就依靠自己的力量，设计施工并建成坝高 105m、库容 220 亿 m³、装机容量 66 万 kW 的新安江水电站宽缝重力坝，同期还建成了永定河官厅水库（黏土心墙坝）、安徽省佛子岭水库（混凝土支墩坝）、梅山水库（混凝土连拱坝）、广东流溪河水电站（混凝土拱坝）、四川狮子滩水电站（堆石坝）等多座各种类型的大坝，为我国大型水利工程建设开创了良好的开端。

20 世纪 60 年代又以较优的工程质量和较快的施工速度建成了装机 116 万 kW、坝高 147m 的刘家峡水电站（重力坝），以及装机 90 万 kW、坝高 97m 的丹江口水电站（宽缝重力坝）；另外，在高坝技术、抗震设计、解决高速水流问题等方面，也都取得了较大的进展。

20 世纪 70 年代在石灰岩岩溶地区建成了坝高 165m 的乌江渡拱型重力坝，成功地进行了岩溶地区的地基处理；在深覆盖层地基上建成坝高 101.8m 的碧口心墙土石坝，混凝土防渗墙最大深度达 65.4m，成功地解决了深层透水地基的防渗问题，为复杂地基的处理积累了宝贵的经验。

20 世纪 80 年代在黄河上游建成了坝高 178m 的龙羊峡重力拱坝，成功地解决了坝肩稳定、泄洪消能布置等一系列结构与水流问题；同期，还在长江干流上建成了葛洲坝水利枢纽工程，总装机容量达 271.5 万 kW，成功地解决了大江截流、大单宽流量泄水闸消能、防冲及大型船闸建设等一系列复杂的技术问题；还在福建坑口建成了第一座坝高 56.7m 的碾压混凝土重力坝，在湖北西北口建成了坝高 95m 的混凝土面板堆石坝，为这两种新坝型在我国的建设与发展开辟了新道路。

20 世纪 90 年代，我国在四川又建成了装机 330 万 kW、坝高 240m 的二滩水电站（双曲拱坝）；在广西红水河建成了坝高 178m 的天生桥一级水电站（混凝土面板堆石坝）；在四川建成了坝高 132m 的宝珠寺碾压混凝土重力坝；坝高 154m 的黄河小浪底土石坝业已完工；举世瞩目的三峡水利枢纽于 1994 年 12 月 14 日正式开工，1997 年实现大江截流，并于 2003 年首批机组发电，2009 年将全部竣工。三峡水利枢纽工程水电站总装机容量达 1820 万 kW，单机容量 75 万 kW；双线五级船闸，总水头 113m，可通过万吨级船队；垂直升船机总重 11800t，过船吨位 3000t，均位居世界之首，这些成就标志着我国坝工技术包括勘测、设计、施工、科研等已跨入世界先进水平。即将开始建设的清江水布垭水电站、澜沧江小湾水电站大坝均在 250～300m；跨世纪的南水北调工程，都是世界上少有的巨型工程。

1.3.2　现代水利工程发展问题及理念

1.3.2.1　现代水利发展问题

现代水利工程建设主要表现在两个方面：一是水利工程建设观念上的转变；二是水利工程建设科学技术水平的提高。虽然经过几十年的努力，我们在水利水电工程建设方面取得了辉煌的成就，水利工程和水电设施在国民经济中发挥着巨大的作用。但是，从我国经济建设和可持续发展的目标来说，水利工程建设的差距还很大。

（1）我国大江大河的防洪问题还没有真正解决，堤坝和城市防洪标准还比较低，随着河流两岸经济建设的发展，一旦发生洪灾，造成的损失越来越大。据资料，1994 年因洪水造成的直接经济损失达 1700 亿元，1995 年损失 1600 亿元，1996 年损失 2200 亿元，1998 年损失 2000 亿元。

（2）目前我国农业仍在很大程度上受制于自然地理和气候条件，抗御自然灾害能力很低，1997 年因大旱农业损失达 900 亿元。城市供水需求迅速增长，缺水问题日益严重，已经影响到人民生活，制约了工业生产发展。

（3）水污染问题日益严重，七大江河都不同程度地受到污染，使有限的水资源达不到生活和工农业用水的要求，水资源短缺问题更为加剧。

（4）水土流失严重，水生态失衡，使水资源难以对土壤、草原和森林资源起到保护作用，造成森林和草原退化、土壤沙化、植被破坏、水土流失、河道淤积、江河断流、湖泊萎缩、湿地干涸等一系列主要由水引起的生态蜕变。

（5）水资源利用率低下，我国丰富的水能资源已开发量占可开发量的比例还相当低，与世界发达国家相比差距很大，农业用水效率仅为 0.3～0.4，工业用水重复利用率仅为 0.3

左右，各行各业用水浪费现象相当严重。

1.3.2.2 现代水利工程发展理念

解决以上问题是关系到整个国民经济可持续发展的系统工程，仅靠"头痛医头，脚疼医脚"局部的、单一的工程水利的建设思想是难以实现的，必须从宏观上、战略思想上实现工程水利向资源水利的转变。所谓资源水利就是从宏观上、战略思想上实现工程水利向资源水利的转变，是从水资源开发、利用、治理、配置、节约、保护等六个方面系统分析综合考虑，实现水资源的可持续利用。正如前水利部汪恕诚部长在 1999 年中国水利学会第七次代表大会上提出的："由工程水利转向资源水利，是一个生产力发展的过程。当前生产力发展了，更需要我们更宏观地看问题，需要我们在原有水利工作的基础上更进一步、更上一个台阶，做好水利工作。从另一个角度讲，由于科学技术的发展，现在已经具备这样做的条件。资源水利有两层意义：一层是实践意义，在实践中要把水利搞得更好，就要从水资源管理的角度来做好我们的工作；另一层意义是理论意义，全世界都提出了可持续发展问题，水资源作为环境的重要组成，也一定要高举可持续发展的旗帜，通过资源水利的思路，实现水资源的可持续利用。"制定人水和谐的大水利战略，保护母亲河健康生命等新思想、新理念是现代水利的具体展现。

1.3.3 现代水利工程建设进展

随着生产的不断发展和人口的增长，水和电的需求量都在逐年增加，而科学技术和设计理论的提高，又为水利工程特别是大型水利水电工程建设提供了有利条件：从国内外水利事业的发展看，水利工程建设的各个方面通过深入研究都在不断提高，并取得可喜的研究成果，积累了宝贵的实践经验，主要表现在以下几个方面：

（1）大水库、大水电站和高坝建设逐年增多。据统计，全世界库容在 1000 亿 m³ 以上大水库约有 7 座，其中最大的是乌干达的欧文瀑布，总库容为 2084 亿 m³；已建成的设计装机在 450 万 kW 以上的水电站有 11 座，其中最大的是巴西与巴拉圭合建的伊泰普水电站，设计装机容量为 1260 万 kW；100m 以上的高坝，1950 年前仅 42 座，现在已建和在建的有 400 多座。在 100m 以上的高坝中，土石坝的数量接近混凝土重力坝和拱坝的总和。

目前，世界上最高的土石坝是塔吉克斯坦的罗贡坝，坝高 335m；最高的重力坝是瑞士的大狄克桑斯坝，坝高 285m；最高的拱坝是格鲁吉亚的英古力坝，坝高 272m；最高的堆石坝是印度的特里坝，坝高 261m。在我国，龙羊峡水电站的库容为 247 亿 m³，是目前国内最大的已建成水库；二滩拱坝坝高 240m，是我国目前最高的坝。正在建设的三峡水电站总装机容量为 1820 万 kW，将是世界上最大的水电站。

（2）新坝型、新材料研究不断取得可喜成果。将土石坝施工中的碾压技术应用于混凝土坝的碾压混凝土筑坝新技术，不仅成功地用于重力坝，而且已开始在拱坝上采用。随着大型碾压施工机械的出现，混凝土面板堆石坝已在许多国家广为采用。中国的天生桥面板堆石坝，最大坝高 178m；设计中的龙滩碾压混凝土重力坝，第一期工程最大坝高 192m，均居世界前列。超贫胶结材料坝试验研究在国内外已经展开，并开始建筑了一些试验坝，预计在中、低坝建设中有广阔的发展前景。

（3）随着对高速水流问题研究的不断深入，在体型设计、掺气减蚀等方面技术日益成熟。泄水建筑物的过流能力不断提高。国外采用的单宽流量已超过 300m³/(s·m)，如美国胡佛坝的泄洪洞为 372m³/(s·m)、葡萄牙的卡斯特罗·让·博得拱坝坝面泄槽为 364m³/(s·m)、伊朗的瑞萨·夏·卡比尔岸边溢洪道为 355m³/(s·m)。中国乌江渡水电站溢洪道采用的单宽流量为 201m³/(s·m)，泄洪中孔为 144m³/(s·m)，而泄洪洞为 240m³/(s·m)；从总泄量看，葛洲坝水利枢纽达 110000m³/s，居全国首位；在拱坝中，以凤滩水电站的泄流量为最大，总泄量达 32600m³/s，也是世界上拱坝泄量最大的工程。

（4）地基处理和加固技术不断发展，使得处理效果更加可靠，造价进一步降低。例如深覆盖层地基防渗处理，广泛采用混凝土防渗墙技术。加拿大马尼克三级坝的混凝土防渗墙，深达 131m，是目前世界上最深的防渗墙。我国渔子溪、密云、碧口水库等工程采用的混凝土防渗墙，深度 32～68.5m，防渗效果良好。此外，利用水泥或水泥黏土进行帷幕灌浆也是处理深厚覆盖层的一项有效措施，如法国的谢尔蓬松坝，高 129m，帷幕深 110m，从蓄水后的观测资料看，阻水效果较好。20 世纪 70 年代初出现的利用水气射流切割掺搅地层，同时将胶凝材料（如水泥浆）灌注到被掺搅的地层中去的高压喷射灌浆，也已成功地应用于地基防渗和加固处理，使工程造价显著降低。

（5）随着高速度、大容量计算机的出现和数值分析方法的不断发展，水工结构、水工水力学和水利施工中的许多复杂问题都可以通过电算得到解决。例如：结构抗震分析已从拟静力法分析进入到动力分析阶段，同时考虑结构与库水、结构与地基的动力相互作用；三维结构分析、渗流分析、温度应力分析、高边坡稳定分析、结构优化设计等已广泛应用于工程实践中。

（6）由于大型试验设备和现场量测设备的发展，使得水工建筑物的模型试验和原型观测也得到相应的发展，并且与电算分析方法相结合，相互校核、相互验证，还可通过反演分析进行安全评价和安全预测。这些研究成果反馈到工程设计中，使得设计更加安全、可靠，也更加经济、合理。

思 考 题

1.1 水资源具有哪些特征？

1.2 我国水资源的特点是什么？

1.3 我国水利事业及水利工程建设取得了哪些重要成就？

1.4 你如何理解现代水利工程的发展？

1.5 试述水利工程建设的重要意义。

第2章 水利工程基础知识

【学习目标】 学习水力学的基本知识，掌握液体的特征与主要物理性质、水在静止状态时的基本规律、水在运动状态时的基本规律；学习工程水文学知识，了解水文循环的过程，河川、流域的概念，熟悉降水与河川径流的形成过程及其变化的因素，掌握径流的特征值及洪水频率（或重现期）的概念；学习工程地质基础知识，了解岩石及其工程地质性质，理解地质构造、岩石的风化、地下水、岩溶的基本概念，掌握水利水电工程的一般地质问题。

2.1 水力学基础

2.1.1 水力学概述

2.1.1.1 水力学的任务

水力学是力学的一个分支，它的主要任务是研究以水为代表的液体的平衡和运动规律，以及应用这些规律解决生产实际问题。水力学可分为水静力学和水动力学两大部分内容：水静力学是研究液体在平衡或静止状态下的力学规律及其应用；水动力学是研究液体在运动状态下的力学规律及其应用。实际上，水静力学是特定条件下的水动力学问题。

2.1.1.2 水力学的应用

水力学的理论研究与应用已渗透到各个专业学科，研究领域也不断地扩大。水流的各种流态及对建筑物的作用影响也不同，但综合起来，水力学的应用主要解决几个方面的问题：

（1）水对建筑物的作用力问题。水工建筑物建成后，都要承受巨大的静水压力或动水压力，以及建筑物基础中的渗透水压力等。水力学则要研究这些水压力的作用，探讨如何减少这些水压力和如何利用这些水压力问题，为水工建筑物结构设计提供依据。

（2）建筑物的过水能力问题。建造水工建筑物，主要是利用水的作用去完成一定的任务，因此需要考虑水工建筑物的过水能力要求。水力学则是研究这些建筑物在各种条件下的过水能力及其影响因素，进而解决如何提高过水能力问题。

（3）水流流态问题。在河道上修建水利枢纽建筑物后将会改变原河道的水流状态。因此，水力学则要研究水流通过各种建筑物时将会形成的各种水流运动状态，提出水流流态的不利影响问题和改善水流流态的条件，为水利枢纽设计和布置等提供有关的水力学参数。

（4）水流能量损失问题。水流存在着易流动性和黏滞性，以及水流流态的改变和水流能量的转换等，都将使水流产生能量损失。因此，水力学要研究水流能量损失及能量变化的规律，以便利用其有效能量，减少其损失；或根据需要如何消除多余能量，以防止水流冲刷河床，危及建筑物的安全。

应该指出，在实践中遇到的水力学问题不止上述内容，需要解决的问题还很多。限于我们学习的内容及范围，本节只学习水力学的一部分基础知识。

2.1.1.3 水力学的研究方法

水力学是一门专业技术基础学科，具有一定的独立性。由于它所研究的内容不同，问题的复杂性不同，因而采用不同的研究方法，常用有以下几种：

（1）理论分析法。这种方法是根据水流的具体情况及其边界条件，应用力学中的牛顿定律、动能定律，动量定理等，通过数学演绎方法建立水力学的基本方程式。由于在实际工程中出现的水力学问题，边界条件复杂，影响因素较多，得到纯理论解较困难。因此，水力学常采用理论分析与实验相结合的方法。

（2）科学试验法。科学试验方法是一种常用方法，它是对实际水流进行原型或模型观测，并将测得的一系列试验数据和观测到的一些现象加以分析和处理，探明本质，找出规律，从而得到某些水力学计算公式和方法。这是研究水力学问题的重要方法和手段。

（3）数值计算法。数值计算法是将水力学中的问题模拟为数学计算模型，通过有限差分法、有限元法、边界元法等数学方法求到近似解。在水力学问题中，水流运动的基本方程和边界条件都较为复杂，一般很难得出理论解。但数值计算法却能较满意地把这类问题的解答用数值的形式表示出来，从而达到求解的目的。

2.1.2 液体的特征与主要物理性质

在自然界中，液体的形态是千变万化的，无论是静止状态还是运动状态，都将受到液体内在因素和外部条件的影响。

自然界由物质组成。一切物质都在不停地运动，而且运动形式又是多种多样的。由物理学知道，物质一般是以三种状态存在，即固态、液态和气态。这三种状态，既有共性，又有各自的特性。

2.1.2.1 液体的特征

固体分子间的距离很小，分子间的相互作用力很大，因此固体能够保持一定的形状和体积，只在很大的外力作用下才能发生形变。固体不易变形和被压缩。

气体分子间的距离大，分子间的相互作用力很小，它的体积易于变化，因此气体不仅没有固定的形状，也没有固定的体积，即气体具有易流动性。

液体分子间的距离大于固体分子间的距离，小于气体分子间的距离，液体分子间的相互作用力较小，因此液体分子在液体内部可成群地相对运动，它介于固体与气体的中间状态。即液体有一定体积，无一定形状，也具有易流动性。液体可承受压力，在较大压力作用下，其体积略有微小的收缩。在一般情况下，可认为液体是不可压缩的。总之，液体的基本特性是易于流动，不易被压缩。

水力学将液体看作是由相互间无间隙的连续质点（质点内含有大量分子）所组成的连续体，它的物理性质和运动要素（如流速、压强，密度等）也是连续分布的。在水力学中，将这种连续体称为连续介质。

2.1.2.2 液体的主要物理性质

在水力学中，液体的主要物理性质有：密度、容重、黏滞性和压缩性等。

（1）质量和密度。物体所含物质的多少叫做质量。液体也是物质，也具有质量，用 M 表示。其单位为 kg。

单位体积内液体所具有的质量称为液体的密度 ρ。若液体体积为 V，则

$$\rho = \frac{M}{V} \qquad (2-1)$$

通常液体的密度可视为常数。在水力学中，水的密度采用在一个标准大气压下，温度为 4℃时纯水的密度，大小为 $\rho = 1000\text{kg/m}^3$。

（2）重量和容重。单位体积内液体所具有的重量称为液体的容重 γ，即

$$\gamma = \frac{G}{V} \qquad (2-2)$$

容重的单位是 N/m^3 或 kN/m^3。

通常液体的容重也可看作常数。水力学中水的容重采用在一个标准大气压下，温度为 4℃时纯水的容重，其值为 $\gamma = 9800\text{N/m}^3 = 9.8\text{kN/m}^3$。容重与密度的关系为 $\gamma = \rho g$，g 为重力加速度。

（3）黏滞性和黏滞系数。液体具有易流动性，静止时不能承受切力抵抗剪切变形，但在流动状况下，液体具有抵抗剪切变形的能力，这种性质称为液体的黏滞性。在液体内部相邻两层之间由于黏滞性产生的阻力叫做黏滞阻力，或称内摩擦力。

由大量实验证明，单位面积上的内摩擦力，与两液层间速度的变化率成正比，即

$$\tau = \mu \frac{\mathrm{d}u}{\mathrm{d}y} \qquad (2-3)$$

式中　μ——动力黏滞系数，它是描述液体黏滞性大小的物理量，μ 值愈大，黏滞性作用愈强；

$\mathrm{d}u/\mathrm{d}y$——液体质点的剪切变形速度（即剪切应变的变化率）。

（4）压缩性和压缩系数。液体只能承受压力而不能承受拉力，故液体有压缩性。液体的体积随压力的增大而减小的性质，称为压缩性。描述液体压缩特性的物理量，即液体体积的相对缩小值 $\left(\dfrac{\mathrm{d}V}{V}\right)$ 与压力的增值（$\mathrm{d}p$）之比，称为压缩系数。水的压缩系数约等于1/20000，所以，在水利工程的水力学计算中，可忽略水的压缩性，认为水是不可压缩的。仅在个别特殊的情况，如泵站开关管道闸门发生水击现象时才考虑水的压缩性。

液体表层一般都存在表面张力，因张力很小，工程上通常不考虑。

2.1.3　水在静止状态时的基本规律

2.1.3.1　静水压强及其特性

（1）静水压力。水在静止状态时的压力叫静水压力。作用于整个受压面积上的压力，叫做静水总压力，用 P 表示，单位为 N 或 kN。

（2）静水压强。水压力常用单位面积上所受静水总压力的大小，即静水压强来衡量，静水压强以 p 表示。设某受压面积为 A，作用在面积 A 上的静水总压力为 P，则

$$p = \frac{P}{A} \qquad (2-4)$$

式中　P——作用于受压面上的静水总压力，N 或 kN；

A——受压面的面积，m^2；

p——静水压强，或称单位面积上的水压力，N/m^2 或 kN/m^2。

用式（2-4）计算出来的静水压强，只反映了受压面单位面积上受力的平均情况，是平均静水压强。但受压面上各点水深不同，承受的水压力也不同。为了反映受压面上各点承受水压力大小的真实状况，提出了点静水压强的概念。若受压面 A 愈小，则该平均静水压强

大小就愈能代表受压面上各点的静水压强。所以受压面上某点静水压强可理解为以该点为中心的微小面积上的平均压强。后面提到的静水压强，若无特殊说明，就是指点的静水压强。

（3）静水压强的特性。静水压强具有两个重要特性，这两个特性是经过理论和实验证明了的。

1）静水内部任一点各方向的压强大小都相等；

2）静水压强的方向垂直并指向受压面。

2.1.3.2　静水压强基本方程

在静水中，水越深水压力越大，所以静水压强总是随水深的增加而增大的。静水压强的这种变化规律，可由静水压强基本方程反映出来。

$$p = p_0 + \gamma h \tag{2-5}$$

式中　p_0——静水表面压强，N/m^2 或 kN/m^2；

γ——水的容重，$9800N/m^3$ 或 $9.8kN/m^3$；

h——水面下某点的水深，m；

p——静水中任意一点的静水压强，N/m^2 或 kN/m^2。

式（2-5）称为静水压强基本方程。它表明：在静水中水深为 A 处的某一点静水压强 p 是由两部分组成的。一部分是从水面传来的表面压强 p_0；另一部分是 γh。它相当于在单位面积上，高度为 h 的水柱重量，它说明了水越深，受到的静水压强越大。

众所周知，地球上的一切物体都受着大气压力的作用，各地大气压强与当地海拔高程和气温有关。若作用于水表面上的大气压强为 p_a，则 $p_0 = p_a$，式（2-5）可写成

$$p = p_a + \gamma h \tag{2-6}$$

式中　p_a——大气压强，N/m^2 或 kN/m^2，在工程中通常采用 $98000N/m^2$ 或 $98kN/m^2$。

水利工程中的水面及建筑物表面一般都作用着大气压强，它们之间的相互作用处于平衡状态，不影响计算成果。因此，为简化计算，一般都不计入大气压强的作用，取 $p_0 = p_a = 0$，则静水压强基本方程可写成

$$p = \gamma h \tag{2-7}$$

特别指出的是，在往后的水力计算及水工建筑物所提到的某一点静水压强，若不另作说明，都是指这个压强。

2.1.3.3　等压面的概念

在静止液体中，凡是静水压强相等的那些点所构成的面，称为等压面。根据静水压强基本方程式（2-5）可知，在连通的同一种静止液体中，淹没深度 h 相同的各点静水压强相同，或者说，位于同一高程的各点静水压强是相等的。由此可知：

（1）在连通的同一种静止液体中，水平面必定是等压面，各种高程不同的水平面，分别表示一系列的等压面。

（2）静止液体的自由面是一个水平面，在这个自由面上各点压强都等于大气压强，故自由面就是一个等压面。

（3）两种不同液体的分界面是水平面，也是等压面。

等压面是水静力学中的一个重要概念，利用它来推算静止液体中的压强，许多复杂的问题就可得到简化。

2.1.3.4　静水压强分布图

静水中的压强沿水深方向的变化规律可形象地用图形来表示。表示受压面上各点压强大

小和方向的图形，称静水压强分布图。

压强分布图的绘制方法是根据式 $p=\gamma h$ 计算静水中受压面上各点压强大小，用一定长度比例的线段代表其大小，用箭头表示压强的方向，且箭头方向垂直于受压面，然后将各点代表压强大小的线段尾端连结起来，就得到压强分布图。

从式（2-7）可知，静水压强与水深的一次方成正比，即压强沿水深方向是按直线分布的。因此通常只要确定受压面的顶边和底边上两点的压强，就可画出压强分布图。如图2-1（b）为一平板闸门，挡水面就是受压面。因水面水深为0，则水面上 A 点的压强 $p_A=0$，而闸底的 B 点，其水深为 h，则 B 点的压强为 $p_B=\gamma h$，将 A、B 两点的压强连直线，即可绘出闸门的压强分布图。

受压面是斜面、折面和圆柱曲面的压强分布图，仍按上述方法绘制。如图2-1是工程上常见到的情况。其中圆柱曲面上〔图2-1（d）〕各点的压强方向都指向圆心。

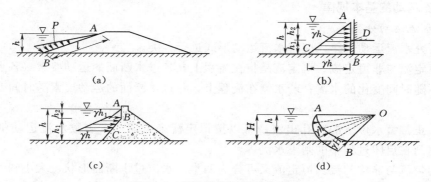

图 2-1　常见的静水压强分布图

2.1.3.5　作用在矩形平面上的静水总压力

作用在水工建筑物上的水压力，不仅要知道受压面上的压强分布，更要知道受压面上静水总压力的大小、方向和作用点（也称为压力中心）。因许多建筑物的挡水面（受压面）为矩形，故只本节介绍矩形平面上的静水总压力计算方法。

从静水压强分布图可以看出，求静水总压力 P，实际上就是平行力系求合力的问题。所有点的压强都垂直受压面，合力 P 的方向必定也垂直受压面，如图2-2（c）、图2-2（d）所示。

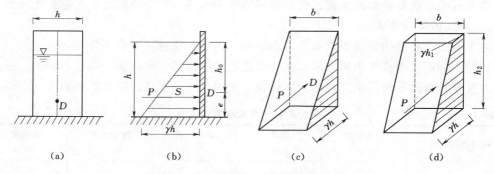

图 2-2　矩形平面上的静水总压力

（1）总压力大小。矩形受压面的宽度沿水深相等，其压强分布沿宽度不变，因此压强分布图沿宽度也不变。这样，整个受压面上的静水总压力就等于压强分布图面积 S 乘受压面宽度 b，即

$$P = Sb \tag{2-8}$$

对于压强分布图为三角形情况，如图 2-2（b）所示，则总压力大小 [图 2-2（c）] 为

$$P = \frac{1}{2}\gamma h \cdot h \cdot b = \frac{1}{2}\gamma h^2 b \tag{2-8a}$$

对于压强分布图为梯形情况，如图 2-1（b）的闸门，总水压力大小 [图 2-2（d）] 为

$$P = \frac{1}{2}(\gamma h + \gamma h_1)h_2 b \tag{2-8b}$$

工程中，因为总压力的作用点不易确定，水工结构设计时常将梯形压强分布图分解为矩形和直角三角形压强分布图，分别计算两个图形的压力大小及压力的作用点。

（2）总压力的作用方向。垂直并指向受压面。

（3）总压力的作用点。在压强分布图体积的重心位置。如三角形压强分布图的 D 点所示。

2.1.4　水流运动的基本规律

2.1.4.1　水流运动分类

为了研究水流运动规律，应将水流运动形式进行分类。

（1）恒定流与非恒定流。恒定流是指在流程上，各过水断面的运动要素（各点流速、动水压强）不随时间变化的水流；若水流在流程上，各过水断面的运动要素随时间变化就称为非恒定流。

例如，正常蓄水位下的闸孔出流，可以按恒定流来考虑。大多数水流运动都是非恒定流，例如闸门在启闭过程中的闸下水流等。

（2）均匀流与非均匀流。恒定流又可分为两类：水流过水断面形状、大小和断面平均流速沿流程不变的水流，称为均匀流，又称为等速流。如直径不变的管道中的流动。水流过水断面形状、大小和断面平均流速沿流程改变的水流，称为非均匀流，又称为变速流。如直径变化的管道中的流动。

（3）渐变流与急变流。在非均匀流中，若沿流程过水断面的大小和流速的大小及方向的变化比较缓慢，流动近似于均匀流，这种流动称为渐变流。反之，则称为急变流。

（4）管流与明渠流、有压流与无压流。与大气接触的水流表面，称为自由表面。没有自由表面的水流，如给水管中满管流动的水流，称为管流，又称为有压流，有自由表面的水流，如排水管中不满管流动的水流、渠道和河道中的水流，称为明渠流，又称为无压流。

2.1.4.2　水流的运动要素

描述水流运动状况的运动要素有：过水断面、流速、流量和动水压强等。

（1）过水断面。垂直于水流方向，并有水流通过的那部分横断面，叫过水断面。过水断面的水力要素有断面几何形状、过水断面面积、湿周和水力半径。常见的如表 2-1 所示。

表 2-1　　　　　　　　　　　　　常见的过水断面水力要素

截面形状	过水断面 $A(\text{m}^2)$	湿周 $\chi(\text{m})$	水力半径 $R(\text{m})$	过水水深 $h(\text{m})$	水面宽度 $B(\text{m})$
圆形	$\dfrac{\pi d^2}{4}$	πd	$\dfrac{\left(\dfrac{\pi d^2}{4}\right)}{\pi d} = \dfrac{d}{4}$	d	

续表

截面形状	过水断面 $A(\text{m}^2)$	湿周 $\chi(\text{m})$	水力半径 $R(\text{m})$	过水水深 $h(\text{m})$	水面宽度 $B(\text{m})$
矩形	bh	$2h+b$	$\dfrac{bh}{2h+b}$	h	b
U 形	$\dfrac{\pi d^2}{8}+dh_1$	$\dfrac{\pi d^2}{2}+2h_1$	$\dfrac{\pi d^2+8dh_1}{4(\pi d+4h_1)}$	$R+h_1$	d
梯形	$(b+mh)h$	$b+2h\sqrt{1+m^2}$	$\dfrac{(b+mh)h}{b+2h\sqrt{1+m^2}}$	h	$b+2mh$

注 A 为过水断面面积垂直水流方向，并有水流通过的断面面积，单位为 m^2。

χ 为湿周在过水断面上的水流与边壁接触部分的边界长度，单位为 m。

R 为水力半径过水断面面积与其湿周之比值 $R=\dfrac{A}{\chi}$，单位为 m。

（2）断面平均流速与流量。

1）断面平均流速 v。过水断面上各点的水流流速是不同的，如渠道水面中心处的流速大，而靠近渠两岸的流速小，渠道水面流速大，而离渠底越近，流速越小，如图 2-3（a）所示；对于管道，管轴线中心处的流速最大，靠近管壁处的流速最小，如图 2-3（b）所示。这是由于固体边界对水流有阻力作用，而它的影响是通过水的黏滞性逐渐向水流内部传递所形成的。工程计算中，一般采用一个平均值来代替断面上各点的实际流速，称为断面平均流速，用 v 表示。它是一个假想的流速。

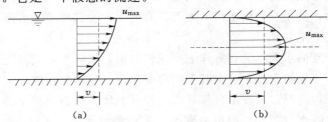

图 2-3 断面的流速分布

2）流量 Q。单位时间内通过过水断面的水体体积称为流量，以 Q 表示。工程上用流量来表示引水或泄水建筑物过水能力的大小。若水流过水断面为 A，断面平均流速为 v，则流量为

$$Q = Av \quad \text{或} \quad v = \dfrac{Q}{A} \qquad (2-9)$$

3）单宽流量 q。通过单位宽度的流量叫单宽流量。工程上，对于矩形过水断面，流量还可用单宽流量 q 表示，即

$$q = \dfrac{Q}{b} \qquad (2-10)$$

式中 v——断面平均流速，m/s；

Q——流量，m^3/s；

　　b——矩形过水断面宽度，m；

　　q——单宽流量，$m^3/(s \cdot m)$。

　　(3) 动水压强。水在流动中，不但对固体边界有压力作用，而且一部分水体与其相邻部分水体之间也有压力作用，这就是动水压力，用动水压强来衡量，以 p 表示，其单位与静水压强一致。

2.2　水　文　学　基　础

　　水文学是研究自然界各种天然水体（如江河、湖泊、海洋、地下水等）的变化规律的科学。直接服务于各种工程建设的水文学，称为工程水文学。由于水利水电工程大多数都修建在江河上，本节主要介绍适用于江河工程的水文学基本知识。

　　陆地上天然的水资源是分布不均的，要充分利用水资源服务于人类的生活及经济建设需要，必须采取一些工程建设措施（如筑堤修库、建水电站、修水闸、开溢洪道、整修堤防等），将天然的水流加以调节控制。这就需要根据江河来水和各方面用水情况，进行水文计算和调节计算。

2.2.1　水文循环与河川流域

2.2.1.1　水文循环

　　地球上的水约有 13.86 亿 km^3，其中海水占 97.47%，陆地上的水仅占 3.5%，其中地表水和地下水各占一半。据估计，对人类生活和生产关系密切的淡水资源，并且可恢复的淡水资源仅有 4.7 万 km^3，占全球总水量的 3.39/10 万，且分布极不均匀。这种水资源分布不均的情况与水分运动有关。

　　水分运动的形式，大致可分以下三种：

　　(1) 从海洋水面上蒸发的水汽，随大气运动到大陆上空后，在一条件下，水汽凝结并以降水形式降落到地面，其中有的雨水渗入地下，有的则沿着江河流入大海，还有一部分雨水由于蒸发而重返大气之中。

　　(2) 从海洋上蒸发的水汽，又在海洋上空成云致雨，以降水形式降落在海洋上。

　　(3) 陆地表面上蒸发的水汽，又在其上空冷凝成雨，降落到陆地上。

　　以上水的运动三种情况，表现了自然界水的往复循环，不断转移交替的现象，则称为水循环。由于它是通过降水、蒸发、河川水流等水文要素实现的，所以水循环又叫水文循环。海洋与陆地之间的水文交替循环过程称为大循环，而海洋与海洋空间，陆地与陆地空间局部地区的水文交替循环过程叫小循环，如图 2-4 所示。

　　水文循环的形成和途径，受着多种因素的影响，其变化是错综复杂的。水循环对地球环境的形成和演变起着重要的作用，为人类生存和发展提供了丰富的水资源。

　　我国地处亚洲大陆的东部，东邻广阔的太平洋，南部受印度洋的影响，是西北干冷气团与东南暖湿气团交接的地区。一年内水汽的输送和降水量的变化，主要受冷暖两种气团进退变化及太平洋西部台风的影响。我国大陆上的水汽，东南来自太平洋的南海，西南来自印度洋的孟加拉湾，进入内陆的水汽，在一定条件下降水产生的河川径流，绝大部分通过黑龙江、海河、黄河、长江、闽江、珠江等河流入太平洋。

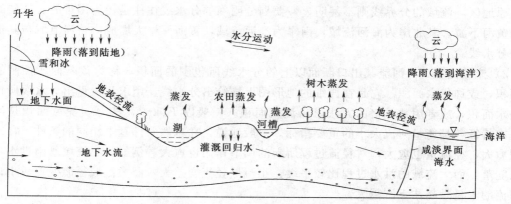

图 2-4　水文循环示意图

2.2.1.2　河流与流域

（1）河流。河流是接纳地面径流和地下径流的天然泄水通道。这个泄水通道又称河槽或河道。雨水受重力作用下，经由地面和地下汇入河槽形成河流。所以，大陆上密布的江、河、溪、沟等大小不等的水道，统称为河流。河流是陆地上最重要的水资源和水能资源。

在河流的规划建设中，常分左岸、右岸。习惯上以面朝水流方向，左手侧的河岸称为左岸，右手侧的河岸称为右岸。

（2）河系。河流有大小之分，汇流的最末一级，直接流入海洋或湖泊的河流，通常称为干流。汇入干流的河流称为一级支流，汇入一级支流的为二级支流，以此类推。一条主河流有大大小小的支流，支流又有小支流，形成各种形式的河系，如扇形河系、羽形河系等，如图 2-5 所示。由干流及其支流组成的水流系统称为河系，又称水系或河网。水系常用干流的名称来命名，如长江水系、黄河水系。也有将河流注入的湖泊来命名，如太湖水系。

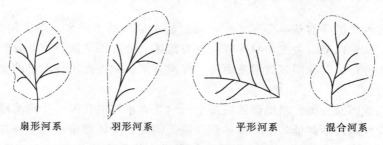

|扇形河系|羽形河系|平形河系|混合河系|

图 2-5　流域或水系形状示意图

（3）流域。在一个水系的河流中，汇集了全部地面集水和地下集水的区域，称为该河流的流域。流域示意图如图 2-5 所示。在同一个流域内的降水，最终通过同一个河口注入海洋，如长江流域、珠江流域。较大的支流或湖泊也可以称为流域，如汉水流域、太湖流域。

流域、水系是降水形成河川径流后输送到出口断面的场所和通道。描述流域形状特征的有关概念及指标有：

1）分水线。两个流域之间的分界线称为分水线，是分隔两个流域的界限。在山区，分水线通常为山峰或岭脊处，起分水作用，所以又称分水岭。如秦岭为长江和黄河的分水岭。山区流域的地面分水线与地下分水线有时并不完全重合，如图 2-6 所示，一般以地面分水线作为流域分水线。

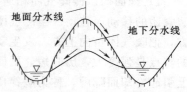

图 2-6　分水线的界限

在平原地区，流域的分界线则不甚明显，要划分明确的分水线往往是较为困难的。特殊的情况如黄河下游，其北岸为海河流域，南岸为淮河流域，黄河两岸大堤成为黄河流域与其他流域的分水线。

2）流域面积 F。河流某出口断面以上的分水线所包围的面积，称为该断面所控制的流域面积，或称集水面积。它是在详细的地形图上描绘出分水线，用求积仪量出分水线所包围的集水面积，或者用数方格的方法求出流域面积。一般以 $F(km^2)$ 表示。流域面积是河流的基本特征，是衡量河流大小的重要指标。一般地说，在自然条件基本相同的条件下，流域面积愈大，径流量也愈大，对径流过程所起的调节作用也愈大。例如，小流域暴雨洪水常常陡涨陡落，而大流域的洪水过程比较平缓；小流域径流变差大，而大流域径流变差较小；一般河流的水量是越往下游越大。

3）流域的长度和平均宽度。流域的长度是指流域的几何中心轴长。以流域出口断面为圆心画许多同心圆，由每个同心圆与分水线相交作割线，各割线中点顺序连线的长度即为流域长度。中小流域形状比较规则时，多用出口断面至分水岭处的干流长度作为流域长度的近似值，以（km）表示。

流域平均宽度 B 可用河流面积 F 除以流域长度 L 来计算。即 $B=\dfrac{F}{L}$。集水面积相近似的两个流域，L 愈长，B 愈窄小；L 愈短，B 愈宽。前者河川径流难以集中，后者河川径流易于汇集。

4）流域的自然地理特征。流域的自然地理特征包括地理位置、气候条件、土壤性质、地形、地质构造、塘库、湖泊以及植被等。这些自然地理环境都将直接或间接地影响河川径流的形成及其过程。

2.2.2　降水与河川径流

2.2.2.1　降水

降水是自然界水循环的基本要素之一，河流的水量来源于降水。降水包括雨、雪、雹、露、霜等形式，其中以降雨为主。我国降雨具有地区上分布不平衡、季节分配不均匀、年际变化差别较大的特点。对我国多数河流而言，降雨直接影响着河川径流量的变化过程，因此本节只介绍降雨。

（1）降雨的成因及分类。当地面的暖湿空气（含有水汽的气团）受到某种因素的作用向上抬升时，四周气压逐渐降低，使气团体积膨胀需消耗自身的能量，而上空并无其他热能供给，只能靠自身放热补充而冷却，当气团冷却降温到使原来未饱和的空气达到了饱和状态时，大量多余的水汽便凝结成云。云中水滴不断增大，直到不能被上升气流所托时，便在重力作用下形成降雨。因此，空气的垂直上升运动和空气中水汽含量超过饱和水汽含量是产生降雨的基本条件。

根据气流上升运动的不同原因，降雨分成以下四种类型：

1）锋面雨。冷暖气团相遇，其交界面叫锋面，锋面与地面的相交地带叫锋，锋面随冷暖气团的移动而移动。当冷气团向暖气团推进时，因冷气团空气较重，冷气团锲进暖气团下方，把暖气团挤向上方，发生动力冷却而致雨，称为冷锋雨，如图 2－7（a）所示。冷锋雨的特点是强度大，历时短，雨区面积较小。当暖气团向冷气团移动时，湿暖气团爬到冷气团上引起冷却而降雨，称为暖锋雨，如图 2－7（b）所示。暖锋雨的特点是强度小，历时长，雨区范围广。

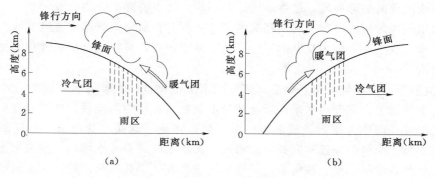

图 2-7　锋面雨示意图

（a）冷锋雨；（b）暖锋雨

我国大部分地区在温带，属南北气流交汇区域，经常产生锋面雨，锋面雨是造成我国河流洪水的主要来源。我国夏季受季风影响，东南地区多暖锋雨，北方地区多冷锋雨。

2）地形雨。地形雨指暖湿气流在运动路途中，遇到山脉、高原的阻挡，而被迫作上升运动，由于动力冷却而成云致雨，称为地形雨。地形雨大部分在迎风坡降落，在背风坡，因气流下沉增温，且大部分水汽已在迎风坡降落，所以降雨量少。地形雨一般降雨历时短，雨区范围不大。

3）对流雨。在盛夏季节，局部地区被暖湿空气笼罩时，由于地面受热，温度升高，近地面气层的空气受热膨胀而上升，上层冷空气在周围下沉补充，于是引起强烈上、下对流，上升的暖湿气流冷却而凝结，便产生大雨或雷阵雨，称为对流雨。对流雨一般范围小，雨强大，历时短。

4）台风雨（热带气旋雨）。热带海洋面上形成的气旋，称为热带气旋（或台风）。热带气旋其中心气压很低，气流的流动极为强烈，台风使高温、高湿气流急剧上升产生暴雨，称为台风雨。台风过境，往往暴雨狂泻，一次暴雨量可达数百毫米。我国东南沿海各省，每年夏、秋季节常发生台风雨，虽然雨量仅占全年的 20%～40%，但常易造成特大洪水，对水利工程威胁很大。

（2）降雨的特征值。降雨的特征值主要是：降雨历时、降雨量、降雨强度。

1）降雨历时 t。一次降雨所持续的总时间，叫降雨历时，它也可以指某一固定时段，如 1min、1h、1d。

2）降雨量 H。降雨的数量必须与一定时段相联系。可以是一次降雨总历时的降雨量，也可以是某一固定时段的降雨量。以降雨后的水层深度表示，常以 mm 计。

3）降雨强度 i。单位时间内的降雨量 $i = \dfrac{H}{t}$，降雨强度表示时段的平均强度，以 mm/min 或 mm/h 计。

降雨面积指降雨笼罩的水平面积，以 km^2 计。

2. 2. 2. 2　河川径流

（1）河川径流。河川径流是指降水到达流域表面，经地面和地下注入河槽，并向流域出口断面汇集的水流。其中来自地面的水流称地面径流，来自地下的水流称地下径流。

河川径流的总水源也称总补给是大气降水，由降雨形成的径流称降雨径流（雨源河流），由融雪形成的径流称融雪径流（雪源河流）。我国的河流以降雨径流为主，融雪径流仅发生在局部地区或河流的局部地段，故本章所述的河川径流主要是指降雨径流。

（2）河川径流的形成过程。河川径流的形成过程是指从降雨到水流流经流域出口断面的整个物理过程。这是一个极为复杂的过程，为了便于研究，可将这个复杂过程概化为产流和汇流两个阶段。

1）产流阶段。在流域降雨开始后，部分雨水被植物枝叶拦截称为截留量。超过截留量的雨水仍落于地面上，部分雨水落在低洼地带形成积水，称为填洼量。这两部分雨水大都不参与径流的形成，而作为降雨径流的损失量。降落在流域地面上的雨水，一般都向土中下渗，除补充土壤含水量外并逐步向其下层渗透。雨水不断地渗入土壤后，使表层土壤含水量达到饱和，后续入渗的水量往往沿着土壤饱和层坡降在土壤孔隙间流动，注入河槽而形成的径流称为表层流或壤中流。雨水继续入渗，经过整个包气带层，渗透到地下水位以下和不透水层以上的土壤中，并缓慢地渗入河流的径流，称为浅层地下径流。至于不透水层以下的深层地下水，可通过泉水或其他形式补给河流，如图 2-8 所示，这部分径流称为深层地下径流，它比较稳定、流动慢，不是本次降雨形成的径流。

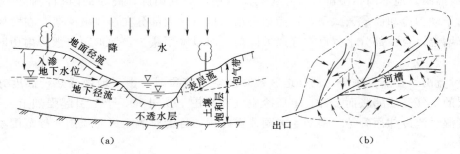

图 2-8　径流形成过程示意图

(a) 坡面漫流；(b) 河网汇流

当降雨强度超过了土壤下渗能力时，则产生超渗雨。超渗雨开始形成地面积水，然后向坡面低处流动，称为坡面漫流。扣除土壤下渗、植物截留、洼地填蓄的水量，余者流入河槽，称为地面径流。由超渗雨形成的径流包括地面径流、表层流和浅层地下径流三部分，是本次降雨产生的径流，总称径流量，也称产流量。

2）汇流阶段。降雨产生的径流，通过河网由上游到下游，从支流到干流，最后全部从流域出口断面流出，叫河网汇流。在降雨和坡面漫流完全停止后，河槽原先容蓄的一部分水量逐渐下泄，河网内水量逐渐消退，直到完成依靠浅层和深层地下水补给（合称为地下径流，在水资源评价中有时还统称基流）。

实际上，产流和汇流两个阶段过程是互相联系，不易截然划分的。在整个降雨形成径流的过程中，降雨、蒸发、下渗、汇流等各种现象总是交织在一起的，而出口断面的流量过程线，则是整个流域综合影响和互相作用的结果。

降雨形成的河川径流与流域的地形、地质、土壤、植被、降雨强度、时间、季节以及降雨区域在流域中的位置等因素有关。因此，河川径流具有循环性、不重复性和区域性。

2.2.2.3　影响径流形式的因素

影响河川径流形成和变化的因素，可归纳为流域的气候因素、下垫面因素和人类活动因素三个方面。

（1）气候因素。

1）降雨。降雨是径流的主要来源，降雨特性对径流的形成及变化起决定性的作用。在其他条件相同情况下，雨量大、历时长、降雨笼罩面积大，则洪水径流大；降雨强度大，则洪水过程线尖瘦，洪峰流量也就大。对于年径流来说，在其他条件相同的情况下，年雨量多则年径流量大，降雨在年内分配不均匀，则径流在年内分配也不均匀。

2）蒸发。在降雨形成径流过程中的各项损失量是暂蓄在流域中的水量，最终均消耗于蒸发，故长时段的总损失量就是蒸发量。在降雨前，如果流域蒸发旺盛，流域蓄水量消耗大，土壤干燥，地下水位低，则降雨后流域蓄水量增加很多，因此损失就大，产生的径流较少；反之，产生的径流就多。

（2）下垫面因素。

1）流域的位置和地形。流域的地理位置反映了它距海洋、山脉的相对位置，间接反映了流域的气候和地理环境。

流域的地形特征包括地面高程，地面坡向、流域坡度等。流域的地形，通过影响气候可以间接影响径流。如山地气温低、蒸发量小、径流量较大；山地的迎风坡常易形成径流的高值中心区。另一方面流域地形还可直接影响下渗和汇流条件，从而影响径流过程。

2）河道特性。河道的坡度、糙率，过水断面的大小和形状等，都能影响汇流速度和调蓄能力。如地形陡峻，河道坡度大，则水流速度快，河槽汇流时间较短，洪水陡涨陡落，流量过程多呈尖瘦型，山区河流大多如此。而平原河流则流量过程平缓。

3）流域面积的大小和形状。流域面积愈大，地面和地下蓄水容积也愈大，流域的调节性能就愈强。流域面积较大河流，得到地下水补给较多，枯水径流较大；流域面积小的河流，地下水补给量小，枯水径流也较小。流域面积大的河流，水量丰富，径流过程平缓；面流域面积小的河流，水量较少，径流过程涨落快。

流域长度影响径流汇流时间，汇流时间愈长，流量过程愈平缓。如扇形河系各支流洪水较快集中地汇入干流，流量过程线往往较陡峻，而羽形河系的各支流洪水可顺序而下，洪峰遭遇机会少，流量过程线比较平缓。

4）土壤、岩石和地质构造。土壤、岩石性质和地质构造，直接影响下渗量的大小。透水性好的土壤、岩石，有利于降雨下渗变成地下水，减少地面径流。透水性差的土壤和岩石，不利于降雨下渗，使降雨产生的地面径流比重加大。

5）植被。流域植被的多少，特别是森林植被，对径流的影响是较大的。总的来说，可以起到蓄水、保水、保土等作用，削减洪峰流量、增加枯水径流，使径流随时间的变化趋于均匀。

6）湖泊与沼泽。湖泊与沼泽对洪水能起到一定的调节作用，使洪水径流过程平缓。因水面蒸发大于陆面蒸发，故湖泊和沼泽会使河川径流总量减少。

（3）人类活动因素。影响径流的人类活动，主要指人们为开发利用和保护水资源，以及为战胜水旱灾害，经济发展所采用的工程措施及农林措施等。通过这些措施改变了流域的自然面貌，从而也就改变了径流形成和变化的条件，并改变了径流与蒸发的比例，地面径流和地下径流的比例，以及径流在时间和空间上的分布等。人类活动包括的主要问题：

1）植树造林、水土保持。植树造林、修建梯田、水土保持、节水灌溉等，可以增加地下径流减少泥沙，减轻洪旱灾害。反之，毁林毁草、破坏生态平衡，会增加河流泥沙，加重洪旱自然灾害。

2）城市化影响。随着国民经济的发展，城市发展特别是中小城镇发展速度很快，暴雨的下渗量很少，全部汇流为洪水径流，此外，公路的修建、工矿企业的发展、厂房建设等，开挖剥离的土石，增加了河流的泥沙。工厂、城市污水的排放，使河水污染，水质变坏，不少河流有害（甚至有毒）物质的含量已达到严重危及人民生活及严重危害人体健康的程度。

3）大、中型水库的兴建。河流修建水库，可以调节径流，滞蓄洪水、减小洪峰，使径流分配合理，造福人民。但是以供水为主或灌溉为主的水库，会使下游河道的年径流大大减少。

4）其他水利工程和堤内违章建筑。为了减少洪水灾害，河流中下游修建堤防以抵御洪水。修堤前洪水期漫滩范围大，修堤后，减少了漫滩范围，河槽调蓄作用降低，使得洪峰流量增大，洪水位升高。特别是在中小城镇附近，堤内违章建筑较多，如民房、码头、仓库等，减少了过水断面，阻挡了行洪能力，增加了洪水威胁。

综合上述，河川径流的形成和变化过程是极其复杂的，很难分出某种因素的作用，因为它是气候、自然地理因素和人类活动综合作用的结果。

2.2.2.4 径流的特征值

在径流的分析计算时，常用以下特征值表示它的变化。

（1）径流量 Q。单位时间内通过某一过水断面的水量叫流量，单位为 m^3/s。因计算的时段不同，有瞬时、日平均、月平均、年平均及多年平均流量之分。

（2）径流总量 W。某一时段 T 内通过某一断面的总水量称为该时段的径流总量，单位为 m^3、万 m^3。同一时段 T 的径流总量 W 与时段平均流量 Q 之间关系为

$$W = QT \qquad (2-11)$$

（3）径流深度 R。计算时段的径流总量平均铺在流域面积上所得的水层深度，称为该时段的径流深度。即以径流总量除以流域面积所得的水层深度，单位为 mm。

$$R = \frac{W}{1000F} = \frac{QT}{1000F} \qquad (2-12)$$

式中　W——计算时段 F 内的径流总量，m^3；

　　　　T——计算时段，s；

　　　　F——某一断面以上的流域面积，km^2。

（4）径流模数 M。单位流域面积上所产生的平均流量称为径流模数。单位为 $[L/(s \cdot km^2)]$。

$$M = \frac{Q}{1000F} \qquad (2-13)$$

（5）径流系数 α。计算时段内径流深度 R 与形成这一径流深的流域平均降雨量 H 的比值称为径流系数。径流系数表示某计算时段内的降雨量中有多少形成径流量。

2.2.3 洪水的频率与重现期

水文计算中，常常需要知道大于某一水文特征值的频率是多少，也就是要提供相应于一定频率的水文数据。

对于洪水预测，由于"频率"这个名词比较抽象，为便于理解，有时采用"重现期"来等效地代替它。重现期是指某一随机变量在很长时期内平均多少年出现一次（多少年一遇），即平均的重现间隔期。频率 P 与重现期 N 的关系，在以下两种不同情况下有不同的表示方法：

（1）当研究洪水或暴雨问题时，重现期指在很长时期 T 年内，出现大于某水文变量 x_p 事件的平均重现间隔期。出现大于 x_p 事件的重现期 N 为

$$P < 50\% \text{ 时} \qquad N = \frac{1}{P} \qquad\qquad (2-14)$$

例如，洪水频率采用 $P=1\%$ 时，代入式（2-14）得 $N=100$ 年，称此洪水为百年一遇洪水。

（2）当研究枯水问题时，重现期是指在很长时期 T 年内，出现小于某水文变量 x_p 事件的平均重现间隔期。出现小于 x_p 事件的重现期 N 为

$$P > 50\% \text{ 时} \qquad N = \frac{1}{1-P} \qquad\qquad (2-15)$$

例如，对于 $P=90\%$ 的枯水流量，将 P 代入式（2-15）得 $N=10$ 年，则称它为十年一遇的枯水流量。频率 P 与重现期 N 的关系如表 2-2。

表 2-2   频率与重现期关系表

频率 $P(\%)$	0.01	0.1	1.0	10	20	25	50	75	80	90	99	99.9
重现期 $N(a)$	10000	1000	100	10	5	4	2	4	5	10	100	1000
意义	平均多少年一遇洪水、暴雨或丰水年							平均多少年一遇枯水或枯水年				

这里必须说明，上面所谈的频率是指多年中平均每年出现的机会。重现期是指在很长时期内平均若干年出现一次，而不是固定的周期。例如百年一遇洪水，是指大于或等于这样的洪水在很长时期（假如 5 万年）内平均 100 年出现一次，而不能认为每隔 100 年必须遇上一次，实际上在某具体的 100 年中也许出现几次，也许一次都不出现。

2.3   工 程 地 质 基 础

2.3.1   概述

工程地质学是研究与工程建设有关的地质问题的科学。它是地质学的一个重要分支，是水利工程建筑专业重要技术基础课，是从工程建设生产实践中发展起来的一门应用学科。它广泛应用于水利水电、港口航道、海洋工程、铁路桥梁、隧洞、矿山深井、国防工程及城市建设等各个部门。

2.3.1.1   主要内容

（1）岩石的工程地质性质。地壳表层的岩石是水工建筑物的地基和常用的建筑材料，岩石的工程地质性质直接影响地基的稳定性和石料质量的好坏。因此，岩石性质是工程地质研究的基本内容。主要包括岩石的矿物组成、结构构造以及其主要的物理力学特性，并结合地质成因分析，阐明常见岩石的简易识别方法，综合评价岩石的工程地质特性。

（2）地质构造与地质特征。地质构造是工程地质研究的主要对象，主要包括地质构造的基本形态、岩体结构的特征等，特别是与水工建筑密切相关的断层、节理、破碎带及软弱夹层的力学特性和分布规律，以及地震活动影响等问题，这些都是直接影响水工建筑物地基岩体稳定和渗漏的主要地质条件，甚至成为水工建筑物选址的决定因素。

（3）水流的地质作用。了解地表水流的地质作用、河谷地貌、沉积层的主要类型及工程地质特性；阐明地下水的埋藏条件、成因类型和运动规律；研究岩溶、滑坡、崩塌、岩石风化等不良地质现象及作用过程。水流的地质作用和不良地质现象，往往直接危及水工建筑物的安全，常使工程建筑遭受破坏或严重影响工程效益。

（4）岩体结构的工程地质特性。包括岩体的结构特征，阐明岩体结构面和结构体的基本性质；分析岩体的力学特性及天然应力状态；着重研究岩体的软弱结构面和软弱夹层的成因、类型与力学强度特征；评述岩体的工程地质分类等。这部分是研究岩体稳定的理论基础，是分析水工建筑地基、边坡、洞室围岩稳定的重要内容。

（5）岩体的稳定和渗漏问题。岩体的稳定和渗漏问题，是水利工程建设中主要的工程地质问题。岩石性质、地质构造、地下水、地表水流及不良地质现象、岩体结构等，既是工程地质的基础知识，又是决定工程岩体稳定和渗漏问题的主要地质因素。

2.3.1.2 地质勘察的基本方法

水利工程地质勘察是通过地质测绘、勘探、试验和长期观测等方法来获得必需的地质资料。工程地质勘察报告及其主要图件是地质勘察工作的汇总成果，它为水工建筑规划、设计、施工、管理等各个阶段提供可靠的地质依据。因此，必须了解工程地质勘察手段的基本原理和方法，着重分析工程地质勘察报告及各种建议措施。

2.3.1.3 地质勘察的主要任务

通过工程地质调查勘探工作，查明建筑区域地形、地貌、地层岩性、地质构造、水文地质、物理地质作用、潜在的不良的地质问题、天然建筑材料与工程建设有关的工程地质条件，预测可能出现的工程地质及环境问题，提出解决这些问题的建议和措施，为工程建设规划、选址、设计和施工与方法提供可靠的地质依据。

2.3.2 岩石及工程地质性质

2.3.2.1 地壳及地质作用

（1）地壳。地球的最外层叫地壳，上面由水、生物和大气层圈围，地壳的下面是地幔，最内层是地核，如图 2-9 所示。在地质作用中，由化学元素组成矿物，矿物组成了岩石，岩石组成了地壳。地壳中最主要的化学元素有氧、硅、铝、铁、钙、钠、钾、镁、氢等九种。这九种元素占地壳总重量 98％以上，其余近百种元素的含量不到 2％。地壳的平均厚度为 33km。

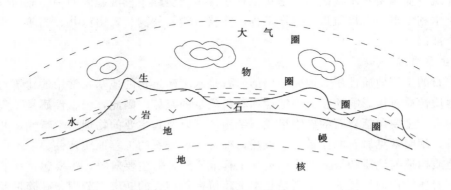

图 2-9 地球圈层构造示意图

（2）地质的作用。能使地壳的物质成分、内部构造和地表形态发生变化的各种作用，都叫地质作用。地质作用的变化有如火山爆发、岩浆活动、地壳运动等迅猛的变化形式；也有风化剥蚀、搬运沉积和固结成岩的漫长变化形式。在地质作用下，地壳不断地变化、发展，使得一些地区形成了高山、海洋、平原和湖泊，造成了现在地壳内部各种不同岩石的产状和地球表面的各种地形、地貌。

2.3.2.2 岩石的形成及工程地质性质

岩石是由矿物组成的,矿物是由具有一定的化学成分和物理性质的自然化合物或自然元素组成的。绝大多数的矿物是由两种或两种以上的化学元素组成,并以化合物的形式存在。由一种矿物或多种矿物有规律地组合而成的自然集合体,称为岩石。根据成因,岩石可分为三大类:岩浆岩(火成岩),占地壳岩石的 64.7%;沉积岩,占地壳的 7.9%;变质岩,占地壳的 27.4%。

岩石的工程地质性质,主要包括岩石的物理性质、水理性质和力学性质,以及与这些性质有密切联系的岩石风化特征。岩石性质的各种指标参数,是对水工建筑物地基评价的依据。

(1)岩浆岩。岩浆岩又称火成岩,是岩浆侵入地壳上部或喷出地表凝固而形成的岩石。岩浆位于地壳深部和上地幔中,是以硅酸盐为主和一部分金属硫化物、氧化物、水蒸气及其挥发性物质组成的高温、高压熔融体,具有流动性。在地壳深处的高压作用下,流动的岩浆会沿着地壳运动出现的裂缝(或地壳薄弱地带)侵入到地壳上部的岩层。如果侵入作用的岩浆在地壳较深处冷凝成岩,称为深成岩;在地壳上部浅处冷凝成岩,称为浅成岩;如果岩浆喷出地表遇冷凝固而形成的岩石,称为喷出岩。

1)深成岩主要岩石有:花岗岩、辉长岩、正长岩、闪长岩等。深成岩往往形成巨大侵入体,岩性一般较均匀,以中、粗粒结构为主,致密坚硬,力学强度高,孔隙很小,透水性弱,抗水性强。是建筑物的良好地基。但是,深成岩比较易于风化,且风化层厚度也大,裂隙较多。作为地基或隧洞围岩时必须加以处理。

2)浅成岩主要岩石有:辉绿玢岩、正长斑岩、闪长玢岩、花岗斑岩等。浅成岩矿物成分与深成岩相似,但产状、结构和构造却大不相同。浅成岩的岩体规模小,岩性不均匀,矿物颗粒大小不等。对于颗粒细小的岩石,强度高,不易风化;呈斑状结构的岩石,由于颗粒大小不均,较易风化,强度低。此外,由于岩体规模小,与周边围岩接触的边缘部位,不但有明显流纹,而且岩石破碎、节理裂隙发育、容易受风化剥蚀、透水性增大。作为大型水利工程地基时,需进行详细的勘探和试验工作,论证工程地质性质特征。

3)喷出岩主要岩石有:流纹岩、玄武岩、辉绿岩、安山岩、火山灰岩等。喷出岩的结构、构造多种多样。一般来说,喷出岩的原生孔隙和节理发育、产状不规则,厚度变化较大,岩性很不均匀。因此其强度低,透水性强,抗风化能力差。但是,那些孔隙、节理不发育,颗粒细、致密玻璃质的喷出岩,如安山岩和流纹岩石,强度很高、抗风化能力强,仍是良好的建筑物地基和建筑材料。特别应注意的是,喷出岩具有多覆盖在其他岩层之上的特点,尤其是新生代的玄武岩,常覆盖于松散沉积物和软弱岩层之上。在工程建设中,不仅要重视喷出岩的性质,而且要研究了解下伏岩层和接触带的岩石特征。

(2)沉积岩。沉积岩是在地壳表面常温常压条件下形成的。一般是指由地壳上原有的岩石受到外力(风、雨、冰、太阳、水流、波浪等)作用,遭风化、剥蚀的破坏后,形成了各种松散物质和溶解于水的化合物质,经搬运、沉积和成岩作用而形成的层状岩石。以及一些由火山喷出的碎屑物质和由生物遗体组成的特殊沉积岩。

沉积岩是野外常见的一种岩石,它主要分布在地壳的表层,出露面积占地球表面积的75%,分布可谓很广。因此,了解沉积岩的特性,有利于对水工建筑物地基的认识。

根据沉积岩的成分和结构,沉积岩可分为碎屑岩、黏土岩、化学岩及生物化学岩四种类型。

1）碎屑岩主要碎屑岩有：砂岩、砾岩、角砾岩、粉砂岩等。它是沉积岩中常见的岩石之一，其性质除组成岩石的矿物影响外，最主要取决于胶结物质和胶结形式，如硅质胶结的岩石，强度高，抗水性强，抗风化能力高；而钙质、石膏质和泥质胶结的岩石则相反，且在水的作用下可被溶解或软化，致使岩石性质更坏；若岩石为基底胶结，性质坚硬，抗水性较强，透水性弱；而接触胶结的岩石则相反。在碎屑岩中，一般粉砂质岩石比砂砾质岩石性质差，特别是钙质、泥质或石膏质结构的粉砂质岩石更为突出。岩石强度低，易风化，如夹有黏土岩层时，常被泥化形成泥化夹层，导致岩体稳定性降低。

2）黏土岩主要黏土岩有：泥岩、页岩等。黏土岩主要由黏土矿物组成。黏土矿物经紧压和胶结而形成黏土岩。常与碎屑岩或石灰岩互层产出，有时呈连续的厚层状。黏土岩性质软弱，强度低，易产生压缩变形，抗风化能力较低，尤其是含有高岭石、蒙脱石等矿物的黏土岩，遇水后具有膨胀、崩解等特性。所以，在水利水电工程中，不适宜作为大型建筑物的地基，作为边坡岩体，也易于发生滑动破坏。这类岩石的优点是隔水性好，在岩溶地区修建水工建筑物时，可考虑利用它作为隔水岩层（不透水层）。

3）化学岩及生物化学岩主要化学岩有：石灰岩、白云岩、泥灰岩等。最常见的是由碳酸盐组成的岩石，以石灰岩和白云岩分布最为广泛。多数岩石结构致密，性质坚硬，强度较高，但主要特征是具有可溶性，在水流的作用下形成溶融裂隙、溶洞、地下暗河等岩溶现象。因此，在这类岩石地区筑坝，岩溶渗漏及塌陷是主要的工程地质问题。

（3）变质岩。各种原有的岩浆岩、沉积岩和变质岩，在地壳运动或岩浆运动等造成物理化学环境改变时，在受到高温、高压和其他化学因素作用下，将会改变原有岩石的成分、结构和构造而生成的新岩石，称为变质岩。

根据变质构造及所含矿物情况，常见的变质岩主要有片麻岩、片岩、板岩、千枚岩、石英岩和大理岩等；根据变质岩作用的因素及变质的形式，变质岩可分为接触变质岩、动力变质岩和区域变质岩三种类型：

1）接触变质岩是岩浆侵入上部岩层时高温导致周围岩石产生的。与原岩比较，接触变质岩的矿物成分、结构和构造发生改变，使岩石强度比原岩石高。但因侵入体的挤压，接触带附近易发生断裂破坏，使岩石透水性增强，抗风化能力降低。所以对接触变质岩应着重研究其接触带的构造破坏问题。

2）动力变质岩是由构造变动形成的岩石，包括碎裂岩、压碎岩、糜棱岩、断层泥等。动力变质岩的性质取决于破碎物质的成分、颗粒大小和压密胶结程度。若胶结不良，则裂隙发育的岩石透水性强，强度也低，在岩体中形成构造结构面或者软弱夹层。

3）区域变质岩是大规模区域性地壳变动促使岩石变质产生的。区域变质岩分布范围广，厚度大，变质程度均匀。

变质岩的主要特征：

1）片麻岩它随着黑云母含量的增多并沿着片麻理明显发育，其强度和抗风化能力显著降低。片岩包括很多类型，其中石英片岩性质较好，强度较大，抗风化能力强。而云母片岩、绿泥石片岩等，片状矿物较多，岩性较软弱，片理特别发育，力学强度低，尤其沿片理方向易产生滑动，一般不利于坝基和边坡岩体稳定。

2）板岩和千枚岩它是浅变质的岩石，岩质软弱性脆，易于裂开成薄板状。在水浸的条件下，板岩和千枚岩中的绢云母和绿泥石等矿物，很容易重新分解为黏土矿物，且易发生泥化现象。

3）石英岩它的性质均匀，致密坚硬，强度极高，抗水性能好，且不易风化，但性质较脆。受地质构造变动破坏后，裂隙断层发育，有时还夹有软弱泥化板岩，使岩石性质变坏。如江西上犹江坝址，石英岩和石英砂岩中夹有泥化板岩，抗滑稳定性差。筑坝时，采取了处理措施才保证了大坝的安全。

4）大理岩它的强度高，但具有微弱可溶性，岩溶发育程度、规模大小以及对建筑物的影响是主要的工程地质问题。

2.3.3 地质构造

2.3.3.1 基本概念

（1）岩层。被两个平行或近似平行的界面所限制的、由同一岩性组成的层状岩石。

（2）层面。岩层的上下界面。

（3）地层。在一定地质时期内所形成的一套岩层（包括沉积岩、岩浆岩和变质岩）。

（4）构造。地层在遭受各种应力作用后所留下的变形和破坏痕迹。其中，变形所留下的痕迹称为褶皱，破坏所留下的痕迹称为断裂。

2.3.3.2 构造运动

地球表面上的山峰、河流都是地壳运动形成的。地壳在地球内部动力地质的作用下不断地运动、发展和变化，称为地壳运动，也叫做构造运动。地壳运动改变了地壳上岩层的原始形态而形成的地壳构造称为地质构造（如褶皱和断裂构造等）。

地壳运动可分为垂直运动和水平运动。垂直运动使地壳上拱下拗，引起海陆变迁，如陆地上升海水就后退、陆地下降海水就入侵。水平运动能使地壳岩层产生水平位移，发生褶皱和断裂。当然这两种运动是可以互相转化的。

2.3.3.3 岩层的产状

（1）岩层产状。岩层在地壳中的空间位置叫岩层产状。由于岩层形成的地质作用、形成环境和构造运动的影响不同，岩层的产状也不同。

（2）岩层的产状要素。岩层的产状要素通常用岩层的走向、倾向和倾角的数值来表示。如图 2－10 所示。

1）岩层走向。层面与水平面相交线的方向称为走向，其交线称为走向线。

2）岩层倾向。层面上与走向线相垂直，并沿层面最大倾斜线的水平方向称为倾向。

3）岩层倾角。岩层面与水平面所夹的锐角称为倾角。

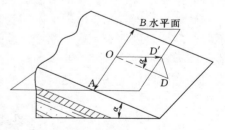

图 2－10 岩层的产状要素

AOB—走向线；*OD*—倾斜线；*OD*′—倾斜线的水平投影，箭头方向为倾角；*α*—倾角

2.3.3.4 褶皱构造

原始水平岩层在构造应力作用下，形成一系列高低起伏的波状弯曲，称为褶皱构造。褶皱构造一般是由背斜和向斜两种基本类型组成。如图 2－11所示。褶皱构造在沉积岩中最为发育，变质岩中也有，它是地质构造中最重要的构造形态之一。在褶皱的中心部分（核部），应力集中，裂隙发育，岩层破碎，风化较深，岩体强度低，渗透

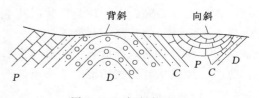

图 2－11 褶皱构造

C—碳系；*D*—泥盆系；*P*—二叠系

性较大，属于地质条件差的地区，应尽量不在这些地段上建坝、闸、电站和隧洞。

2.3.3.5　断裂构造

断裂构造是地壳中岩层或岩体受力达到破坏强度发生断裂变形而形成的构造。

（1）节理和断层。断裂后两边的岩石无明显位移的叫节理（节理也叫裂隙），产生明显位移的则叫断层。节理和断层的成因没有本质上的差别，且都会使岩层的完整性和连续性遭到破坏，对水工建筑物的基础稳定性和渗漏影响很大。

（2）断层面和破碎带。岩层发生位移的错动面称为断层面，断层面与地面的交线称为断层线。较大的断层错动常形成一个带，包括断层破碎带与影响带。破碎带是指因断层错动而破裂和搓碎的岩石碎块、碎屑部分，影响带是指受断层影响、节理发育或岩层产生牵引的弯曲部分。

断层使坝基容易沿断裂结构面产生滑动。选择坝址、确定隧洞和渠道线路时应尽量避开大断层破碎带；库区内有大断层穿过时，有可能沿断层产生渗漏，要探明断层的走向和层面，采取适当的工程措施加以处理。此外，断层活动与地震有关，应注意断层活动的情况。

2.3.3.6　地震

地震是地壳构造运动引起地壳瞬时震动的一种地质现象。它是当地壳内部某处的累积能量急剧释放时，引起岩层破裂和断层错动而产生的一种震动。强烈地震能够对地面建筑物造成巨大破坏。地震的基本概念有：

（1）震源。地壳内部某处的累积能量急剧释放的地方称为震源。

（2）震源深度。震源到地表的垂直距离称为震源深度。

（3）震中。震源垂直向上在地面的投影位置称为震中。

（4）震中距。建筑物在地面上到震中的距离称为震中距，震中距越大，建筑物受到的影响越小。

（5）地震震级。一次地震中释放出来的能量大小称为震级。地震释放能量越大，震级越高。目前世界上有仪器记录的最大地震为8.9级，我国的唐山大地震为7.8级。

（6）地震烈度。地震时地面及建筑物受到影响和破坏程度。同一次地震对不同的地区造成不同的破坏，因而有不同的烈度。地震烈度与震级、震中距、震源深度以及地震波通过的介质条件等多种因素有关。我国的地震烈度分为12度，烈度越大，对建筑物的破坏力越大。地震烈度在6度以下一般对建筑物不会造成破坏，设计时可不考虑地震作用，对7、8、9度则要设防。

（7）地震基本烈度。在50年基准期内，在一般场地条件下可能普遍遭遇到的最大地震烈度称为地震基本烈度。某一地区的基本烈度是由国家地震局根据实地调查、历史记录、仪器记录并结合地质构造情况综合分析研究确定的。一般可查《中国地震烈度区划图（1990）》上所标示的地震烈度值。对重大工程应通过专门的场地地震危险性评价确定。

（8）设计烈度。工程设计时，针对建筑物的重要性予以调整后所采用的抗震设计的地震烈度称为设计烈度。一般建筑物常以基本烈度作为设计烈度。非常重要的永久性建筑物可根据需要将设计烈度较基本烈度提高1～2度；临时建筑物和次要建筑物可适当降低1～2度。

水工建筑物的地震荷载，一般包括水平向地震作用和竖直向地震作用，在进行工程抗震设防时，应根据其工程场地的地质条件、基本烈度及工程的重要性确定其设防类别。

2.3.4　岩石的风化

长期暴露的地壳表层岩石在日晒、风吹、雨淋及生物等因素作用下，岩石结构逐渐崩解、破碎、疏松，矿物成分和构造发生变化，这种现象称为风化。岩石风化按其产生的原因和特征分为物理风化、化学风化和生物风化三种类型。岩石风化后，其内部的矿物成分、结构和构造、物理力学性质已经彻底变化，孔隙率增大，承载力减低，严重风化的岩层不能满足工程建设的要求，必须要挖除或加固。在工程建设中，水工建筑物一般都应建在新鲜岩石上，但不一定非要把全部风化岩石挖掉，有些弱风化、微风化的岩石，只要它的物理力学等指标达到设计要求，也可以利用，以节省投资。

2.3.5　地下水

2.3.5.1　地下水的基本概念

地下水是埋藏在地表以下的各种状态的水，是地球上水体的重要组成部分。绝大多数地下水的来源是因大气降水（包括雨水、融雪、融冰）和地表水（河流、湖泊、水库、渠道等水体）经过岩石的空隙深入到地下汇集而来。地下水是河川径流的重要补给源之一，它与地表水相互转换、相互补充。

2.3.5.2　地下水的基本类型及其特征

（1）按地下水的埋藏条件，地下水可分为包气带水、潜水和承压水。如图 2－12 所示。

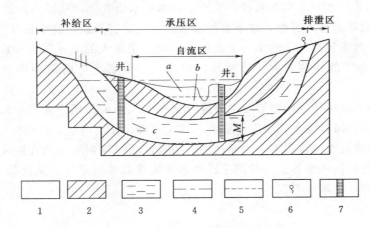

图 2－12　潜水、承压水和上层滞水

1—透水层；2—隔水层；3—含水层；4—潜水位；5—承压水测压水位；6—上升泉；

7—水井（实线部分表示井壁不进水）

a—上层滞水；b—潜水；c—承压水；M—含水层厚度；井$_1$—承压井；井$_2$—自流井

1）包气带水。它是地面以下、潜水位以上未被水饱和的岩土层中的水（如土壤中的水、上层滞水）。是具有自由水面的重力水。包气带水对水工建筑物的影响实际意义不大。

2）潜水。它是埋藏在地面以下、第一个稳定隔水层之上具有自由水面的重力水。这个自由水面就是潜水面，潜水的水面形成地下水位面。受重力作用，潜水在土壤中由高处向低处流动，称为渗流。流动的潜水面具有倾斜的坡度，称为渗流水力坡降。潜水分布广泛，许多水利水电工程经常遇到，水工建筑物的基础不应布置在潜水埋深很浅的地带。

3）承压水。它是充满于上下两个稳定隔水层之间的含水层中具有静水压力的重力水。承压水没有自由水面，当承压水顶板被破坏或被钻孔穿透时，在一定的地形地质条件下，可喷出地面几米或数十米高的水流，所以，它类似于有压管道的水流。

（2）按含水层空隙性质，地下水可分为孔隙水、裂隙水和岩溶水。

1）孔隙水。储存在松散沉积物孔隙中的水叫孔隙水。孔隙水的主要特征是呈层状分布，连续性好，比较均匀，具有统一的地下水面。空隙水可以形成上层滞水、潜水和承压水。

　　2）裂隙水。储存在基岩裂隙中的地下水叫裂隙水。基岩裂隙按成因有风化裂隙，原生裂隙和构造裂隙，因而就有不同的裂隙水。

　　3）岩溶水。储存、运动在可溶性岩石的裂隙和洞穴中的水叫岩溶水。它可以是潜水，也可以是承压水，故岩溶水常为无压水流与有压水流并存。

2.3.5.3　地下水对水利工程的影响

　　（1）潜水位上升的影响。

　　1）使土壤次生沼泽化、盐渍化，改变岩土体的物理力学性质。

　　2）使原来干燥的岩土体被水饱和、软化，诱发边坡产生变形、滑移、崩塌等不良现象。

　　3）可能使原有的建筑物淹没，或使建筑物基础浮起而危及安全。

　　（2）地下水位下降的影响。

　　1）在岩溶地区等一些土层较薄而土粒较粗的地段会引起地表沉陷。

　　2）引起土层的不均匀沉降，造成临近的建筑物开裂、道路沉降、地下管线错断。

　　3）沿海地区受海水（咸潮）入侵，原地下含水层水质变化，建筑物被侵蚀。

　　（3）地下水的渗透破坏影响。地下水的渗透破坏主要有潜蚀、流沙和管涌三个方面。

　　1）潜蚀是渗透水流在一定的水力坡度条件下能产生较大的动水压力冲刷，挟走土中的细小颗粒，使岩土体的孔隙增大，甚至形成洞穴，导致岩土体的结构松动或破坏、地表塌陷。

　　2）流沙是地下水中饱和的松散细少的颗粒土在水头差的作用下，产生悬浮状态而随水流一起流动的现象。流沙使基础发生滑移或不均匀沉降、基坑坍塌、基础悬浮等。

　　3）管涌是在渗透水流作用下，无黏性土的细颗粒通过粗颗粒间的孔隙发生移动或被水流带走的现象。管涌能慢慢形成一种能穿越地基的细管状渗流通路，从而掏空地基或坝体，使地基倾斜、断裂，使坝体下沉。

2.3.6　岩溶

　　在有裂隙的可溶性岩石地区，地下水和地表水对可溶岩进行化学溶蚀、机械溶蚀、迁移、堆积作用，形成各种独特形态的地质现象，称为岩溶。岩溶现象可发生于地表或地下。常见的岩溶形态有石林、溶洞、落水洞、暗河等。岩溶地貌又称为"喀斯特"地貌，因为这种特殊的地质形态在塞尔维亚和黑山共和国的喀斯特高原地区比较典型，故以"喀斯特"命名。岩溶现象对水利水电工程的危害非常严重，它可能由于岩溶通道导致库区渗漏，或由于岩石的孔洞破坏岩石的完整性而降低岩体强度和稳定性。因此，在岩溶地区修建各种水利工程时，要认真进行地质勘探。特别是对岩溶造成的库区渗漏问题，在建造以前要做好充分的调查勘探和提出相应的处理措施。

2.3.7　水利水电工程的一般地质问题

2.3.7.1　斜坡岩体失稳破坏问题

　　（1）泥石流。它是泥沙、石块和水混杂在一起的特殊洪流。

　　（2）蠕变。它是顺层斜坡上的岩体，在其顶部岩体自重作用下，长期缓慢的松动变形下滑现象。

　　（3）崩塌。在山坡和悬崖上的孤石（或被裂隙分离的岩石），在其自重的作用下沿山坡突然崩落而翻滚到山坡脚下的现象。

（4）滑坡。它是斜坡上的岩土在重力、大气降水、地下水渗透及地震等因素的作用下沿软弱结构面发生整体下滑的现象。

（5）剥落。斜坡上的岩体（如页岩、片岩、粉岩等），由于岩石风化作用所产生的碎屑，在重力作用下滚落下来的现象。

2.3.7.2　闸坝的工程地质问题

（1）土石坝的沉降问题。土石坝做在土基上，沉降问题不太突出，应注意土基中不要含有淤泥质土、软黏土等高压缩性土层。土石坝做在岩基上，不存在沉降问题。

（2）重力坝的滑动和沉降问题。重力坝一般做在岩基上，应尽量避开风化层、断层破碎带及各种软弱夹层，或对上述不良地质作出处理。使地基满足抗滑、满足不均匀沉降在规定范围的要求。

（3）水闸闸基的沉降问题。大多数闸基是软基，沉降较大，一般都要进行地基处理。

（4）重力坝坝基及坝肩的渗透问题。坝基、坝肩的岩石应尽量避开孔隙、裂隙、洞穴、断层破碎带及各种软弱夹层，或对上述不良地质作出处理，以提高大坝的防渗和稳定能力。

2.3.7.3　水库的工程地质问题

（1）水库的渗漏。应查明库区内是否有古河道、砂砾石层、岩溶通道和断层破碎带等。

（2）水库的浸没问题。水库蓄水会使库区周边地带的地下水位上升，地下水上升接近地表或高出地表的现象叫浸没。浸没会使附近的地下工程遭受破坏，公路、铁路路基翻浆和冻涨，房屋倒塌，农田盐渍化。

（3）水库的塌岸。水库刚蓄水会使库区岸边的岩土容重增大，强度降低，在波浪冲刷下容易发生库岸坍塌，应加强维修管理。

（4）水库淤积。建坝挡水后，上游水流会挟带泥沙沉积在水库中，长期的沉积物使水库有效库容减小，使用年限缩短。

2.3.7.4　渠道及隧洞的工程地质问题

（1）渠道的地质与渗漏。渠道的线路都比较长，地质上尽量避免经过大断层破碎带、强震区、岩溶发育区和不稳定边坡等不良地质地段；防渗上尽量做好渠道的衬砌，并加强巡查管理。

（2）渡槽的地质问题。架越在山沟河谷上的渡槽，其地质上要求槽墩地基承载力足够，高地与渡槽衔接处的边坡要稳定。

（3）隧洞的地质问题。隧洞应穿过较硬的岩石，尽量避免经过岩石破碎、渗漏严重、构造复杂的不良地段，使隧洞保持自然稳定状态。

思　考　题

2.1　自然界的水是怎样进行循环的？什么叫水分运动？水分运动的三种形式是什么？

2.2　什么是河流？它是如何形成的？什么是河系？

2.3　什么叫流域？它是如何划分的？

2.4　什么叫分水线？分水线有哪两种？流域的分水线是如何确定的？

2.5　什么叫流域面积？流域面积是如何计算出来的？

2.6　降雨的成因是什么？降雨有哪几种类型？

2.7　降雨的特征值有哪几项？

2.8　什么叫河川径流？河川径流是如何形成的？影响径流的因素是什么？径流的特征值有哪些？

2.9　什么叫洪水的频率与重现期？百年一遇洪水的概念是什么？

2.10　水库特征水位和特征库容有哪些？它们的作用是什么？试举例说明它们在水利工程建设中的作用。

2.11　水力学的研究对象是什么？

2.12　水力学在应用上主要解决水工建筑物的什么问题。

2.13　水的基本特性是什么？水的主要物理性质有哪些？

2.14　静水压力与静水压强二者有何异同？

2.15　静水压强的两个特性是什么？

2.16　静水压强的分布图如何绘出？如何求出作用于矩形、梯形平面上的静水总压力的三要素？

2.17　等压面的概念是什么？它有何用途？

2.18　水工建筑物所受的静水压强为何不考虑大气压强？

2.19　水流运动形式有哪些？

2.20　什么叫过水断面、湿周及水力半径？

2.21　地壳是由哪些物质组成？

2.22　什么叫地质作用？地质作用的表现形式如何？

2.23　根据成因岩石分为几大类？它们的主要特征是什么？

2.24　什么是岩层的产状？试举例说明？

2.25　岩浆岩怎样分类？分成哪几类？

2.26　岩浆岩、沉积岩、变质岩是如何生成的？

2.27　什么是地壳运动？地壳运动有哪些表现？

2.28　岩层的走向、倾向、倾角有什么空间意义？

2.29　节理和断层有何区别？它们对水工建筑物有哪些影响？

2.30　什么是褶皱和断层？它们对水工建筑物有什么影响？

2.31　地震的震级与烈度有什么关系？

2.32　风化作用是如何形成的？

2.33　什么叫承压水？它有什么特点？

2.34　潜水与承压水有何特征？

2.35　岩溶水有什么特点？

2.36　岩溶及地下水对水利水电工程有何影响？

第3章 水库基本知识

【学习目标】 掌握水库特征水位、库容的基本概念；理解水库控制运用的基本原理和方法；了解水库泥沙淤积的基本规律和防治的基本方法，以及水库对其周边环境的影响情况；熟悉水利工程的分等及其特点。

3.1 水库与径流调节

从第2章所介绍的河川径流变化规律分析可以看出，河川径流年内和年际之间分配很不均匀，在汛期或丰水年，水量丰沛，一般超过用水量，甚至造成洪涝灾害；而枯水期或枯水年的水量，往往又不够用。显然，河流天然来水同人类的生产、生活用水要求存在矛盾，而只有通过建设水利工程，比如水库来调节河川径流，这是目前解决来水和用水之间矛盾的一种普遍的、有效的工程措施。

3.1.1 水库及其作用

3.1.1.1 水库的作用及调节

兴建水库是合理开发利用水资源的需要。修建水库后，能够有效地调蓄水量，抬高水位，改变河川天然来水过程，除害兴利，以适应国民经济用水要求。

人们把利用水库控制径流并重新分配径流，以兴利除害为目的的这种措施，称为径流调节。通常又按其不同用途，分为兴利调节和防洪调节。把提高枯水期（或枯水年）的供水量，以满足灌溉、水力发电、城镇工业、生活用水等兴利要求而进行的调节称为兴利调节；而把拦蓄洪水、削减洪峰流量，防止或减轻洪水灾害的调节称为防洪调节。

3.1.1.2 水库兴利调节分类

水库来水、用水和蓄水都是经常变化的，水库由库空到库满再到库空（指兴利库容），循环一次所经历的时间，称为调节周期。按调节周期的长短来分，有日调节、周调节、年调节和多年调节等类型。

（1）日调节及周调节。日调节和周调节是短期调节，一般用于发电水库，河川径流在一天或一周内的变化是不大的，而用电负荷，白天和夜晚，或工作日与休假日之间，常差异较大。有了水库就可把夜间或休假日负荷少时的多余水量，蓄存起来增加白天或工作日高负荷时的发电量，这种在一天、一周内将径流进行重新分配的调节称为日调节、周调节。

（2）年调节。在我国一般河流的年内径流季节性变化是很大的，丰水期和枯水期水量相差悬殊，径流年调节的任务就是将丰水期多余水量存蓄水库中，供枯水期用，调节周期为一年，称为年调节。这是最常见的调节方式。

（3）多年调节。如果水库相当大，可以把丰水年的水量全部或部分蓄留在水库内，供枯水年使用，这种调节方式称为多年调节。对于以灌溉为主的水库常为年调节或多年调节水库。

3.1.2 水库特征水位和特征库容

要建设水库，建多大的库容，首先要进行规划设计。应根据河川径流情况和各用水部门需水及保证率要求，通过径流调节计算和经济论证比较，来确定水库的各种特征水位及其相应的特征库容值。这些特征水位和库容各有其特定的任务和作用，体现着水库利用和正常工作的各种特定要求。它们是规划设计阶段确定主要水工建筑物尺寸（如坝高和溢洪道大小等），估算工程效益的基本依据，也是水库建成后进行运用管理的重要根据。为此，应了解各种水库的特征水位及其相应库容的概念。图 3－1 标出了调节水库的各种特征水位及其相应特征库容。

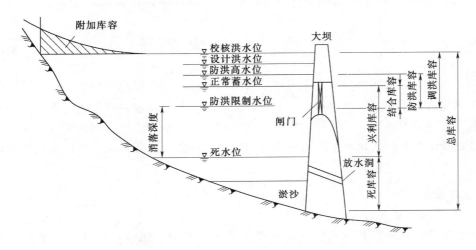

图 3－1　水库的特征水位及相应库容示意图

（1）死水位和死库容。水库正常运用情况下允许消落到最低的水位称为死水位，该水位以下的库容即死库容。除特殊情况外，死库容不参与径流调节，即不能动用这部分水库的水量。

（2）正常蓄水位和兴利库容。水库在运用情况下，为满足设计的兴利要求，设计枯水年（或枯水段）开始供水时应蓄到的水位称正常蓄水位，又称设计兴利水位。正常蓄水位至死水位间的库容即为兴利库容，又称调节库容、有效库容。兴利水位到死水位之间的水库深度称消落深度或工作深度。

（3）防洪特征水位及防洪库容。兴建水库后，为了汛期安全泄洪，要求有一定库容作为削减洪峰、拦蓄洪水之用，称为调洪库容。这部分库容在汛期应该经常留空，以备洪水到来时能及时拦蓄洪量和削减洪峰，洪水过后又再放空，以便迎接下一次洪水。

1）防洪限制水位。防洪限制水位，也称汛期限制水位，简称汛限水位，它是水库在汛期允许蓄水的上限水位。在整个汛期当中，尽可能把汛限水位定在正常蓄水位之下，可以预留一部分库容，增大水库的调蓄功能。一旦入库的洪水消退，才将库水位再升高到正常蓄水位。在进行水库运行时，可根据洪水特性和防洪要求，在汛期的不同时期规定出不同的防洪限制水位，更有效地发挥水库效益。确定此水位的先决条件，必须充分研究洪水特性并在溢洪道上设置闸门或设置深孔泄洪洞。

2）设计洪水位和设计调洪库容。当发生水库设计标准的洪水时，水库从防洪限制水位调节洪水所达到的最高水位，称设计洪水位，该水位与防洪限制水位之间的库容称为设计调洪库容。

对于无闸门控制的中小型水库，一般无防洪限制水位，起调水位与正常蓄水位齐平（溢洪道堰顶高程与正常蓄水位一致），无防洪兴利结合使用的共用库容，其设计调洪库容为设计洪水位与正常蓄水位之间的库容。

3）校核洪水位和校核调洪库容。当发生水库的校核标准洪水时，在坝前达到的最高水位称校核洪水位。该水位与防洪限制水位之间的库容称为校核调洪库容。无闸门控制的中小型水库，起调水位与正常蓄水位齐平，正常蓄水位至校核洪水位之间的库容为校核调洪库容。

4）防洪高水位和防洪库容。当水库下游有防洪要求时，下游防护对象的设计洪水经水库调节后所达到的最高水位称防洪高水位。该水位与防洪限制水位之间的水库容积称为防洪库容。当防洪限制水位低于正常蓄水位时，防洪库容与兴利库容的部分容积是重叠的，可减少专用防洪库容。由于下游防洪标准通常低于大坝设计洪水标准，防洪高水位常低于设计洪水位。

（4）总库容。校核洪水位以下的全部容积称总库容。

应该指出，上述水库面积是假定水库的水面是水平的，相应的库容是静库容。一般情况下，对于库面开阔的湖泊型水库，入库流速较小时，水面曲线接近水平，以静库容计算，误差不大。但当入库流量较大，库中有一定流速时，水面并非水平。水库水面从坝址沿程上溯形成回水曲线，直至水库端部与天然水面相交为止，水面上翘产生一个附加的动库容（图 3-1）。

3.2 水 库 运 用

3.2.1 水库控制运用

3.2.1.1 水库控制运用的任务及内容

如前所述，水库的作用是兴利调节、防洪除害。但是水库在运用中常常存在各种矛盾，如防洪与兴利的矛盾、各兴利部门之间在用水上的矛盾等，解决矛盾的途径和方式不同，相应的效果也不同。水库控制运用，也称水库调度。水库控制运用的任务，就是根据水库工程承担的水利任务、河川径流的变化情况以及国民经济各部门的用水要求，利用水库的调蓄能力，在保证水库枢纽安全的前提下，制定合理的水库运用方案，有计划地对入库天然径流进行控制蓄泄，最大限度地发挥水资源的综合效益。水库控制运用是水库工程运行管理的中心环节。合理的水库控制运用，还有助于工程的管理，保持工程的完整，延长水工建筑物的使用年限。

水库控制运用的工作内容包括：拟定各项水利任务的控制运用方式；编制水库调度规程、水库调度图、当年调度计划；制定面临时段（月、旬）的水库蓄泄方案；进行水库水量调度运用的实时操作等。

3.2.1.2 水库控制运用指标和基本资料

水库控制运用的主要技术指标包括：上级批准或有关协议文件确定的校核洪水位、设计洪水位、防洪高水位、汛期限制水位、正常蓄水位、综合利用的下限水位、死水位、库区土地征用及移民迁安高程、下游防洪系统的安全标准、城市生活及工业供水量、农牧业供水量、水电厂保证出力等。新建成的水库，如在工程验收时规定有初期运用要求的，应根据工程状况逐年或分阶段明确规定上述运用指标，经水库主管部门审定后使用。

　　基本资料是水库控制运用组织与实施的基础，必须充分重视。水库控制运用的基本资料是逐步积累的，从规划设计阶段开始，对有关的设计、施工、验收文件及竣工图纸均需收集并存档。进入运行阶段后，更要注意积累，务必把有关的历史资料及现状搞得十分清楚，才有助于搞好水库控制运用工作。

3.2.1.3　水库控制运用工作制度

　　为了保证水库工程安全，以及满足工、农业生产及生态用水的要求，应建立一套切合实际的水库控制运用工作制度，主要包括下述三个方面：

　　（1）汛前工作制度。

　　1）汛前，水库管理单位应根据设计和工程现状，经过调查了解并征求有关部门的意见，编制年度调度运用计划，也可分别编制防洪调度运用计划和兴利调度运用计划，并报上级主管部门批准后执行。

　　2）在各级人民政府的领导下，水库管理单位每年讯前应建立防汛指挥抢险队伍，准备好有关的防汛物料和设备，建立可靠的水情测报、报警系统，落实报汛和通信、交通、照明等各项设施，对水库各部位进行全面检查、维修，确保工程正常运用。

　　3）水库开始蓄水、泄水、排沙或改变泄流方式时，应事先通知上、下游有关单位，以便及早采取防预措施。

　　（2）汛期工作制度。

　　1）建立值班制度，汛期应昼夜值班，负责掌握雨情、水情、工情，及时向领导报告情况，做好调度和交接班记录，并负责与有关方面联系。

　　2）水库运用初期的水位，要考虑水库上游迁移、淹没情况，与邻省、区、县有协议的，应按协议控制水位。

　　3）进入正常使用阶段，水位不宜暴涨暴落。水位的允许下降速度，要根据大坝的稳定条件等决定。

　　4）各泄水建筑物的泄量，以及单宽流量、水位差、启闭高度要控制在允许范围内。不允许超过标准进行运行。

　　5）由于工程发生异常或闸门启闭设备发生故障，而需要改变运用方式和调整运用计划时，应及时向上级主管部门请示报告。

　　（3）汛后工作制度。

　　1）每年汛后，可根据实际蓄水和来水情况，对调度运用计划进行修订，并上报主管部门批准。

　　2）对水库调度运用工作进行总结时，应着重于来水、蓄水、泄水以及供水情况，预报方法、调度运用执行情况，防洪和兴利效益及其有关经验教训等，并提出今后改进意见，总结并上报主管部门。

3.2.1.4　水情自动测报与调度自动化系统

　　随着计算机、电子技术及卫星通信在水情自动测报与调度自动化技术领域的广泛应用，近 20 多年来，我国众多水库开发和应用这项技术取得了巨大的进步，发挥了重要的社会效益和经济效益。特别是，目前"3S"（RS、GPS、GIS）技术的推广应用，水库控制运用的工作效率和效果大为增强。例如，在汛期，系统自动遥测收集水文气象数据，通过无线电通信系统传输，迅速进行综合处理，准确作出洪峰、洪量、洪水位、流速、洪水到达时间、洪水历时等洪水特征值的预报，并密切配合防洪工程，进行洪水优化调度。还可对洪泛区及时发出警报，组织抢险和居民撤离，从而减少洪灾损失。

3.2.2 水库防洪运用

3.2.2.1 水库防洪运用的任务及原则

（1）水库防洪运用的任务。水库防洪运用的任务是根据规划设计确定或上级主管部门核定的水库安全标准和下游防护对象的防洪标准、防洪调度方式及各防洪特征水位对入库洪水进行调蓄，保障大坝和下游防洪安全。遇超标准洪水，应力求保护大坝安全并尽量减轻下游的洪水灾害。

（2）水库防洪运用的原则：

1）在保证大坝安全的前提下，按下游防洪需要对洪水进行调蓄。

2）水库与下游河道堤防和分、滞洪区防洪体系联合运用，充分发挥水库的调洪作用。

3）防洪调度方式的判别条件要简明易行，在实时调度中对各种可能影响泄洪的因素要有足够的估计。

4）汛期防洪限制水位以上的防洪库容的调度运用，应根据各级防汛指挥部门的调度权限，实行分级调度。

3.2.2.2 水库防洪调度图的绘制和应用

水库防洪运用要处理的主要矛盾可分为两个方面：一是解决水库蓄洪与泄洪的矛盾，即正确处理下游防洪安全与水库防洪安全的矛盾；二是解决水库防洪安全与兴利蓄水的矛盾。从防洪安全来说，防洪限制水位低比较安全，但对兴利蓄水不利；从兴利来说，防洪限制水位高可多蓄水兴利，但可能调洪库容不够，影响防洪安全。为了有效地利用防洪库容，妥善解决上述两个矛盾，一般都要绘制水库的防洪调度图。

（1）水库防洪调度图的基本形式。通常，水库防洪运用方案，在设计阶段就已编制，但那时是为了协调防洪和兴利的矛盾，确定水库的主要参数，这种运用方案考虑运行时的因素是不完全的，所以在水库投入运行以后，每年都要结合当时的具体要求和水文气象情况，编制防洪运用方案，以保证安全度汛，满足兴利要求。

防洪调度图是防洪运用方案的主要内容，由一些控制水库蓄泄水的水库水位（或蓄水量）指示线所组成，见图3-2。

在汛期内为了拦蓄洪水，保障工程安全，水库水位不能超过指示线，若洪水来临时已超过指示线，则应根据调度规则将库水位降低至指示线以下，以确保水库有一定的防洪库容，以便调蓄下一场洪水。防洪调度图是由校核洪水位 $Z_{校}$、设计洪水位 $Z_{设}$、防洪高水位 $Z_{防}$ 及各分期汛限水位 $Z_{限}$ 线的连接线所组成。此连接线又称为防洪调度线。各分期汛限水位线以上的空间，是水库在汛期所必需预留出的防洪库容。

（2）分期汛期限制水位的确定。根据我国多数地区汛期水文特性和当地暴雨发生的规律，水

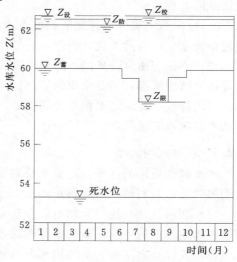

图3-2　水库防洪调度图

库防洪运用一般可分为初汛期、主汛期、末汛期（也可分为2期或4期）进行控制蓄泄。初汛期和末汛期洪水较小，$Z_限$可以适当抬高一些，以增加兴利蓄水量，主汛期洪水较大，$Z_限$可低一些，以提高水库的抗洪能力。

分期抬高汛期防洪限制水位，是解决防洪与兴利矛盾的有效办法。我国绝大多数河流的洪水由降雨产生，一般可由水库所在流域上的暴雨或洪水发生的时间和次数，统计分析洪水出现的规律性，以确定汛期洪水的分期。

在水库的防洪运用中，需根据水库工程检查观测的结论确定水库允许的最高水位$Z_允$，然后推求$Z_限$。$Z_允$可能大于、等于或小于水库设计洪水位$Z_设$。为了避免试算，可从$Z_允$开始向下调洪计算，这种方法称为调洪逆运算。若采用调洪顺运算，则需先假设起调水位往上调洪计算，看所得最高水位与$Z_允$是否相符，如果不符则重新假设起调水位再进行试算。直到两者相符时，所假设的起调水位，即为$Z_允$条件下的$Z_限$。

以防洪调度图作为指导水库汛期防洪运用的基本依据，一般情况下，当库水位低于防洪限制水位时，按兴利要求供水不泄洪；当库水位在$Z_线$与$Z_防$之间，按下游防洪控制点的安全泄流量泄洪；当库水位高于$Z_防$时，则按第二级防洪要求，为确保水库安全，自由泄流。由于防洪调度图是在一定设计条件下制定的，它不能包括防洪调度中的许多细节情况和具体措施，故还需拟定各种频率洪水在不同库水位时，相应的蓄水、泄水、闸门开启操作程序等调度规则。

3.2.2.3 水库防洪调度方式的拟定

上面所介绍的防洪调度图，虽能表达在汛期内各时期水库应预留的防洪库容；但是当洪水来临时，水库应如何控制蓄泄，还需要考虑上下游的防洪要求、水文预报的可靠程度、洪水特性、泄洪设备使用情况等因素，拟定出合适的调度方式。

（1）下游无防洪任务的水库调度方式。水库来承担下游防洪任务时，防洪调度的首要任务就是确保大坝安全，水库泄洪一般采取库水位超过某一数值后，即敞开闸门泄洪的方式，现就溢洪道是否设有闸门情况的调度方式介绍于后。

1）溢洪道上无闸门控制的调度方式。水库溢洪道上不设闸门，汛期限制水位一般、与溢洪道堰顶齐平，洪水来临时，库水位到达溢洪道堰顶高程之后，水库就开始自由溢洪，下泄流量的大小取决于库水位的高低。

2）溢洪道上有闸门控制的调度方式。许多水库为了抬高兴利蓄水位和增加水库泄洪时的初始流量，在溢洪上设置闸门，并使汛期限制水位高于溢洪道堰顶高程。

（2）下游有防洪任务的水库调度方式。许多水库均承担着下游防洪任务，这样水库就存在着两种防洪标准：一是水库的防洪标准，包括设计标准和校核标准；二是水库下游防护对象的防洪标准。此时，不但要分别拟定出水库本身及下游防洪要求的调度方式，而且还要考虑两者的统一调度问题。

3.2.3 水库兴利运用

水库兴利运用的任务是，依据规划设计的开发目标，合理调配水量，充分发挥水库的综合利用效益。兴利运用的原则是：

（1）在制订兴利运用计划时，要首先满足城乡居民生活用水，既要保重点任务又要尽可能兼顾其他方面的要求，最大限度地综合利用水资源。

（2）要在计划用水、节约用水的基础上核定各用水部门供水量，要贯彻"一水多用"的原则，提高水的重复利用率。

（3）兴利调度方式，要根据水库调节性能和兴利各部门用水特点拟定。

（4）库内引水，要纳入水库水量的统一分配和统一调度。

编制水库兴利运用计划，应包括对当年（期、月）来水的预测；协调有关各部门对水库供水的要求；拟定各时段的水库兴利运用指标；根据上述条件，制订年（期、月）的具体供水计划。

3.2.3.1 灌溉水库年度供水计划的编制

在有预报的条件下，通常以日历年为时序，根据年初水库实际蓄水量、当年各月来水量预报值、当年各月用水量估算值，根据水库兴利调节水量平衡原理，进行顺时序调节计算，推求当年水库各月末蓄水过程线，以此作为当年计划调度线。对应的供水过程，即为水库年度供水计划。

（1）编制年度供水计划的依据。

1）由国家颁布和上级主管部门下达的有关方针、政策、法规及意见等文件，它们是编制计划必须遵循的基本原则。

2）水库工程原设计文件、原设计意图。

3）本年度计划灌溉面积和作物组成、灌区历年灌溉面积增减、作物组成变更情况。

4）当年长期气象、水文预报，水库集水面积内和灌区内各测站历年的降水量、蒸发量、径流量资料等。

5）水库水位—面积和水位—容积关系曲线，水库各种兴利特征水位和防洪特征水位。

6）其他综合利用，要求（如发电、航运等）。

（2）水库来水量的预测方法。水库来水量的预测通常是由预报的月降雨量计算月径流量，常用的方法有降雨径流相关法和月径流系数法。

（3）用水量的估算。以灌溉为主的水库，主要是确定灌溉用水量，灌溉用水量加上渠系输水损失，即得灌区总用水量。估算用水量的方法根据具体条件而异，常用的方法有固定灌溉制度法和年、月降水相似法，以及逐月耗水定额法。

（4）绘制当年水库灌溉计划调度线。根据以上方法，在有长期预报的条件下，可以确定水库当年逐月来水量和估算灌区逐月总用水量，并绘制当年水库灌溉计划调度线（也称预报调度线）。无论是年调节水库还是多年调节水库，其绘制方法步骤都是相同的。调节计算与绘制调度线时要注意：水库蓄水位在汛期一般不能高于防洪限制水位。如果库水位超过防洪限制水位，没有特殊措施，则应弃水。

灌溉水库当年计划调度线，实质上就是当年各月库水位的预报值，可按它控制全年库水位，以保证按计划用水。

3.2.3.2 灌溉水库兴利调度图的应用

在缺乏长期水文、气象预报或只有定性预报的情况下，无法采用前面的方法推求水库当年计划调度线。这时，应充分发挥水库的兴利调节作用，避免在无预报条件下水库运行的盲目性，尽可能处理好来水、用水之间的矛盾，通常是应用兴利统计调度图来控制水库的蓄水和放水。

水库的兴利统计调度图，简称兴利调度图。它是根据过去的径流资料系列能够预估未来水文情势的假定，采用时历法兴利调节结合统计分析的方法，得出不同时间的各种兴利蓄水指示线。

在确保大坝安全和满足下游防洪要求的前提下，年调节水库兴利调度图的作用有：①在设计枯水年，应保证正常供水；②在设计丰水年，尽量减少弃水；③在高于设计保证率的特枯年份，应在充分利用水库有效蓄水的前提下，尽量减少遭受破坏的程度。由于作物对干旱有一定的耐受能力，故可采用减少供水的方式，并避免突然集中断水。对溢洪道无闸的小型水库，防洪限制水位与正常蓄水位相同，以水利年度（或调节年度）为时序的年调节水库兴利调度图是最简单的形式，图内含有允许最高洪水位、防洪限制水位、正常蓄水位、死水位，以及加大供水线及限制供水线。加大供水线和限制供水线是兴利运用的临界水位线。

有了水库兴利调度图，在运行管理中，可以根据当时实际库水位落在图中哪一区来决定应该是正常供水、加大供水或是减少供水，做到尽量减少弃水，避免供水中断。

由此可见，兴利调度图是根据过去的来水、用水资料作兴利调节计算后分析归纳，然后绘出的。在水库的运行管理中，兴利调度图常与当年计划调度图一起，作为指导水库运行的依据。有条件时，应和中、短期水文气象预报结合，增加调度的可靠性，使水库兴利运用满足经济、安全的要求。

3.3　水库泥沙淤积及其防治

在河流上修建水库以后，泥沙随水流进入水库，在库内沉积，形成水库淤积。水库淤积的速度与入库径流中的含沙量、水库的运用方式、水库的形态等因素有关；通常位于水土流失区的水库淤积都比较严重。由于水库淤积，库容减小，水库的调节能力也随之减小。水库的淤积不仅会影响水库的综合效益和使用寿命，而且还会使水库上游的淹没和浸没范围扩大，两岸地下水位升高，造成土地盐碱化、沼泽化，同时破坏水库下游河道的水沙平衡，促使下游河床演变加剧。

3.3.1　水库泥沙的冲淤现象和基本规律

3.3.1.1　库区水流形态和输沙流态

库区水流形态主要有壅水流态和均匀流态两种。均匀流态的挟沙特征与一般天然河道相同，称为均匀明流输沙流态，这种流态挟带的泥沙数量沿程不变。当来沙量与水流可以挟带的沙量不一致时，就会发生沿程淤积或沿程冲刷。在壅水流态下，库区可以发生以下三种输沙流态：①浑水进入库区壅水段后，泥沙扩散到水流全断面，由于壅水，流速沿程递减，水流能挟带的泥沙数量也沿程递减；②入库浑水含沙较浓且细颗粒较多，浑水进入壅水段后，不与库内清水发生全局性掺混，而潜到清水下面沿库底向下游运动，则形成所谓的异重流输沙流态；③异重流抵达坝前而不能排出库外时，异重流浑水在坝前清水水面以下滞蓄而形成浑水水库。在壅水明流输沙流态时，如泄流量很小，库区壅水程度较大，流速极小而来沙较多、较细时，也会形成浑水水库输沙。

综上所述，库区不同的水流形态有着与之相应的输沙流态。而不同的输沙流态，又产生不同的淤积形态。

3.3.1.2　水库泥沙的冲刷现象

库区泥沙冲刷可分为溯源冲刷、沿程冲刷和壅水冲刷三种：

（1）溯源冲刷。是指当库水位下降时所产生的向上游发展的冲刷。库水位降落到淤积面以下越低，其冲刷强度越大，向上游发展的速度越快，冲刷末端发展的也越远。溯源冲刷发展的形式与库水位的降落情况、前期淤积物的密实抗冲性等因素有关。

（2）沿程冲刷。是指不受库水位升降影响的库段，因水沙条件改变而引起的冲刷。

即当水沙条件如流量和含沙量发生变化的时候，原来的河床就会不相适应，为了调整河床使之适应变化了的水沙条件，所发生的冲刷（或淤积，淤积时即为沿程淤积）。

（3）壅水冲刷。是指库水位较高而上游未来洪水的情况下，开启底孔闸门发生的冲刷。这种冲刷只是在底孔前形成一个范围有限的冲刷漏斗。漏斗发展完毕，冲刷也就终止。漏斗发展的大小又与淤积物固结程度有关。未充分固结的新淤积物，易于冲刷，冲刷漏斗就较大。

3.3.1.3 库区泥沙淤积形态

库区泥沙的淤积形态，分纵剖面形态与横断面形态；纵剖面形态基本上有三角洲淤积、锥体淤积和带状淤积。横断面形态主要有全断面水平淤高、主槽淤积和沿湿周均匀淤积。

（1）三角洲淤积。淤积体的纵剖面呈三角形形态，见图 3-3。这种淤积形态多见于库容相对于入库洪量较大的水库，特别是湖泊型水库。当这类水库的库水位较高且变幅较小时，挟沙水流进入回水末端以后，随着水深的沿程增加，水流流速逐渐减小；相应挟沙能力也沿程减小，泥沙就不断落淤。

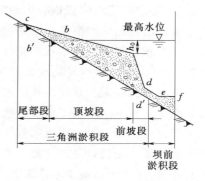

图 3-3 三角洲淤积示意图

（2）锥体淤积。淤积体的纵剖面呈锥体形态，见图 3-4。这种淤积形态多见于多沙河流上的中小型水库。这类水库的壅水段短，库水位变幅大；底坡大，坝不高，在进库水流含沙量较高的情况下，含沙水流往往能将大量泥沙带到坝前而形成锥体淤积。

（3）带状淤积。淤积体的纵剖面自坝前到回水末端呈均匀分布的带状形态，见图 3-5。这种淤积形态多见于库水位变动较大的河道型水库，这类水库在进库泥沙颗粒较细且水流含沙量较少时，往往形成带状淤积。影响淤积纵剖面形态的因素，包括有库区地形、入库水沙条件、水库运用方式、库容大小和支流入汇等。其中，水库运用方式对淤积形态起着决定作用。

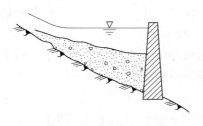

图 3-4 锥体淤积示意图

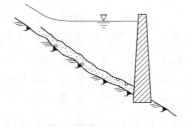

图 3-5 带状淤积示意图

3.3.1.4 水库泥沙冲淤的基本规律

水库淤积的主要形式是壅水淤积。通过淤积对河床组成、河床比降和河床断面形态进行调整，进而提高水流挟沙能力，达到新的输沙平衡。同样，冲刷也是通过对河槽的调整来适应变化了的水沙条件。冲淤的结果都是达到不冲不淤的平衡状态。这就是冲淤发展的第一个基本规律——冲淤平衡趋向性规律。

水库泥沙冲淤的另一个基本规律是"淤积一大片，冲刷一条带"。由于挟带泥沙的浑水到哪里，哪里就会发生淤积，而淤积在横断面上往往是平行淤高的，这就是"淤积一大片"

的特点。当库水位下降，水库泄流能力又足够大时，水流归槽，冲刷主要集中在河槽内，就能将库区拉出一条深槽，形成滩槽分明的横断面形态，这就是"冲刷一条带"的特点。

水库泥沙冲淤的再一条规律就是"死滩活槽"。即由于冲刷主要发生在主槽以内，所以主槽能冲淤交替。而滩地除只能随主槽冲刷在临槽附近发生坍塌外，一般不能通过冲刷来降低滩面，所以滩地只淤不冲，滩面逐年淤高。这一规律可形象地称为"死滩活槽"。它说明，水库在合理的控制运用下，是可以通过冲刷来保持相对稳定的深槽的。

了解水库泥沙冲淤规律，对于采用恰当的水库控制运用方式是十分重要的。为保持有效库容，在水库运用管理中应力求避免滩地库容的损失。汛期要控制减少中小洪水漫滩的机会，特别是含沙量高的洪水要尽可能不漫滩。

3.3.2　多沙河流水库淤积的防治措施

水库淤积的防治措施，主要包括 3 个方面，即加强水土保持减少泥沙入库，合理运用减少水库淤积和清除水库淤积措施。

3.3.2.1　加强水土保持减少泥沙入库

水土保持是减少水库淤积的根本途径，它既能保水保土保肥，又能拦沙。减少入库泥沙量，因而从根本上解决了水库的淤积问题。关于水土保持措施主要包括生物措施、农业措施和工程措施 3 个方面，应根据具体情况合理进行选择。如植树造林、种草绿化荒山。合理耕种梯田，深耕密植，开沟拦截地表水，修筑淤地坝、拦沙堰、拉泥库等。

3.3.2.2　合理运用减少水库淤积

对水库进行合理运用管理，主要包括采用引洪放淤、蓄清排浑、拦洪蓄水、异重流排沙等运用方式：

（1）引洪放淤。引洪放淤主要有引洪淤灌、淤滩造田和洼地放淤等方式；通过水库的引洪放淤，不仅可以营造农田、改良土壤，也可以减少水库的泥沙淤积程度。

（2）蓄清排浑。多沙河流的泥沙主要集中在汛期，尤其是汛期的前几次洪水。蓄清排浑运用方式，就是在汛期的主要来沙季节，采用空库迎汛或降低水位运用，当洪水挟带大量泥沙入库时，利用排沙设施（如排沙底孔、输沙隧洞）排沙减淤，当河中含沙量较小时，拦蓄径流，蓄水兴利。也可以通过并联、串联水库，多个联合运用，以达到蓄清排浑的目的。另外，也有的通过引清入库或筑渗水坝蓄清，汛期泄洪排浑。

（3）拦蓄洪水。对于库容相对较大，河流含沙量较小的水库，可以采用拦洪蓄水，即水库常年蓄水，非汛期拦蓄基流，汛期拦蓄洪水，并根据具体情况泄放水量。由于水库常年蓄水，往往淤积速度较快、水库寿命缩短，所以有时要结合蓄清排浑运用方式。

（4）异重流排沙。在水库蓄水情况下，当洪水挟带大量泥沙入库时，由于清水与浑水比重有别，两者基本不相混掺，而是浑水潜入库底并向坝前运行。此时若及时打开底孔闸门，将浑水排出库外，则可减少水库淤积量。由于水库在异重流排沙前后均能蓄水，使水库在汛期保持有一定的调蓄能力，而不产生大量弃水，所以对水量较缺或不能泄空排沙的水库较为适用。我国北方干旱与半干旱地区，水量缺乏，水库排沙与蓄水兴利的矛盾相当突出。这些地方的水库，因异重流排沙弃水量小，不影响水库蓄水，且能结合灌溉，因而得到了广泛的重视和利用。

上述几种运用方式，应根据具体情况进行比较后选择，也可以结合进行，以更好地减轻水库淤积。

3.3.2.3 清除水库淤积的措施

清除水库淤积的方法较多，主要有人工排沙法、机械清淤法、虹吸清淤法和高渠泄水冲淤法4种：

（1）人工排沙法。这种方法是在水库泄空期间，可用人工将主槽两侧的淤泥推向主槽，或将水流导入滩地上预先开好的新主槽内，依靠清水基流或洪水的冲刷作用，将泥沙排至库外。人工排沙法简便易行，不但能排除滩地淤积，而且变清水为浑水后还可用于下游淤灌。

（2）机械清淤法。机械清淤法，是利用挖泥船、吸泥泵等设备来清淤，而恢复水库的库容。实践证明，这种方法需要较大的动力设备，费用高，淤泥堆放困难，对于我国量大面广、淤积问题比较严重的中小型水库适用较为困难。

（3）虹吸清淤法。虹吸清淤法又称水力吸泥法。清淤设备由操作船、输沙管、吸头、浮筒和连接装置等组成。输泥管的一端用连接装置与坝的放水设备连接，另一端则安装吸头沉入水中，投放在淤泥面上，以便搅拌淤泥成悬浮状后，通过吸头将淤泥吸入输沙管中，并通过输泥管输送到水库下游或引入渠道进行淤灌。为了便于吸头移动，吸头用悬索吊在操作船上进行控制。输泥管中部用悬索系在浮筒上，形成拱形管，利用水库上、下游存在的水头差产生虹吸作用，用沉入水下吸头搅起的泥浆吸入输泥管中，排至下游。

（4）高渠泄水冲淤法。在水库上游河道上修建低坝或围堰，并沿水库周围修建高渠，在高渠长度方向每隔一定距离在滩面上开设横向引槽，利用拦河坝或周围堰将河水截住，引水进入主渠，再从输水高渠中进入引槽，依靠渠水居高临下的水头，冲刷滩地淤泥进入主槽，然后通过泄水洞排出库外。这种方法一般对于蓄清排浑运用的中小型水库较为适用。在泄空或低水位时，利用河道基流来冲刷露在水面以上的滩地，所需的冲刷流量较小，不需要机械设备，经济实用。

3.4 水库对环境的影响

新中国成立以来，我国已建成各类水库86000多座，总库容超过4500亿 m^3。这些水库在防洪、灌溉、发电、供水、航运、水产、旅游等方面产生了巨大的经济效益，但毋庸置疑，也给环境带来了不可否认的负面影响。因此，在修建水库时，必须重视水库对环境的影响，兼顾社会效益、生态环境效益。

要正确处理修建大型水库与保护生态环境的关系，就必须科学地、实事求是地分析修建大型水库可能导致什么样的生态环境问题，生态制约的具体表现是什么，并结合实际对具体问题进行具体分析，分清主次，抓住关键，以人为本，用科学的发展观、人与自然和谐相处的理念正确认识并妥善处理现阶段遇到的问题，确保我国水利水电事业快速健康地发展。从普遍意义上讲，水库在环境方面的影响主要包括移民问题，对泥沙和河道的影响，对气候、水文、地质、土壤、水体、鱼类和生物物种的影响，以及对文物和景观的影响、对人群健康的影响等。

3.4.1 对自然环境的影响

3.4.1.1 对地质的影响

水库可能会诱发地震、塌岸、滑坡等不良地质灾害。

（1）大型水库蓄水后可诱发地震。其主要原因在于水体压重引起地壳应力的增加；水渗入断层，可导致断层之间的润滑程度增加；增加岩层中空隙水压力。

（2）库岸产生滑塌。水库蓄水后水位升高，岸坡土体的抗剪强度降低，易发生塌方、山体滑坡及危险岩体的失稳。

（3）水库渗漏。渗漏造成周围的水文条件发生变化，若水库为污水库或尾矿水库，则渗漏易造成周围地区和地下水体的污染。

（4）抬升地下水位。水库蓄水后因渗漏而使库区周围地下水位上升，严重的会影响到当地农业生产正常进行。比如，低洼地带沼泽化、土壤次生盐碱化、建筑物地基沉陷加剧等。

3.4.1.2　对土壤的影响

水库蓄水引起库区土地浸没、沼泽化、潜育化和盐碱化。

（1）浸没。在浸没区，因土壤中的通气条件差，而造成土壤中的微生物活动减少，肥力下降，影响作物的生长。

（2）沼泽化、潜育化。水位上升引起地下水位上升，土壤出现沼泽化、潜育化，过分湿润致使植物根系衰败，呼吸困难。

（3）盐碱化。由库岸渗漏补给地下水经毛细管作用升至地表，在强烈蒸发作用下使水中盐分浓集于地表，形成盐碱化。土壤溶液渗透压过高，可引起植物生理干旱。

3.4.1.3　对气候的影响

一般情况下，地区性气候状况受大气环流所控制，但修建大、中型水库及灌溉工程后，原先的陆地变成了水体或湿地，使局部地表空气变得较湿润，对局部小气候会产生一定的影响，主要表现在对降雨、气温、风和雾等气象因子的影响。

（1）降雨量有所增加。这是由于修建水库形成了大面积蓄水，在阳光辐射下，蒸发量增加引起的。

（2）降雨地区分布发生改变。水库低温效应的影响可使降雨分布发生改变，一般库区蒸发量加大，空气变得湿润。实测资料表明，库区和邻近地区的降雨量有所减少，而一定距离的外围区降雨则有所增加，一般来说，地势高的迎风面降雨增加，而背风面降雨则减少。

（3）降雨时间的分布发生改变。对于南方大型水库，夏季水面温度低于气温，气层稳定，大气对流减弱，降雨量减少；但冬季水面较暖，大气对流作用增强，降雨量增加。

（4）水库建成后，库区的下垫面由陆面变为水面，与空气间的能量交换方式和强度均发生变化，从而导致气温发生变化，年平均气温略有升高。

3.4.1.4　对水文的影响

水库修建后改变了下游河道的流量过程，从而对周围环境造成影响。水库不仅存蓄了汛期洪水，而且还截流了非汛期的基流，往往会使下游河道水位大幅度下降甚至断流，并引起周围地下水位下降，从而带来一系列的环境生态问题：下游天然湖泊或池塘断绝水的来源而干涸；下游地区的地下水位下降；入海口因河水流量减少引起河口淤积，造成海水倒灌；因河流流量减少，使得河流自净能力降低；以发电为主的水库，多在电力系统中担任峰荷，下泄流量的日变化幅度较大，致使下游河道水位变化较大，对航运、灌溉引水位和养鱼等均有较大影响；当水库下游河道水位大幅度下降以至断流时，势必造成水质的恶化。

3.4.1.5　对水体的影响

河流中原本流动的水在水库里停滞后便会发生一些变化。首先是对航运的影响，比如过船闸需要时间，从而对上、下行航速会带来影响；水库水温有可能升高，水质可能变差，特别是水库的沟汊中容易发生水污染，如水华现象的出现；水库蓄水后，随着水面的扩大，蒸发量的增加，水汽、水雾就会增多，等等。这些都是修坝后水体变化带来的影响。水库蓄水后，对水质可产生正负两方面的影响。

(1) 有利影响。库内大体积水体流速慢，滞留时间长，有利于悬浮物的沉降，可使水体的浊度、色度降低；库内流速慢，藻类活动频繁，呼吸作用产生的 CO_2 与水中钙、镁离子结合产生 $CaCO_3$ 和 $MgCO_3$ 并沉淀下来，降低了水体硬度。

(2) 不利影响。库内水流流速小，降低了水、气界面交换的速率和污染物的迁移扩散能力，因此复氧能力减弱，使得水库水体自净能力比河流弱；库内水流流速小，透明度增大，利于藻类光合作用，坝前储存数月甚至几年的水，因藻类大量生长而导致富营养化；被淹没的植被和腐烂的有机物会大量消耗水中的氧气，并释放沼气和大量二氧化碳，同样导致温室效应；悬移质沉积于库底，长期累积不易迁移，若含有有毒物质或难降解的重金属，可形成次生污染源。

3.4.1.6 对鱼类和生物物种的影响

这里的鱼类是特指的，生物物种则泛指动物、植物和微生物。当前社会上极为关注的是大坝建设对洄游鱼类造成的影响。事实上，洄游鱼类由于种类不同，其生存的环境也各不相同，如鲟鱼，相当一部分是在北纬45°左右的日本北海道和我国乌苏里江、黑龙江、松花江等河、海之间洄游。而且，并不是每条河流都有洄游鱼类。世界各国在建坝时解决鱼类洄游问题通常采取两种办法：一种是采取工程措施，建鱼梯、鱼道等；另一种是对洄游鱼类进行人工繁殖。我国长江葛洲坝工程建设中，解决中华鲟洄游问题就选择了人工繁殖的办法，事实证明是比较成功的。需要强调的是，在不同的地区、不同的河流上建坝，对鱼类和生物物种的影响是不同的，要对具体的河流进行具体的分析，不能一概而论。

(1) 对陆生植物和动物的影响。

1) 永久性及直接的影响，库区淹没和永久性的工程建筑物对陆生植物和动物都会造成直接破坏。

2) 间接的影响，指局部气候、土壤沼泽化、盐碱化等所造成的对动植物的种类、结构及生活环境等的影响。

(2) 对水生生物的影响。主要指对水生藻类植物的影响。水库淹没区和浸没区原有植被的死亡，以及土壤可溶盐都会增加水体中氮磷的含量，库区周围农田、森林和草原的营养物质随降雨径流进入水体，从而形成富营养化的有利条件。

(3) 对鱼类的影响。切断了洄游性鱼类的洄游通道；水库深孔下泄的水温较低，影响下游鱼类的生长和繁殖；下泄清水，影响了下游鱼类的饵料，影响鱼类的产量；高坝溢流泄洪时，高速水流造成水中氮氧含量过于饱和，致使鱼类产生气泡病。如，长江葛洲坝，下泄流量为41300～77500m³/s，氧饱和度为112%～127%，氮饱和度为125%～135%，致使幼鱼死亡率达32.24%。

3.4.1.7 泥沙淤积

库中淤积泥沙，减少了有效库容。降低了效益，并影响通航、发电能力的发挥。例如，三门峡水库的淤积问题。水库于1960年蓄水，一年半后，15亿t泥沙全部淤在潼关至三门峡河段，潼关河床抬高4.5m，淤积带延伸到上游的渭河口，形成拦门沙，两岸地下水位也随之抬高，从而造成两岸农田次生盐碱化。

3.4.2 对社会环境的影响

3.4.2.1 对人群健康的影响

不少疾病如阿米巴痢疾、伤寒、疟疾、细菌性痢疾、霍乱、血吸虫病等直接或间接地都与水环境有关。如丹江口水库、新安江水库等建成后，原有陆地变成了湿地，利于蚊虫孳生，都曾流行过疟疾病。由于三峡水库介于两大血吸虫病流行区（四川成都平原和长江中下游平原）之间，建库后水面增大，流速减缓，因此对钉螺能否从上游或下游向库区迁移并在那孳生繁殖，都是需要重视的环境问题。

3.4.2.2 对移民的影响

我国是人口大国，耕地有限。综合分析建库利弊，库区移民和淹没土地是具有决定性的因素，是需要慎重处理的大问题。过去那种只靠补助和赔偿是不能从根本上解决问题。关键是要"以人为本，建立和谐社会"，关心和解决移民的居住环境和生活、生产条件，确保移民生活水平不降低，积极贯彻开发性移民的原则。

例如，三峡水库将淹没陆地面积632km²，移民总数超过110万人。移民政策的调整表现为：①将原计划在三峡库区就地后靠搬迁的部分农村移民，远迁到库区以外的经济发达地区，至今已经搬迁移民近40万，外迁的有10万；②对一批原计划搬迁重建的工矿企业实行破产或关闭。据资料统计，三峡库区原有1599个工矿企业中有1013个实行了破产或关闭。

3.4.2.3 对生物和文物的影响

水库蓄水淹没原始森林，涵洞引水使河床干涸，大规模工程建设对地表植被的破坏，新建城镇和道路系统对野生动物栖息地的分割与侵占，都会造成原始生态系统的改变，威胁多样生物的生存，加剧了物种的灭绝。如贡嘎山南坡水坝的修建，将造成牛羚、马鹿等珍稀动物的高山湖滨栖息活动地的丧失以及大面积珍稀树种原始林的淹毁。

我国是历史文明古国，文物古迹极多。水库库区淹没后可能对文物和景观带来影响，这一问题也需要引起高度重视。应当在水库建设开工前，将库区影响范围内国家文物和有纪念意义的建筑物，保护性地迁移出。例如，黄河三门峡水库库区原有元代修建的永乐宫，在上世纪50年代修建三门峡水库时，就将永乐宫原样迁至黄河北岸山西芮县城北处。

3.5 水利工程分类等级及其特点

为综合利用水资源，以达到兴水利除水害的目的而修建的工程叫水利工程。一个水利工程项目，常由多个不同功能的建筑物组成，这些建筑物统称水工建筑物。而由不同作用的水工建筑物组成的协同运行的工程综合群体称为水利枢纽。

3.5.1 水利工程和水工建筑物的分类

3.5.1.1 水利工程的分类

水利工程一般按照它所承担的任务进行分类。例如：防洪治河工程、农田水利工程、水力发电工程、供水工程、排水工程、水运工程、渔业工程等。一个工程如果具有多种任务，则称为综合利用工程。

水利枢纽常按其主要作用可分为蓄水枢纽、发电枢纽、引水枢纽等。

蓄水枢纽是在河道来水年际、年内变化较大，不能满足下游防洪、灌溉、引水等用水要求时，通过修建大坝挡水，利用水库拦洪蓄水，用于枯水期灌溉、城镇引水等。

发电枢纽是以发电为水库的主要任务，利用河道中丰富的水量和水库形成的落差，安装水力发电机组，将水能转变为电能。

引水枢纽是在天然河道来水量或河水位较低不能满足引水需要时，在河道上修建较低的拦河闸（坝）等水工建筑物，来调节水位和流量，以保证引水的质量和数量。

3.5.1.2 水工建筑物的分类

水工建筑物按其作用可分为以下几种：

（1）水建筑物。用以拦截江河水流，抬高上游水位以形成水库，如各种坝、闸等。

（2）泄水建筑物。用以洪水期河道入库洪量超过水库调蓄能力时，宜泄多余的洪水，以保证大坝及有关建筑物的安全，如溢洪道、泄洪洞、泄水孔等。

（3）输水建筑物。用以满足发电、供水和灌溉的需求，从上游向下游输送水量，如输水渠道、引水管道、水工隧洞、渡槽、倒虹吸管等。

（4）取水建筑物。一般布置在输水系统的首部，用以控制水位、引入水量或人为提高水头，如进水闸、扬水泵站等。

（5）河道整治建筑物。用以改善河道的水流条件，防治河道冲刷变形及险工的整治，如顺坝、导流堤、丁坝、潜坝、护岸等。

（6）专门建筑物。为水力发电、过坝、量水而专门修建的建筑物，如调压室、电站厂房、船闸、升船机、筏道、鱼道、各种量水堰等。

需要指出的是，有些建筑物的作用并非单一，在不同的状况下，有不同的功能。如拦河闸，既可挡水又可泄水；泄洪洞，既可泄洪又可引水。

3.5.2 水工建筑物的特点

水工建筑物和一般工业与民用建筑、交通土木建筑物相比，除具有土木工程的一般属性外，还具有以下特点。

3.5.2.1 工作条件复杂

水工建筑物在水中工作，由于受水的作用，其工作条件较复杂。主要表现在：水工建筑物将受到静水压力、风浪压力、冰压力等推力作用，会对建筑物的稳定性产生不利影响；在水位差作用下，水将通过建筑物及地基向下游渗透，产生渗透压力和浮托力，可能产生渗透破坏而导致工程失事。另外，对泄水建筑物，下泄水流集中且流速高，将对建筑物和下游河床产生冲刷，高速水流还容易使建筑物产生振动和空蚀破坏。

3.5.2.2 施工条件艰巨

水工建筑物的施工比其他土木工程困难和复杂得多。主要表现在：一是水工建筑物多在深山峡谷的河流中建设，必须进行施工导流；二是由于水利工程规模较大，施工技术复杂，工期比较长，且受截流、度汛的影响，工程进度紧迫，施工强度高、速度快；三是施工受气候、水文地质、工程地质等方面的影响较大。如冬雨季施工、地下水排除以及重大的复杂的地质困难多等。

3.5.2.3 建筑物独特

水工建筑物的型式、构造及尺寸与当地的地形、地质、水文等条件密切相关。特别是地质条件的差异对建筑物的影响更大。由于自然界的千差万别，形成各式各样的水工建筑物。除一些小型渠系建筑物外，一般都应根据其独特性，进行单独设计。

3.5.2.4 与周围环境相关

水利工程可防止洪水灾害，并能发电、灌溉、供水。但同时对周围自然环境和社会环境也会产生一定影响。工程的建设和运用将改变河道的水文和小区域气候，对河中水生生物和两岸植物的繁殖和生长产生一定影响，即对沿河的生态环境产生影响。另外，由于占用土地、开山破土、库区淹没等而必须迁移村镇及人口，会对人群健康、文物古迹、矿产资源等产生不利影响。

3.5.2.5 对国民经济影响巨大

水利工程建设项目规模大、综合性强、组成建筑物多。因此，其本身的投资巨大，尤其是大型水利工程，大坝高、库容大，担负着重要防洪、发电，供水等任务，一旦出现堤坝决溃等险情，将对下游工农业生产造成极大损失，甚至对下游人民群众的生命财产造成灾害。所以，必须高度重视主要水工建筑物的安全性。

3.5.3 水利工程等级划分

为了使水利工程建设达到既安全又经济的目的，遵循水利工程建设的基本规律，应对规模、效益不同的水利工程进行区别对待。

3.5.3.1 水利工程分级

根据《水利水电工程等级划分及洪水标准》（SL252—2000）规定，水利工程按其工程规模、效益及在国民经济中的重要性划分为 5 个等级，具体分划指标见表 3-1。

表 3-1　　　　　　　　　　　　　　水利水电工程分划指标

| 工程等别 | 工程规模 | 水库总库容（亿 m³） | 防　洪 | | 治涝 | 灌溉 | 供水 | 发电 |
			保护城镇工矿企业的重要性	保护农田（万亩）	治涝面积（万亩）	灌溉面积（万亩）	供水对象重要性	装机量（万 kW）
Ⅰ	大（1）型	≥10	特别重要	≥500	≥200	≥150	特别重要	≥120
Ⅱ	大（2）型	10～1	重要	500～100	200～60	150～50	重要	120～30
Ⅲ	中型	1.0～0.10	中等	100～30	60～15	50～5	中等	30～5
Ⅳ	小（1）型	0.10～0.01	一般	30～5	15～3	5～0.5	一般	5～1
Ⅴ	小（2）型	0.01～0.001		<5	<3	<0.5		<1

注　1. 总库容指水库最高水位以下的静库容。
　　　2. 治涝面积和灌溉面积均为设计面积。

对综合利用的水利工程，当按其不同项目的分划指标确定的等别不同时，其工程的等别应按其中最高等别确定。

3.5.3.2 水工建筑物分级

永利工程中长期使用的建筑物称之为永久性建筑物，施工及维修期间使用的建筑物称临时性建筑物。在永久性建筑物中，起主要作用及失事后影响很大的建筑物称主要建筑物，否则称次要建筑物。水利水电工程的永久性水工建筑物的级别应根据工程的等别及其重要性，按表 3-2 确定。

表 3-2　　永久性水工建筑物级别

工程等别	主要建筑物	次要建筑物
Ⅰ	1	3
Ⅱ	2	3
Ⅲ	3	4
Ⅳ	4	5
Ⅴ	5	5

对失事后损失巨大或影响十分严重的（2～4级）主要永久性水工建筑物，经过论证并报主管部门批准后，其标准可提高一级；失事后损失较轻的主要永久性建筑物，经论证并报主管部门批准后，可降低一级标准。

临时性挡水和泄水的水工建筑物的级别，应根据其规模和保护对象、失事后果、使用年限，按表3-3确定其级别。

表3-3 临时性水工建筑物级别

级别	保护对象	失 事 后 果	使用年限	临时性水工建筑物规模	
				高度（m）	库容（亿 m³）
3	有特殊要求的1级永久性水工建筑物	淹没重要城镇、工矿企业、交通干线或推迟总工期及第一台（批）机组发电，造成重大灾害和损失	>3	>50	>1.0
4	1、2级永久性水工建筑物	淹没一般城镇、工矿企业或影响工程总工期及第一台（批）机组发电而造成较大经济损失	3～1.5	50～15	1.0～0.1
5	3、4级永久性水工建筑物	淹没基坑，但对总工期及第一台（批）机组发电影响不大，经济损失较小	<1.5	<15	<0.1

当根据表3-3指标分属不同级别时，其级别按最高级别确定。但对3级临时性水工建筑物，符合该级别规定的指标不得少于两项。如利用临时性水工建筑物挡水发电、通航时。经技术经济论证，3级以下临时性水工建筑物的级别可提高一级。

不同级别的水工建筑物在以下几个方面应有不同的要求：

（1）抗御洪水能力。如建筑物的设计洪水标准、坝（闸）顶安全超高等。

（2）稳定性及控制强度。如建筑物的抗滑稳定、强度安全系数，混凝土材料的变形及裂缝的控制要求等。

（3）建筑材料的选用。如不同级别的水工建筑物中选用材料的品种、质量、标号及耐久性等。

思 考 题

3.1 何谓水库控制运用？其主要任务有哪些？

3.2 水库控制运用的工作方式是什么？如何确定工作方式？

3.3 水库防洪运用的任务是什么？要处理好哪两个方面的主要矛盾？

3.4 水库兴利运用的任务是什么？应坚持哪些主要原则？

3.5 水库泥沙如何处理？何谓异重流排沙？

3.6 清除水库淤泥常用方法有哪些？

3.7 水库对环境有何影响？如何减小这些影响？

3.8 水工建筑物如何分等？按其工程规模可分哪几类？

第4章 防洪治河工程

【学习目标】 了解洪水的基本知识及主要防洪建筑物的布置，熟悉防洪工程措施及河道整治的基本方法，掌握堤防工程、分（蓄、滞）洪工程、河道整治建筑物的基本概念、类型及作用。

4.1 洪水基本知识及防洪措施

4.1.1 洪水基本知识

4.1.1.1 洪水

河湖在较短时间内发生的流量急剧增加，水位明显上升的水流现象，称为洪水。洪水有时来势凶猛，具有很大的自然破坏力，淹没河中滩地，漫溢两岸堤防。因此研究洪水特性，掌握其发生与发展规律，积极采取防治措施，是研究洪水的主要目的。

（1）洪水特性。洪水的形成往往受气候、下垫面等自然因素与人类活动因素的影响。洪水按成因和地理位置的不同，又常分为暴雨洪水、融雪洪水、冰凌洪水、山洪以及溃坝洪水等。海啸、风暴潮等，也可引起洪水灾害，但中国大部分地区以暴雨洪水和山洪为主。各类洪水的发生与发展都具有明显的季节性与地区性。洪水的主要特性有：涨落变化、汛期、年内与年际变化等。

1）涨落变化。一次洪水过程，一般有起涨、洪峰出现和落平三个阶段。山区性河流河道坡度陡、流速大，洪水涨落迅猛；平原河流坡度缓、流速小，涨落相对缓慢。

2）汛期。汛期即发生洪水的季节，有春汛、伏汛、秋汛之分。中国幅员辽阔，气候的地区差异很大，因此各地汛期很不相同，但有明显的规律。

3）年内与年际变化。每年发生的最大洪水流量与年平均流量的比值，可作为表示洪水年内大小的一个指标。该比值在中国各地有很大的差异。从大范围来看，最大比值出现在江淮地区，一般达 20～100，有的可达 300～400，其次是黄河、辽河部分地区，比值一般在40～150。最小的比值发生在青藏融雪补给区，仅为 7～9。洪水的年际变化也很大，对比河流多年最大流量的最大值与最小值的比值，可以看出洪水年际变化状况。通常，小流域的年际变化更大，南方河流小于北方河流。

（2）特征洪水。

1）暴雨洪水。由暴雨通过产流、汇流在河道中形成的洪水。中国是多暴雨的国家，暴雨洪水的发生很频繁，造成的灾害也很严重。我国河流的主要洪水大都是由流域内降雨引起。暴雨洪水多发生在夏、秋季节，南方一些地区春季也可能发生。

2）融雪洪水。流域内积雪（冰）融化形成的洪水。高寒积雪地区，当气温回升到 0℃以上，积雪融化，形成融雪洪水。若此时有降雨发生，则形成雨雪混合洪水。融雪洪水主要发生在大量积雪或冰川发育地区。我国新疆与黑龙江等地区往往发生融雪洪水。

3）冰凌洪水。河流中因冰凌阻塞和河道内蓄冰、蓄水量的突然释放，而引起的显著涨水现象。它是热力、动力、河道形态等因素综合作用的结果。按洪水成因，可分为冰塞洪水、冰坝洪水和融冰洪水。

a. 冰塞洪水，河流封冻后，冰盖下的冰花、碎冰大量堆积，堵塞部分过水断面，造成上游河段水位显著壅高。当冰塞融化后，蓄水下泄形成洪水过程；

b. 冰坝洪水，冰坝一般发生在开河期，大量流冰在河道内受阻，冰块上爬下插，堆积成横跨断面的坝状冰体，严重堵塞过水断面，使坝的上游水位显著壅高，当冰坝突然破坏时，原来的蓄冰和槽蓄水量迅速下泄，形成凌峰向下游演进；

c. 融冰洪水，封冻河流或河段主要因热力作用，使冰盖逐渐融解，河槽蓄水缓慢下泄而形成的洪水。

4）山洪。流速大，过程短暂，往往挟带大量泥沙、石块，突然爆发的破坏力很大的小面积山区洪水。山洪主要由强度很大的暴雨、融雪在一定的地形、地质、地貌条件下形成。由于其突发性，发生的时间短促并有很大的破坏力，山洪的防治已成为许多国家防灾的一项重要内容。

5）溃坝洪水。水坝、堤防等挡水建筑物或挡水物体突然溃决造成的洪水。溃坝洪水具有突发性和来势汹涌的特点，对下游工农业生产、交通运输及人民生命财产威胁很大。所以水利工程设计和运行时，需要估计大坝万一失事对下游的影响，以便采取必要的措施。

洪水未必能形成灾害，如何变害为利，利用工程措施将洪水灾害降低到最低程度是防洪治河工程的根本任务。

4.1.1.2 洪水特征值

定量描述洪水的指标有洪峰流量、洪峰水位、洪水过程线、洪水总量（洪量）、洪水频率（或重现期）等。

（1）洪峰流量。指一次洪水从涨水至退水过程中通过河川某断面的瞬时最大流量值，以 m^3/s 为单位。

（2）洪峰水位。洪水过程中洪峰流量相应的最高水位，以 m 为单位。

（3）洪水过程线。以时间为横坐标，以江河的水位或流量为纵坐标，绘出洪水从起涨至峰顶再回落到接近原来状态的整个过程曲线。该次洪水所经历的时间称为洪水历时。

（4）洪水总量（洪量）。一次洪水过程通过河川某断面的洪水总量，简称洪量，常以 m^3 为单位。水文上也常以一次洪水过程中，通过一定时段的水量最大值来比较洪水的大小，如最大 3d、7d、15d、30d、60d 等不同时段的洪量。

（5）洪水频率（或重现期）。是数理统计学上概率原理在水文学中的应用。设事件 A 在 n 次重复的实验中出现了 m 次，则比值 $W(A)=\dfrac{m}{n}$ 称为事件 A 在 n 次实验中出现的频率。反映某一洪水在多年内可能出现的几率值称为洪水频率，通常折合为某一百年内可能出现的次数，用百分数表示，它的倒数值称为洪水重现期。在水利工程设计中，通常用洪水频率划分设计标准，称为设计洪水频率，采用的洪水频率愈小，设计标准愈高。

4.1.2 防洪治河工程措施

防洪措施是防止或减轻洪水灾害损失的各种手段和对策。现代防洪措施包括工程防洪措施和非工程防洪措施。

工程防洪措施主要通过控制洪水、改变洪水特性来达到防洪减灾的目的，其内容包括水土保持工程、水库工程、堤防工程、分蓄洪工程、河道整治工程等。从性质上来说，可概括为"拦、蓄、分、泄"四个方面。

非工程防洪措施是 20 世纪 50 年代以来逐步研究形成的防护减灾的一种新概念。它是通过行政、法律、经济和现代化技术等手段，调整洪水威胁地区的开发利用方式，加强防洪管理，以适应洪水的天然特性，减轻洪灾损失，节省防洪基建投资和工程维护管理费用。

4.1.2.1　拦

"拦"指通过在流域中上游地区采取水土保持措施，控制水土流失，拦截径流和泥沙，削减河道洪峰流量。这里所述的水土保持指对自然因素和人为活动造成水土流失所采取的预防和治理措施。主要包括工程措施、生物措施和蓄水保土耕作措施三个方面。

工程措施指防治水土流失危害，保护和合理利用水土资源而修筑的各项工程设施，包括治坡工程（各类梯田、台地、水平沟、鱼鳞坑等）、治沟工程（如淤地坝、拦沙坝、谷坊、沟头防护等）和小型水利工程（如水池、水窖、排水系统和灌溉系统等）。

生物措施指为防治水土流失，保护与合理利用水土资源，采取造林种草及管护的办法，增加植被覆盖率，维护和提高土地生产力的一种水土保持措施。主要包括造林、种草和封山育林、育草。

蓄水保土耕作措施指以改变坡面微小地形，增加植被覆盖或增强土壤有机质抗蚀力等方法，保土蓄水，改良土壤，以提高农业生产的技术措施。如等高耕作、等高带状间作、沟垄耕作少耕、免耕等。

开展水土保持，要以小流域为单元，根据自然规律，在全面规划的基础上，因地制宜、因害设防，合理安排工程、生物、蓄水保土三大水土保持措施，实施山、水、林、田、路综合治理，最大限度地控制水土流失，从而达到保护和合理利用水土资源，实现经济社会的可持续发展。

4.1.2.2　蓄

"蓄"是通过在河道上游干支流修建控制性骨干水库工程，拦蓄洪水，削减洪峰。这是处理河道超额洪水、减轻中下游平原地区的洪水压力，确保防洪安全的有效措施之一。

水库有专门用于防洪的水库和综合利用水库两类。水库的防洪作用，主要是蓄洪和滞洪。由于支流水库对干流中下游防洪保护区的作用，往往因距防护区较远和区间洪水的加入而不甚明显，因此，在流域性防洪规划中，统一部署干支流水库群，相互配合，联合调度，常常可获得较大的防洪效益。

在 1998 年长江发生特大洪水期间，位于长江第二大支流清江上的隔河岩水电站共拦蓄 7 次洪水，总计 17.6 亿 m^3，最大入库流量 11000 m^3/s，最大削峰流量 6750 m^3，削峰率 12%～100%。位于长江第一大支流汉江上的丹江口水电站，上游共发生 5 次入库流量大于 7000 m^3/s 的洪水，丹江口水库为长江干流错峰，共拦蓄洪量 85.1 亿 m^3。因此，兴修水库是解决洪水灾害的有效措施。

4.1.2.3　分

"分"也是处理河道超额洪水的有效措施之一。分洪工程是在河流适当位置修建分洪闸，开辟分洪道，将超过河道安全泄量的一部分洪水泄入滞洪区，待河道洪水位下降以后再将滞洪区洪水排入河道。分洪工程常与滞洪工程配套使用。

分蓄洪工程是利用天然洼地、湖泊或沿河地势平缓的泛洪区，加修周边围堤、进洪口门和排洪设施等工程措施而形成分蓄洪区。其功能是分洪削峰，并可利用分蓄洪区的容积对所分流的洪量起到蓄、滞作用。在我国长江中下游地区，由于人多地少，经济发展迅速，许多分蓄洪区围湖造田，已形成区内经济过度开发、人口众多的局面，导致分洪损失急剧增加，使用困难。仅 20 世纪 50 年代以来，鄱阳湖区便围垦了 620 万亩湖区面积，2000 多 km 长的湖岸线缩短了近一半，库容损失 45 亿 m^3。同样是长江重要调蓄洪区的中国第二大淡水湖洞庭湖，也陆续因围垦缩小面积三成多。

1998 年，长江流域发生特大洪涝灾害，包括鄱阳湖、洞庭湖在内的长江中下游地区大片良田、民房被淹，直接经济损失达 1345 亿元。引发长江水灾的一大重要因素是围湖造田，它使江湖面积缩小的同时，更使调蓄洪能力大大下降。为此，我国政府提出了"平垸行洪、退田还湖、移民建镇"的治患方针。这是中国历史上自唐宋以来第一次从围湖造田，自觉主动地转变为大规模的退田还湖。退田还湖政策的实施，正使中国的主要江湖面积不断增大，不仅有效治理了水患，也改善了两岸人民的生活。

4.1.2.4 泄

"泄"即充分发挥河道的宣泄能力，将洪水泄往下游。河道的行洪能力，受多种因素影响，如河道形态、断面尺寸、河床比降、糙率、干支流相互顶托、河道冲淤变化等。扩大河道泄水能力的主要措施有：修筑堤防，清除河障和整治河道。

修筑堤防是古今中外广泛采用的一种主要的工程防洪措施。在河流的两岸修筑防护堤，约束洪水，可抬高河道行洪水位，增加河道过水能力，减轻洪水威胁，保护两岸农田及沿岸村镇人民生活安全。但筑堤后也会带来一些问题，如因河宽束窄，河道槽蓄能力下降，河段同频率的洪水抬高；筑堤后洪水位还有可能因河床逐年淤积而抬高，致使堤防需要经常加高加固，甚至需要改建。

清除河障即清除河道中影响行洪的障碍物。河道的滩地或洲滩，一般因季节性上水或只在特大洪水年时才行洪，随着人口的不断增长和社会经济的发展，不少河道的滩地被任意垦殖和人为设障。例如在河滩修建各种套堤，种植成片阻水林木等高秆植物，筑台建房，修筑高路基、高渠堤，堆积垃圾等。所有这些，减小了过流断面，增大了水流阻力，影响泄洪能力。

整治河道是流域综合开发中的一项综合性工程措施。可根据防洪、航运、供水等方面的要求及天然河道的演变规律，合理进行河道的局部整治。从防洪意义讲，整治河道的目的是为了提高河道泄洪能力、稳定河势、护滩保堤。整治河道一般包括拓宽河槽、裁弯取直、疏浚工程和河势控制工程等。对局部河段采取扩宽或挖深河槽的措施，可以扩大河道的过水断面，相应的增加过水能力。对河道天然弯道裁弯取直，可缩短河轴线，增大水面比降，提高河道过水能力，并对上游临近河段起到降低洪水位的作用。疏浚工程，是利用挖泥船、索铲等机械，或采取水下爆破措施，清除浅滩、暗礁等河床障碍，改善流态，扩大断面，增加泄流能力或改善通航条件。河势控制工程，包括修建丁坝、顺坝和平顺护岸等工程，以调整水流，规则河道，防止岸滩坍蚀和有利于行洪泄洪。

必须指出，对于一条河流洪水治理，一般是采取多种工程措施相结合，构成防洪工程系统来完成。现阶段我国主要江河都采取"拦蓄分泄、综合治理"的方针。即在上游地区采取水土保持措施和在干支流修建水库，以拦蓄上游洪水，在中下游修筑堤防和进行河道整治，充分发挥河道的宣泄能力，并利用河道两岸的湖泊、洼地辟为分蓄洪区，分滞超额洪量，以减轻洪水压力与危害。

4.2 堤 防 工 程

堤防是沿河流、湖泊、海洋的岸边或蓄滞洪区、水库库区的周边修筑的挡水建筑物。它是人类自古以来广泛采用的一种重要的工程防洪措施。堤防的目的是防御洪水泛滥，保护居民和国民经济建设；使同等流量的水深增加，流速增大，有利于输水输沙；修堤围垦或造陆，可扩大人类生产、生活空间；抵挡风浪及抗御海潮。

新中国成立以来，党和政府十分重视江河堤防工程建设，一方面对原有破烂不堪、标准极低的堤防进行大力整修、加高加固；另一方面，修建大量新的堤防。目前，全国的堤防长度已达到 25 万 km，其中主要堤防 6.57 万 km。我国七大江河中下游两岸，现已形成完整的堤防系统，产生了巨大的减灾经济效益和社会、生态环境效益。

4.2.1 堤防工程的分类

按堤防所处位置可分为河堤、湖堤、海堤、围堤和水库堤防等；按堤防的功用可分为防洪堤、防涝堤、防波堤、防潮堤等；按堤防所在河流级别分为干堤、支堤；按筑堤材料分为土堤、钢筋混凝土和圬工防洪墙等。

本节主要介绍河堤，其一般原则也可适用于其他类型的堤防。

河堤按其作用不同可分为遥堤、缕堤、格堤、月堤等，如图 4-1 所示。

遥堤即干堤，距河较远，堤高身厚，用于防御一定标准的大洪水，是防洪的最后一道防线。缕堤又称民埝，距河较近，堤身低薄，保护范围较小，多用于保护滩地生产，遇大洪水时允许漫溢溃决。格堤为横向堤防，连接遥堤和缕堤，形成格状。缕堤一旦溃决，水遇格堤即止，受淹范围限于一格，同时防止形成顺堤串沟，危及遥堤安全。格堤和月堤皆依缕堤修筑，形成月形，其作用之差异是：当河身变动远离堤防时，为争取耕地修筑格堤；当河岸崩退逼近缕堤时，则筑建月堤退守新线。

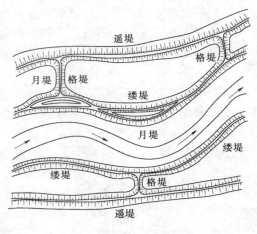

图 4-1 黄河堤防布置示意图

4.2.2 堤防工程防洪标准及其级别

堤防工程的防洪标准是衡量堤防工程承受洪水的能力。在堤防工程规划设计时，可按现行国家《防洪标准》（GB50201—94），取防护区内要求较高的防护对象的防洪标准。

在堤防工程设计中，设计洪水标准主要有两种方法确定：一是以洪水的频率或重现期为设计标准；二是采用实际出现的某年洪水为设计标准。实际工程中，往往是根据实际发生的大洪水、历史调查洪水和频率计算成果，经综合分析比较之后，定出堤防设计洪水标准。

堤防工程的级别与其防洪标准有关，应符合我国现行《堤防工程设计规范》（GB50286—98）的规定（表 4-1）。

表 4 - 1 　　　　　　　　　　　　　　　　堤防工程的级别

防洪标准 P［重现期（a）］	P≥100	50≤P<100	30≤P<50	20≤P<30	10≤P<20
堤防工程的级别	1	2	3	4	5

根据当地洪水和洪灾情况，如果需要提高或降低堤防级别，应当报行业主管部门批准。对于穿堤建筑物的设计防洪标准，不应低于堤防工程的防洪标准，并应留有适当的安全裕度。

4.2.3　堤防的选线原则

新建堤防或改建原有堤防，均需根据防洪规划、地形、地质条件，已有工程状况以及征地拆迁、文物保护、行政区划等因素，经过技术经济比较后综合分析确定。

（1）堤线走向应大致与洪水流向平行，并且照顾中水河槽岸线走向。堤防随中水河岸线的弯曲而弯曲，但应避免急弯或局部突出。两岸堤线应尽量平行，不可突然收缩与扩大。

（2）堤外应留一定范围的外滩。一是预防河道演变或因堤身自重引起河岸坍塌而危及堤防安全；二是便于营造防浪林和修堤取土之用。对于蜿蜒性河段，堤线位置应选在蜿蜒带以外。

（3）堤线宜选经高卓地形，以减小堤身高度和节省工程量。尽量避开湖塘沟壑、软弱地基和透水性较强的沙质地带，否则应对堤基进行专门处理。

（4）堤线选择要尽量照顾两岸城镇规划、工农业生产布局和群众利益。在不影响泄洪安全的前提下，尽量少占耕地、少迁民房，避开重要设施和文物遗址，注意与已建水工建筑物、交通路桥、港口码头的妥善衔接。在跨越支流、沟道时，应考虑干流的洪水倒灌及干支流洪水的遭遇问题。

（5）在越建或退建堤防时，越建堤防不能使过流断面显著减小，妨碍水流畅泄。退建堤防切忌形成袋状，造成水流入袖之势，引发新的险情。

4.2.4　堤防断面构造形式

堤防多采用土石料填筑，断面一般为梯形或复式梯形。其设计包括两部分内容：①断面尺寸的初步拟定；②进行渗透、抗滑、抗震稳定计算。当堤防较高时，为增加堤防断面稳定并防止渗透水流沿堤坡渗出，常在背水一侧修戗台。迎水面根据具体情况，在风浪较大地区，可采取砌石或混凝土块护坡，在无风区或风浪较小区采取草皮护坡。堤防断面的构造形式如图 4 - 2 所示。

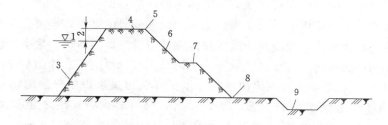

图 4 - 2 　堤防断面示意图

1—设计洪水位；2—超高；3—迎水坡；4—顶；5—肩；6—背水坡；7—戗台；8—坡脚；9—取土坑

4.2.5 堤防工程管理

为了确保堤防长期安全御水，我国的主要江河堤防，均设有专门的管理机构，平时负责对堤防进行例行检查、维护和管理；汛后根据当年汛期堤岸出现的险情，负责组织进行除险加固。此项工作因需要年年进行，故称岁修。

4.2.5.1 工程管理养护

主要包括：水沟浪窝的填垫，铺道、戗台、堤身的补残，堤顶的平整夯实，土牛备积，防汛器材、通信设备管理，排水沟、护堤地、护岸工程及导渗墙、减压井等排渗设施，以及涵闸、虹吸、道路、桥梁等穿（跨）堤建筑物的维护与管理等。

4.2.5.2 隐患查除

堤防常见的隐患有：人为洞穴、动物洞穴、腐木空穴等；此外还可能因修堤质量不合要求而留下的界缝、裂隙等。对此均应通过锥探方法或隐患探测仪，探明堤身隐患部位。对于较小隐患可进行灌浆处理；范围较大的则应翻筑回填。

4.2.5.3 植树种草

堤坡种草，外滩营造防浪林，堤内种植经济林或果木林，是用生物措施将护堤整险同美化环境和充分利用堤防两侧国土资源相结合的一种好方法。

4.3 分（蓄、滞）洪工程

目前，我国大部分河流堤防防洪标准偏低，出现超标准洪水将会给沿河两岸造成巨大的经济损失。因此，应有计划、有准备地采取分（蓄、滞）洪措施，确保重要城镇、工矿企业及江河沿岸广大地区的防洪安全，把洪灾降低到最低限度。

分蓄洪区是利用与江河相通的湖泊、洼地等修筑围堤，用来分蓄河道超额洪水的区域。我国现有行洪、分蓄洪区 100 多处，总容量约 1200 亿 m^3。其中，在长江中下游规划和兴建了 40 余处分蓄洪区，可拦蓄 600 亿 m^3 水量，可为防御长江特大洪水发挥重大作用。

分洪工程一般包括进洪设施（进洪闸、溢流坝等）、分洪道、分（蓄）洪区及其安全避洪设施，以及排洪设施等。

大洪水时利用河道两侧的滩地或低凹圩垸行滞洪水的区域，称为行洪区或行滞洪区。行滞洪区周边一般有垸堤或生产堤保护，进、出口无建筑物控制，中小洪水年，垸内可垦殖生产，大洪水年，需有计划漫洪或破堤纳洪行洪。

4.3.1 分洪工程的类型

根据分洪工程布局的不同，可概括分为两种类型：

（1）以分洪道为主体构成的分洪工程。由进洪设施分泄的洪水，经由分洪道直接分流入海、入湖，或进入其他河流，或绕过防洪保护区在其下游返回原河道，这类分洪工程也称为分洪道或减河。如中国海河近海地区的减河、滁河马汉河分洪道等。如图 4-3 所示。

（2）以分（蓄、滞）洪区为主体构成的分洪工程。由进洪设施分泄的洪水直接或经分洪道进入由湖泊或洼地组成的分（蓄、滞）洪区，分（蓄、滞）洪区起蓄洪或滞洪的作用，这类分洪工程有时也称蓄洪或滞洪工程。如长江中游的荆江分洪工程，汉水下游的杜家台分洪工程，淮河中游的城西湖等分蓄洪工程和黄河下游的东平湖防洪工程等。如图 4-4 所示。

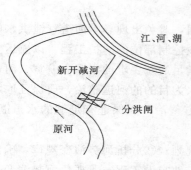

图 4-3　减河工程示意图

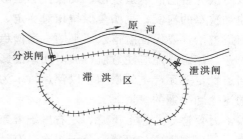

图 4-4　滞洪工程示意图

4.3.2　分蓄洪区的位置选择

分蓄洪区位置的选择，以流域或地区防洪规划为基础，结合综合利用、综合治理，因地制宜、合理地确定分蓄洪区的位置、范围（蓄水量）和布局。其原则如下：

（1）尽可能地紧靠被保护堤段上游，以利于分洪时能迅速降低河道洪水位和最大限度地发挥其防洪效益。

（2）尽量选择地势低洼，蓄洪容积大，淹没损失小，修建围堤工程量小的湖泊、洼地。

（3）因地制宜地确定其进、泄洪口门位置，最好具备建闸条件。

4.3.3　水工建筑物的布置

分洪工程的水工建筑物主要包括：进洪闸、泄洪闸、围堤工程及主河道防护工程等。

进洪闸的位置一般布置在被保护堤段上游，并尽量靠近分蓄洪区。闸的规模由最大分洪流量确定，且结合工程造价经济情况考虑。因为该闸并不经常使用，修筑标准不宜过大，若遇到特大洪水，可在附近临时扒开围堤增加进洪量。扒堤位置应在规划布置时一并选定，必要时预先做好裹头和护底工程，以免启用时口门无法控制。进洪闸若为无闸溢流堰，当洪水位超过安全设计水位时便会自行分流。

泄洪闸的位置应选在分蓄洪区的下部高程最低处，以便能泄空渍水。闸的规模取决于需要排空蓄水时间的长短及错峰要求。对于运用概率很小的分蓄洪区，也可不建闸而采取临时扒口措施泄洪，或建闸与扒口两者配合使用。

在分洪区范围已圈定的情况下，围堤高度由最大蓄洪量相应的水位并考虑风浪影响作用而定，断面设计要求与河道堤防相同，迎水面应修筑防浪设施。

在分洪口门附近河段，因分洪时水面降落，比降变陡，流速增大，又可能引起河岸冲刷，甚至引起口门河段的河势变化。因此，需加固口门上下游的堤岸，必要时应辅修控导工程。

4.4　河道整治的基本方法

河道整治是按照河道演变规律，因势利导，调整、稳定河道主流位置，改善水流、泥沙运动和河床冲淤部位，扩大过水断面等，以适应防洪、航运、供水、排水等国民经济部门要求的工程措施。天然河道受到各种自然条件和人类活动的影响，常会产生冲刷、淤积、坐弯、分汊、溜势改变等不利于安全性排涝、航运、供水的问题，需要靠整治河道来解决。

4.4.1 河道整治原则

以防洪为目的的河道整治，要保证有足够的排洪断面，避免出现影响河道宣泄洪水的过分弯曲和狭窄的河段，主槽要保持相对稳定，并加强河段控制部位的防护工程。以航运为目的的河道整治，要保证航道水流平顺、河槽稳定，具有满足通航要求的水深、航宽、河弯半径和流速、流态，还应注意航行波对河岸的影响。以供水为目的的河道整治，要保证取水口段的河道稳定及无严重的淤积。以浮运竹木为目的的河道整治，要保证有足够的水道断面，适宜的流速和平缓的弯道。

整治时要遵守：①上下游、左右岸统筹兼顾，全面规划；②分析河势演变规律，确定整治线路；③根据需要与可能，分清主次，有计划、有重点地布设工程；④抓住河势演变过程中的有利时机，因势利导，及时修建整治工程；⑤河槽、滩地综合治理；⑥对于工程结构和建筑材料，要因地制宜、就地取材，以节省投资。

4.4.2 河道整治的基本方法

平原河道按其河段平面形态特征和演变特性不同，可分为蜿蜒型河段、游荡型河段、分汊型河段和顺直型河段四大类型。对于不同类型河段的治理，应从分析研究本河段具体特性入手，把握住基本原则，通盘考虑，制定出切合河段实际情况的规划方案和工程设计。

4.4.2.1 蜿蜒型河段整治

蜿蜒型河段是冲积平原河流最常见的一种河型，这种河型在国内外分布十分广泛，例如我国海河流域的南运河、淮河流域的汝河下游和颍河下游，汉江下游和长江中游的荆江河段等，都是典型的蜿蜒型河道。图 4-5 为下荆江蜿蜒型河道示意图。

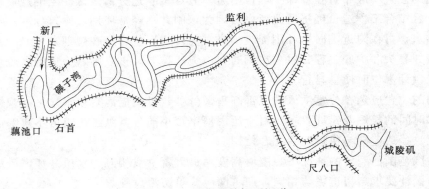

图 4-5 下荆江蜿蜒型河道

蜿蜒型河段对于行洪、航运、引水、港埠河岸稳定都是不利的。为了消除这些不利影响，满足国民经济各部门的需求，有必要进行整治。

（1）蜿蜒型河段的整治措施。蜿蜒型河段的整治措施，根据河道形势可分为两大类：一是稳定现状，防止河段形势向不利的方向发展；二是改变现状，使河段形势朝有利的方向发展。

1）稳定现状措施。当河湾发展至适度弯曲的河段时，对弯道凹岸应加以保护，以防止弯道的继续发展和恶化。

2）改变现状措施。因势利导，通过裁弯工程将迂回曲折的河道改变为有适度弯曲度的连续河湾，再将河势稳定下来，获得防洪、通航和满足沿河国民经济建设需要的综合效益。

（2）人工裁弯工程。人工裁弯取直，可以运用河道发展的自然规律，掌握主动权，只要事先详细规划设计，周密研究，安排好工程措施，就能从根本上改善蜿蜒型河道的河势。裁弯工程设计内容包含下列内容：①引河设计；②引河开挖施工设计；③新河控制工程、新河护岸工程和上下游河势控制工程的设计。

1）引河定线。引河设计是裁弯工程成败的关键，必须十分谨慎。其基本要求是：引河能顺利冲开，并满足枯水通航的要求；引河与拟裁弯道的上下游河段形成比较平顺而又顺乎自然发展趋势的河势；裁弯工程量小。

引河的形式一般有内裁和外裁两种，如图4-6所示。外裁进口宜选在上游弯道顶点的稍上方，以利于迎引由弯道上段下来的水流。引河出口宜布置在下游弯道顶点的稍下方，使水流出引河后，能与下游河平顺衔接。外裁因引河线路较长，增加比降不多，不利于引河的冲深拓宽，同时上下游衔接很难平顺，除特殊情况外，一般不常采用。内裁一般在弯颈处，因引河线路短，容易冲开，且进口位于上游弯道凹岸的稍下方，出口位于下游弯道凹岸的上方，进口迎流，出口平顺，满足正面进水侧面排沙的原则。在平面上，引河也多为一平顺弯道，冲刷下来的泥沙亦可借助下游弯道环流及时输往下段，因此被普遍采用。

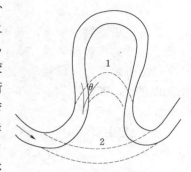

图4-6 人工裁弯形式

1—内裁；2—外裁

2）断面设计。引河开挖断面的设计原则是，在保证引河能够及时冲开，满足国民经济各部门的要求，特别是在航运部门要求的前提下，力求土方量最少。引河断面设计内容包括引河开挖断面设计和引河发展成新河的最终断面设计。

引河底高程应从水流条件和航道尺度方面来考虑。拟定引河河底开挖高程时，以能保证枯水期通航为原则，一般需挖至通航标准高程。引河的开挖断面一般多为梯形，边坡系数随土质、开挖深度、地下水埋藏深度等情况而定，除进出口段设计成喇叭口，边坡较缓外，一般为1:2~1:3，较小河流也可增大到1:1~1:1.5。引河的开挖宽度要满足施工要求。

3）护岸工程。引河过流后，尤其在初期阶段，由于水面比降明显大于原河道，加之多引入含沙量较低的表层水流，水流挟沙能力很大，引河在被冲深的同时，两岸不断崩塌拓宽，其崩退速率远大于原河道河湾的崩岸。根据一些工程的观测，这种崩退展宽在通水初期多沿轴线两侧同时进行，随后则主要表现为单向坍塌，使引河逐步向微弯方向发展。为了防止引河继续回弯，进而形成河环，当河岸坍塌到设计新河岸线附近时，就应及时进行护岸。但由于引河在冲刷过程中，上段先受冲刷后退，而后逐渐向下游发展，所以在护岸设计时，可采用预防石的办法，即事先备足石料，待岸线崩退到预防石处时，自行坍塌，形成抛石护岸。护岸工程的布设位置应该在裁弯工程规划设计中统一考虑，并在相应地点备好物料，以免被动。

4.4.2.2 游荡型河段整治

游荡型河段在我国许多河流流域都有一定的分布，其中以黄河下游孟津至高村河段最为典型。该河段河道宽浅，两岸缺乏控制工程，河床组成物质松散，洪水暴涨陡落，泥沙淤积严重，洲滩密布，汊道众多，主流摆动频繁，且摆幅较大。图4-7为柳园口河段主流变迁示意图。

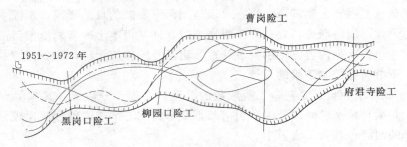

图 4-7 黄河柳园口河段主流变迁示意图

根据多年治黄经验，游荡型河段宜整治成比较窄深归顺、依托岸滩工程形成连续弯曲的河道，这样的河势较为稳定，有利于防洪、取水、航运等国民经济各部门的发展。由于泥沙问题是黄河游荡型河段难治的症结所在，要彻底治理好游荡型河段，应坚持标本兼治、综合治理的方针，即采取"上拦下排，两岸分滞"控制洪水，"拦、排、放、调、挖"处理和利用泥沙。

"上拦"主要靠中、上游干流控制骨干水库工程和水土保持工程拦截洪水和泥沙。"下排"就是通过河道整治和各类防洪工程的建设，将进入下游的洪水和泥沙，利用现行河道尽可能多地输送入海。"放"、"挖"主要是通过放淤和挖河措施，在下游两岸处理和利用一部分泥沙。例如引洪淤灌、淤临淤背等，不仅减少了河道的泥沙，而且促进了农业生产，加固了堤防，变害为利，使黄河下游逐步形成"相对地下河"。

为将游荡型河段整治成连续弯曲的河段，整治工程主要包括险工和控导工程两类，如图 4-8 所示。在经常临水的危险堤段，为防止水流淘刷堤防，依托大堤修建的丁坝、坝垛、护岸工程叫险工。为了保护滩岸，控导有利河势，稳定中水河槽，在滩岸上修建的丁坝、坝垛、护岸工程称为控导护滩工程，简称控导工程。两者互相配合，共同起到控导河势、固定险工位置、保护堤岸的作用。

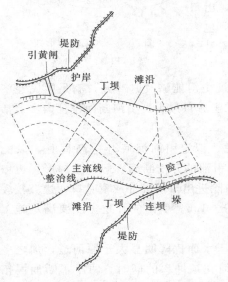

图 4-8 险工和控导工程示意图

4.4.2.3 分汊型河段的整治

分汊型河段由于流量分散，往往水深较浅，不利于航运。并且汊道往往处在发展和湮没的变化过程中，也影响河岸的稳定。对于分汊河段的整治，首先应稳定上游河势，利用工程措施调整水流，至于本河段的河势控制，则应根据河势发展趋势和国民经济建设的需要，或采用工程措施，稳定主、支汊分流比，或采用堵汊并流，塞支强干等各种方案。

当汊道分流对沿岸国民经济各部门都有利，河势也比较稳定时，可采用护岸及鱼嘴工程将汊道进、出口和江心洲固定下来。洲头、洲尾鱼嘴是在江心洲首部和尾部修建的分水堤，其目的是为了保证汊道进、出口具有较好的水流条件和河床形式，以控制其在各级水位时能具有相对稳定的分流分沙比。图 4-9 为四川都江堰引水工程，江心垒砌的分水鱼嘴起到了外江、内江之间分配流量的作用，而且保证内江引水为弯道的凹岸，使之更多的泥沙排向外江，达到正面引水，侧面排沙的目的。

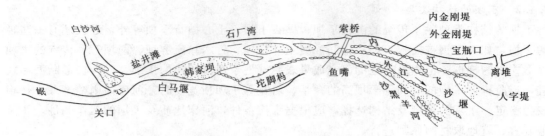

图 4-9　都江堰引水工程示意图

4.4.2.4　顺直型河段的整治

顺直型河段是天然冲击性河流的另一基本河型,其他各种河型在其演变发展的过程中都要经历这一阶段。顺直型河段尽管具有比较顺直的单一河槽,但在这类河段的河槽内,仍然存在着依附两岸的交错边滩。交错边滩在水流的作用下,不断平行下移,滩槽易位,主流则随边滩位移而变化。所以主流深槽和浅滩位置难以稳定下来,对防洪、航运、港埠和引水都不利。因此,顺直的单一河型并非稳定河型,希望把天然河道整治成顺直渠槽的做法,从稳定河势的角度来看,并不可取,也难以实现。

稳定边滩的工程措施,多采用淹没式丁坝群,坝顶高程均在枯水位以下,且一般为正挑或上挑式,这样有利于坝档落淤,促使边滩的淤长。在多泥沙河道上,也可采用编篱栅槎等简易措施或其他促淤措施,防冲落淤。当边滩个数较多时,施工程序应从最上游的边滩开始,然后视下游各边滩的变化情况逐步进行整治。

4.5　河道整治建筑物

河道整治建筑物是为整治河道,稳定和改善河势,调整和控导水流而修建的水工建筑物,又称河工建筑物。河道整治建筑物按照建筑材料的不同可分为轻型和重型;按照使用年限可分为临时性和永久性;按照与水流关系的不同可分为淹没、非淹没,透水、实体以及环流形式;按照建筑物外形和作用的不同可分为丁坝、垛(矶头)、沉排、护岸、顺坝、锁坝等。

4.5.1　丁坝

丁坝是坝根与河岸(或连坝)相接,坝轴线与流向呈某一交角,坝头伸至整治线,在平面上与岸线构成丁字形的河道整治建筑物。丁坝由坝头、坝身和坝根三部分组成。

4.5.1.1　丁坝的类型及作用

按坝轴线与水流交角分为上挑丁坝、正挑丁坝和下挑丁坝,如图 4-10 所示;按坝身形式分为一般挑水坝、人字坝、月牙坝、雁翅坝、磨盘坝等;按平面布置形状分为普通丁坝、勾头丁坝、丁顺坝;按透水性能分为透水丁坝和不透水丁坝等。丁坝有缩窄河床、导水归槽、调整流向、改变流速、冲刷浅滩、导引泥沙等作用。平原河流航道整治,常用丁坝保护河岸,固定边滩,束水归槽,增大流速,刷深航道。山区河流航道整治常用丁坝调整岸线,壅高水位,改变比降,降低流速,增加航深。

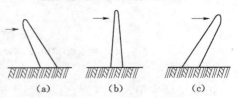

图 4-10　护岸丁坝示意图

(a) 上挑丁坝;(b) 正挑丁坝;(c) 下挑丁坝

4.5.1.2 丁坝的结构类型

丁坝的结构类型除了传统的沉排丁坝、抛石丁坝、土心抛石丁坝等外，近代还有一些轻型的丁坝，如工字钢桩插板丁坝、钢筋混凝土井柱坝、竹木导流屏坝、网坝等。传统的丁坝断面形式多为梯形，但据最新近的研究成果表明，处于迎流顶冲的丁坝，以阶梯形断面形式为宜，当阶梯形丁坝的肩高等于坝高的一半、肩宽等于坝顶宽度时，河床冲刷幅度最小，坝体较为稳定。丁坝的坝型及结构选择，应根据水流条件，河床地质及丁坝的工作条件，按照因地制宜、就地取材的原则进行。

4.5.1.3 丁坝的布置原则

一般原则：①用于抬高滩上水位、调整比降、减缓流速时，采用正挑丁坝；用于来沙量小，流速大的河流，起调整流态，平顺水流的作用，多采用下挑丁坝；②用丁坝群束水归槽时，第一座丁坝应布置在水流扩散点或顶冲点上方；③两岸建有丁坝时，若河流流速较大，丁坝宜采用交错布置形式，以便船舶利用缓流区航行，在流速较小的河流上可布置对口丁坝形式。

4.5.2 顺坝

顺坝是一种与水流方向大致平行，顺流向布置的河道整治建筑物。其坝根和河岸相连接，坝头一般向下游延伸，坝轴线大都在航道整治线上。坝根与坝身以平缓的曲线相连接，如图4-11所示。

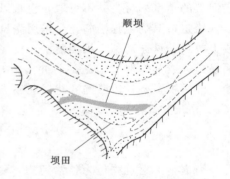

图4-11 顺坝布置示意图

4.5.2.1 顺坝的类型及作用

顺坝有普通顺坝、丁顺坝和洲尾顺坝等。顺坝的主要作用是导流，且具有束水归槽、改变水流方向、增大航道流速或调整水流比降、壅高水位、改善流态等作用。

4.5.2.2 坝垛

在黄河中下游河道整治工程中，还广泛采用坝垛的形式，如图4-12所示，保护河岸或堤防免遭水流冲刷。坝垛的材料可以是抛石、埽工或埽工护石。其平面形状有挑水坝、人字坝、月牙坝、雁翅坝、磨盘坝等。这种坝工虽因坝身较短，一般无挑移主流作用，只起迎托水流，消杀水势，防止岸线崩退的作用。但如果布置得当，且坝头能连成一平顺河湾，整体导流作用仍很乐观。同时由于施工简单，耗费工料不多，防塌效果迅速，坝垛在稳定河湾和汛期抢险中经常采用，尤以雁翅坝效能较大而使用最多。

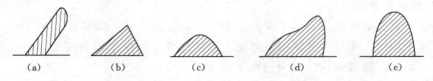

（a）　　　（b）　　　（c）　　　（d）　　　（e）

图4-12 坝垛平面形态

（a）挑水坝；（b）人字坝；（c）月牙坝；（d）雁翅坝；（e）磨盘坝

4.5.3 锁坝

锁坝是堵塞串沟或支汊，以加强主流，增加航深的常用整治工程形式，其结构与丁坝类似，如图4-13所示。考虑到坝面在洪水时仍要溢流的特点，锁坝坝坡应适当放缓，且背水坡应缓于迎水坡。锁坝在枯水期起塞支强干的作用，但对水流渗透无严格要求，故可由坝上游泥沙淤积自行封闭，无需设专门的防渗措施。中高水位时，则与溢流坝堰相同，在坝下游可能发生较严重冲刷，甚至危及坝体安全，所以一般要有防冲护底措施。

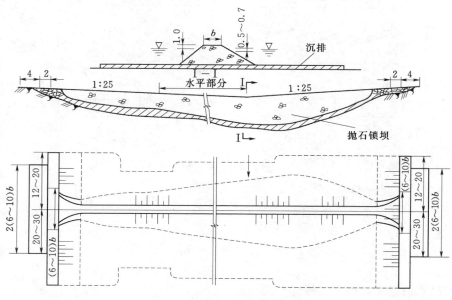

图 4 - 13　锁坝工程（单位：m）

4.5.4　埽工

　　埽工是中国特有的一种在护岸、堵口、截流、朱坝等工程中常用的一种水工建筑物。用埽料分层匀铺，压以土及碎石，推卷而成埽捆或埽个，简称埽。小埽又称埽由或由。若干个埽捆累积连接起来，修筑成护岸等工程即称为埽工，如图 4 - 14 所示。埽按形状分，有磨盘埽、月牙埽、鱼鳞埽、雁翅埽、扇面埽、耳子埽等；按作用分，有藏头埽、护尾埽、裹头埽等。

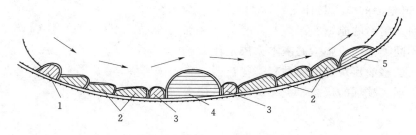

图 4 - 14　护岸埽示意图
1—磨盘埽、藏头埽；2—鱼鳞埽；3—耳子埽；4—磨盘埽；5—月牙埽、护尾埽

4.5.5　环流整治建筑物

　　环流整治建筑物又称导流建筑物，是一种激起人工环流的建筑物。通过所激起的人工环流来控制泥沙运动方向，从而控制河床的冲淤状态。所以，他可用于护岸、防止引水口的淤积、刷深航道以及分汊河道的整治等工程中。

　　环流整治建筑物分为表层和底层两种，其基本组成部分是导流屏。图 4 - 15（a）是设置在水流表面层与水流斜交的导流屏。表层水流沿导流屏流动，改变了原来的流向，产生了水平横向分速，由于水流的连续性，底层水流则产生相反的横向分速，从而形成环流。当底部设置同样方向的导流屏时，同样可以形成环流，但方向则刚好相反，如图4-15（b)所示。

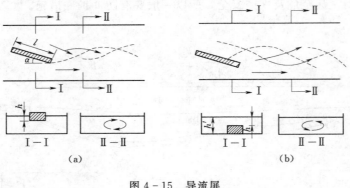

图 4-15　导流屏
————表流
--------底流

思　考　题

4.1　洪水的概念、类型及特性有哪些？

4.2　描述洪水的特征值有哪些？

4.3　防洪治河的工程措施包括哪些？

4.4　堤防工程的类型有哪些？

4.5　堤防工程的选线原则是什么？

4.6　分洪工程的组成和类型是什么？

4.7　分蓄洪区位置选择的原则是什么？

4.8　分洪工程主要建筑物如何布置？

4.9　河道整治的概念是什么？

4.10　河道整治的原则有哪些？

4.11　不同类型河段整治的基本方法是什么？

4.12　河道整治建筑物的类型有哪些？

4.13　丁坝、顺坝的概念、类型及作用是什么？

第 5 章 取 水 枢 纽 工 程

【学习目标】 本章学习取水枢纽工程的基本知识。了解无坝和有坝取水枢纽的组成、位置的选择及布置形式。掌握水闸的类型、特点、组成及作用；理解闸址的选择、闸孔确定方法、闸室的布置和构造；掌握水闸的消能防冲和防渗排水设施的作用以及布置形式；了解闸室稳定分析的方法和内容；熟悉地基处理的方法；理解水闸两岸连接建筑物的作用及结构形式。了解水泵的类型和性能及其工作原理、水泵站建筑物的组成及泵站枢纽布置的形式、泵站管理的内容。

为了从河流、湖泊、水库等水源引取符合一定要求的水流，以满足农田灌溉、水力发电、城市工业和生活供水等用水部门的需要，在适宜的河段上修建的取水建筑物的综合群体，称为取水枢纽工程。

取水枢纽工程有两大类：一是自流取水枢纽；二是机械抽水枢纽。自流取水枢纽又分为无坝取水枢纽、有坝取水枢纽和水库取水枢纽三种。而机械抽水枢纽则是水泵站枢纽。

5.1 无坝取水枢纽的布置

5.1.1 无坝取水枢纽

当河道枯水期的水位和流量能满足灌溉、城市供水要求时，不必在河道上修建拦河建筑物抬高水位，只需在河道岸边选择适宜地点修建必要的建筑物引水，这种取水枢纽称为无坝取水枢纽。这种枢纽工程，对天然河道影响较小，工程简单，投资少、施工易，工期短。但取水口往往离灌区较远，需要修建很长的干渠和较多的渠系建筑物，且取水量受河道的水位和流量影响，在枯水期引水的工况不是很稳定。在多泥沙的河道引水，会使渠道流入泥沙而发生淤积，影响渠道正常运行。

5.1.2 无坝取水枢纽位置的选择

无坝取水枢纽位置，应考虑下列基本条件。

5.1.2.1 取水位置要达到自流引水或供水的要求

一般情况下，河道的水面常低于附近两岸的农田、城镇，很难满足自流引水或供水的要求，必须到该河道的上游水位较高处采用无坝取水，修建引水渠才能做到自流引水或灌溉，如图 5-1 所示。但也有特例，如我国黄河中下游，由于河床高出两岸地带，俗称"悬河"，无坝取水枢纽位置就可选择在附近的农田、城镇两岸的河道上。

5.1.2.2 取水位置要达到计划用水、满足引水流量的要求

无坝取水的进水闸，闸前外河的设计水位，应选用一定保证率（灌溉引水保证率一般采用 $75\% \sim 90\%$）的水位作为闸前外河设计水位，或取闸前外河历年最枯水位作为设计水位。

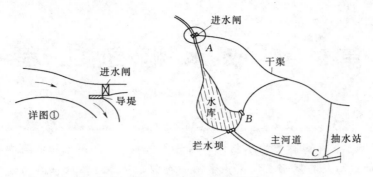

图 5-1 无坝取水示意图

A—无坝取水；B—有坝取水；C—抽水取水

5.1.2.3 取水位置应满足进入引渠的泥沙含量最少要求

一般把取水口选在河流弯道的凹岸，以利用河道内天然弯道环流的作用，减少河道中泥沙进入渠道。

5.1.2.4 取水位置应选在河岸坚固的河段上

一般要求渠首河岸坚固、河床稳定、无坍塌及无淤积等现象，主流靠近取水口、流速较大的地段。

5.1.2.5 取水枢纽位置应考虑施工方便，造价合理经济

一般要求引水干渠较短，工程量小，渠系建筑物少并且简单。

5.1.3 无坝取水枢纽的组成及布置形式

无坝取水枢纽一般由拦砂坎、引水渠、进水闸和沉沙设施组成。常见两种布置形式。

5.1.3.1 位于弯道凹岸无坝取水枢纽布置

（1）取水口的布置。取水口一般布置在弯道顶点以下水深较大、环流作用较强的地方。根据河流弯道环流原理，河流的凹岸水深、清澈、流速大；河流的凸岸水浅、淤积、流速小。因此，将取水口建在河流的弯道凹岸，可引取表层较清水流。如图 5-2 所示，这个地点距离弯道起点的弧线距离 L 可按下面的经验公式初定。

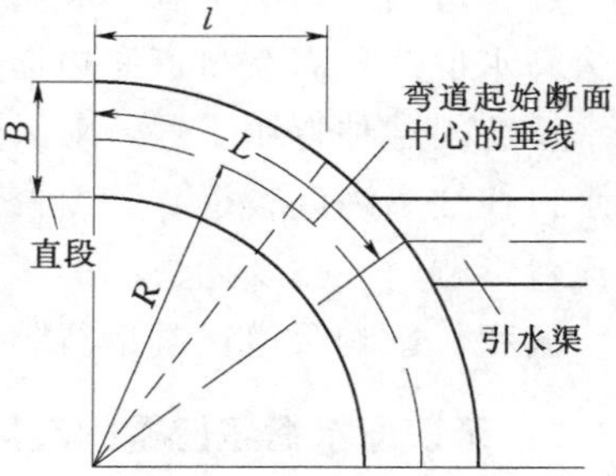

$$L = mB \sqrt{4\frac{R}{B} + 1} \qquad (5-1)$$

式中 m——系数，一般取 $m = 0.8 \sim 1.0$；

$\quad\quad B$——河道设计水位时水面宽度，m；

$\quad\quad R$——弯道中心半径，m。

图 5-2 无坝取水口位置

（2）拦沙坎的布置。拦沙坎一般沿取水口岸边布置，用以防止底部泥沙入渠，如图 5-3 所示。拦沙坎一般高出引水渠底 0.5~1.0m。坎的形状有梯形、矩形、向前伸的悬臂板形（即倒 L 形），后者采用较多。

（3）引水渠的布置。引水渠是引导水流平顺地流入闸孔，紧接在拦沙坎之后。引水渠的中心线与河道水流方向所成的夹角称为引水角。为了使水流平顺，增大引水量，减少泥沙入渠，引水角常选锐角，一般采用 30°~60° 为宜，如图 5-3 所示。在保证进水闸安全的条件下，引水渠的长度应尽量缩短，减少渠内的泥沙淤积。

（4）进水闸的布置。进水闸起控制和调节入渠流量的作用，为了避免水流在转角处产生旋流，可将进水闸布置在引水渠内，如图 5-3 所示。若靠河岸附近的进水闸地质条件较差时，可延长引水渠，将进水闸布置在远离河岸处，如图 5-4 所示，这时引水渠兼作沉沙渠，渠内的泥沙可由冲沙闸排走。

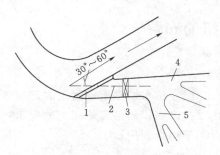

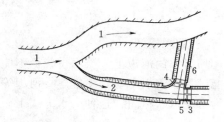

图 5-3　无坝取水枢纽布置

1—拦沙坎；2—引水渠；3—进水闸；

4—东沉沙条渠；5—西沉沙条渠

图 5-4　有长引水渠的无坝取水枢纽布置

1—河道；2—引水渠；3—进水闸；4—冲沙闸；

5—拦沙坎；6—泄水排沙渠

（5）沉沙池的布置。沉沙池的作用是沉淀水中悬移质中的粗颗粒泥沙。沉沙池一般布置在进水闸下游适当的地方，通常将总干渠加深拓宽而成。或者建成厢形的，或者利用天然洼地形成沉沙池。

5.1.3.2　导流堤式无坝取水枢纽布置

在山区河道坡降较陡或在不稳定河道上取水时，为了控制河道流量，保证取水排沙，常采用设有导流堤的取水枢纽。如图 5-5 所示。这种取水枢纽由导流堤、进水闸和泄水冲沙闸等建筑物组成。导流堤的作用是束缩水流，抬高水位，使河水平顺地流入进水闸。泄水冲沙闸平时用来排沙或排走多余的水量，汛期也可用来宣泄部分洪水。

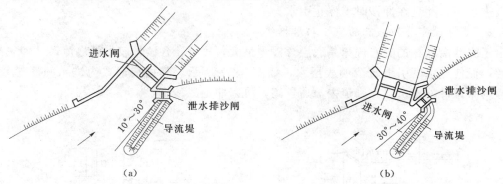

图 5-5　导流堤式无坝取水枢纽

（a）正面引水、侧面排沙；（b）正面排沙、侧面引水

导流堤式无坝取水枢纽的布置一般按正面引水、侧面排沙的原则布置。但由于河流条件、取水排沙等要求不同可分为两种布置方式：

（1）正面引水、侧面排沙。当河道流量小、灌溉面积大时，采用这种布置可以增大引水流量。导流堤与主流的夹角一般以 $10°\sim30°$ 为宜，如图 5-5（a）所示，过大将招致洪水冲刷，过小将增加导流堤的长度。

（2）正面排沙、侧面引水。当河道流量大，含沙量多，灌区用水量不大，除保证本灌区的用水外，还有足够的冲沙流量时，常采用这种布置。冲沙闸的泄水方向和河道的主流方向一致，进水闸的轴线和主流成一锐角，一般以 30°～40°为宜，既减轻洪水对进水闸的冲击力，又有效地排除引水口前的泥沙。如图 5-5 (b) 所示。

四川省都江堰工程是典型的导流堤式无坝取水枢纽，如图 4-9 所示。

5.2 有坝取水枢纽的布置

5.2.1 有坝取水枢纽

在无坝引水的河道上，当水位较低不能自流引水，或在枯水期需引取河道大部分或全部来水不能满足自流引水时，须修建拦河坝等建筑物，以抬高水位满足自流引水的要求，这种枢纽称为有坝取水枢纽。这种引水方式工作可靠，有利于综合利用。

5.2.2 有坝取水枢纽的组成

有坝取水枢纽主要由壅水坝（或拦河闸）、进水闸及各种防排沙设施（如冲沙闸、沉沙槽、冲沙廊道、冲沙底孔及沉沙池）等组成。若河道上还有发电、航运、过木和过鱼等要求时，还须修建相应的专门性建筑物（如水电站、船闸、筏道及鱼道等），与上述建筑物组成综合利用的有坝取水枢纽。

5.2.3 有坝取水枢纽的布置形式

5.2.3.1 设有冲沙闸的有坝取水枢纽

冲沙闸布置在挡水坝的坝端并与进水闸相邻，其进水闸和冲沙闸的轴线一般相互垂直，进水闸底槛高于冲沙闸底槛 0.5～1.0m。进水时底沙被拦在进水闸槛前，淤积到一定程度后，定期关闭进水闸，开启冲沙闸，将进水闸前的淤沙冲往下游河道，如图 5-6 所示。

这种取水枢纽布置和构造都比较简单，冲沙效果好。但在进水时，水流易产生旋流将泥沙带入进水闸，并且在冲沙时需停止引水。

5.2.3.2 底部设有冲沙底孔的有坝取水枢纽

由于泥沙沿水深的分布规律是底层含沙量最大，故可让含沙量较大的底流经冲沙底孔排到下游，而使进水闸引取较清的表层水，如图 5-7 所示。其构造形式为进水闸底槛较高，在底槛内布置冲沙廊道，在廊道内流速较高，可以冲走泥沙。

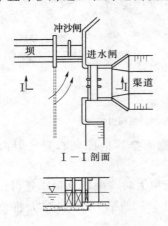

图 5-6 设冲沙闸的有坝取水

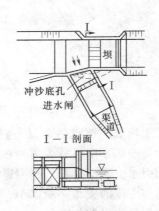

图 5-7 设冲沙底孔的有坝取水

这种布置改善了进流条件，而且冲排粗粒泥沙很有效，且不中断供水。但当河道有大粒径卵石或沉木、沉树枝时，极易造成堵塞。

5.2.3.3　设有沉沙池的有坝引水枢纽

当河流含沙量较大，或泥沙淤积在渠道，直接影响引水，水质不符合用水部门的要求时，可在进水闸和干渠之间设沉沙池，如图5-8所示。由于沉沙池的宽度和深度均较大，过水断面增大，池中水流速度降低而使悬沙下沉，待泥沙在池中沉积到一定厚度之后，再由池尾部的底孔冲沙道排入河道中。

沉沙池有单室、双室及多室三种，其中单室沉沙池是最简单的形式，一般在池的末端设冲沙孔，冲洗沉淀在池内的泥沙。在单室沉沙池冲洗时，必须关闭通向渠道的闸门停止供水，以免水流将搅起的泥沙带入引水渠。当引水流量较大时，单室沉沙池的尺寸必须很大，冲沙效率不高，且冲沙历时较长，对供水极为不利，这时可采用双室或多室沉沙池，如图5-9所示。

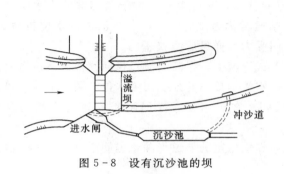

图5-8　设有沉沙池的坝

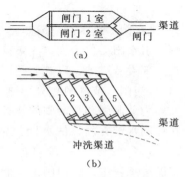

图5-9　双室和多室沉沙池
（a）双室沉沙池；（b）多室沉沙池

5.3　水　　闸

5.3.1　水闸的类型及其工作特点

水闸是一种既能挡水又能泄水的低水头建筑物。它的作用是控制水位和调节流量。水闸多建在平原地区，其功能主要兼顾防洪、取水、排水、航运及发电，水闸工程是一项应用十分广泛的综合水利工程。由于平原地区的水闸多建造在软土地基上，因而水闸具有与其他水工建筑物不同的特点。水闸的设计依据是我国现行实施的《水闸设计规范》（SL265—2001）。

5.3.1.1　水闸的类型

水闸有不同的分类方法。

（1）按水闸的规模分类：

1）大型水闸，泄流量大于 $1000 \mathrm{m}^3/\mathrm{s}$；

2）中型水闸，泄流量为 $1000 \sim 100 \mathrm{m}^3/\mathrm{s}$；

3）小型水闸，泄流量小于 $100 \mathrm{m}^3/\mathrm{s}$。

（2）按水闸的作用分类：

水闸的类型及位置示意图如图5-10所示。

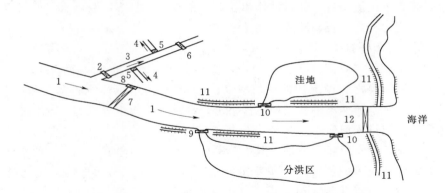

图 5-10 水闸的类型及位置示意图

1—河道；2—进水闸；3—干渠；4—支渠；5—分水闸；6—节制闸；7—拦河闸；

8—冲沙闸；9—分洪闸；10—排水闸；11—堤防；12—挡潮闸

1）进水闸。进水闸一般修建于引水渠道的首部，又称渠首。位于渠首部的进水闸又称渠首闸或引水闸。位于支、斗渠首部的进水闸通常称为水闸、斗门。当河道洪水位较高时，可以在上部设置胸墙，以减低闸门高度和闸门受力（详见后面叙述）。

2）拦河闸（节制闸）。拦河闸修建于河道或干流上，拦断河流。拦河闸控制河道下泄流量，又称为节制闸。拦河闸的任务是截断河渠水流，抬高并控制河渠水位，调节下泄流量。

在控制水流方面，枯水期拦河闸全部关闭；在洪水期，拦河闸需要将所有闸门全部开启。

在航运工程中，拦河闸不仅能为上游航运提供稳定的航道水深，也能通过保持一定泄流量为下游提供稳定的航道水深。

位于干、支渠上的节制闸，常布置在下一级渠道分水口附近的下游，用以控制水位、流量，满足下一级渠道引水对水位、流量的要求。

拦河闸的闸轴线垂直（或接近于垂直）河流（渠道）流向布置。

3）分洪闸。分洪闸修建于河道一侧的分洪道进口。比如，湖北省荆江分洪区在长江发生全流域洪水时，为保护武汉市区起了很重要的作用。

4）泄水闸。泄水闸用于宣泄水库、涝区、湖泊、河道或其他蓄水建筑物中无法存蓄的多余水量。土坝等水库枢纽中的河岸溢洪道控制段上常设置泄水闸控制下泄的洪水。

5）排水闸。排水闸一般修建于江、河沿岸的支流（内河）河口或者排水渠首末端，用以排除江、河两岸低洼地区的渍（涝）水及防止江、河洪水倒灌。排水闸常为双向挡水，双向过水。

排水闸一般为自流排水。但在低凹的湖区，由于降雨也使外江（湖）水位相应上涨。因此，必须关闭，用抽排水泵排除内河水。

6）挡潮闸。挡潮闸修建于河流的出海口。在沿海地区，潮水沿入海河道上溯，易使两岸土地盐碱化；为了挡潮、御咸、排水和蓄淡，在入海河口附近建水闸，称为挡潮闸。

挡潮闸类似排水闸，它也承受双向水头的作用，但操作更为频繁。

7）冲沙闸。冲沙闸修建于取水闸首或电站进水口的旁边，其底板高程一般低于取水闸或电站进水口的底板高程。冲沙闸主要还是利用泄洪时的大流量水流将淤积在取水闸前的泥沙冲向河道下游。如著名的黄河小浪底枢纽工程的冲沙闸孔，当泥沙淤积到一定量时，就是利用泄洪时的大流量过闸水流，开启冲沙闸将河道淤积的大量泥沙冲走。

（3）按闸室的结构分类：

1）开敞式水闸。这种水闸的上面没有填土，是开敞的，过闸水流表面不受阻挡，泄流能力大。如图 5-11 所示。

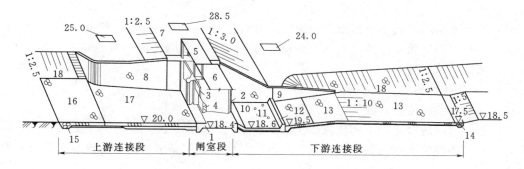

图 5-11　开敞式水闸

1—闸室底板；2—闸墩；3—胸墙；4—闸门；5—工作桥；6—交通桥；7—堤顶；8—上游翼墙；

9—下游翼墙；10—消力池；11—排水孔；12—消力槛；13—海漫；14—下游防冲槽；

15—上游防冲槽；16—上游护底；17—铺盖；18—上下游护坡

2）胸墙式水闸。这种水闸的上面没有填土，也是开敞的。但这种水闸的闸门上方设置胸墙。设置胸墙可以减小闸门的高度，减少挡水时闸门上的力，并减轻闸门自重及启闭力，但过闸水流表面受到阻挡，泄流能力受限制。如图 5-12 所示。

3）封闭式水闸。也称为涵洞式水闸。这种水闸是闸门后接涵洞，洞身上有填土覆盖。洞身填土有利于闸室的稳定；但洞身填土较重，在软土地基上容易产生不均匀沉陷，使洞身裂缝。一般地说，封闭式水闸适用于过闸流量较小、闸室较高或位于大堤下等情况。如图 5-13 所示。

开敞式水闸应用较为广泛，因此本章以开敞式水闸为典型进行介绍。

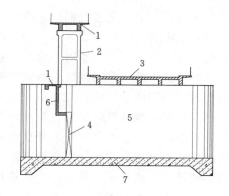

图 5-12　胸墙式水闸

1—工作桥；2—支承排架；3—交通桥；4—闸门；

5—闸墩；6—检修便桥；7—闸底板

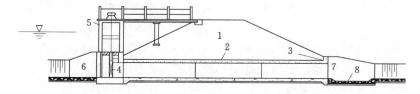

图 5-13　封闭式水闸

1—大堤；2—洞身；3—挡土墙；4—闸门；5—工作桥；6—上游翼墙；7—下游翼墙；8—消力池

5.3.1.2　水闸的组成部分

水闸由上游连接段、闸室段和下游连接段三部分组成。其中，闸室段是水闸的主要部分。如图 5-11 所示。

（1）上游连接段。其主要作用是引导水流平顺地进入闸室，保护上游河床及岸坡免于冲刷，并有防渗作用。这一段包括铺盖、护底、两岸的翼墙和两岸护坡。

（2）闸室段。闸室是水闸的主体，分上部结构与下部结构，其主要作用是安装闸门和启闭机械，进行操作控制水流。并兼有防渗防冲作用。它包括底板、闸墩、闸门、胸墙、工作桥、交通桥等。

（3）下游连接段。其主要作用是消能、防冲；促使水流均匀扩散，避免不利流态对下游的影响；同时安全排除闸基渗流及两岸渗流，减免其不利影响。这一段包括消力池、海漫、防冲槽以及翼墙、护坡等。

5.3.1.3 水闸的工作特点及要求

建在软基上的水闸有其独特的特点及要求。

（1）水闸的抗滑稳定。水闸建成挡水后，形成上下游水位差，此时它承受着水平方向的水推力，有可能促使水闸向低水位一侧发生滑动。所以水闸必须有足够的重量来维持它的抗滑稳定。

（2）水闸的闸基渗流。水闸建成挡水后，上下游水位差会引起闸基和两岸土壤的渗流。闸基的渗流，会产生渗透压力，自下而上地作用在闸室底部，减小闸室的有效重量，不利于闸室的抗滑稳定。闸基及两岸土壤的渗流，会使土壤发生渗透破坏，严重时，闸基及两岸会被淘空，引起水闸沉降、倾斜、断裂。因此，要采取合理的防渗排水措施，尽可能减小闸底的渗透压力，并防止闸基及两岸土壤发生渗透破坏。

（3）水闸的消能防冲。当水闸泄水时，因上下游有水位差，过闸水流的流速较大，具有较大的动能，因而会引起水闸下游的严重冲刷，若冲刷扩大到闸基下方将引起闸室倒塌；此外，开闸后的下游常常出现波状水跃和折冲水跃，会对下游河床和两岸造成淘刷。因此，应采取有效的消能防冲措施，以消杀水流能量，改善流态，防止水闸下游的不利冲刷。

（4）水闸的地基沉陷。建在软土地基上的水闸，由于土壤承载能力低、压缩性大，而且往往分布不均匀，在闸室重量及外荷载的作用下，地基可能产生过大的沉陷或不均匀沉陷，造成闸室倾斜，止水破坏，闸底板断裂。因此应对地基进行必要的处理，使地基承载力和沉陷变形满足设计的要求。同时，水闸设计应注意调整上部荷载，尽可能使基底应力较均匀分布，不致产生过大的地基应力和不均匀沉陷。

5.3.2 闸址选择和闸孔的确定

5.3.2.1 闸址选择

闸址选择关系到工程建设的规模和经济效益的发挥。应当根据水闸承担的任务、特点和运用要求，综合考虑地形、地质条件和水文、水流、施工等因素，通过技术经济比较，选定最佳方案。

如果在规划闸址范围内无法选到地质条件良好的天然地基，而且又没有其他选择余地时，则只有采用人工处理地基，但这往往是不经济的。

选择闸址应综合考虑材料来源、对外交通、施工、用电等条件，还应考虑水闸建成后工程管理和防汛抢险等要求。同时，尽可能少占土地及拆迁房屋，尽量利用周围已有的公路、航运、动力、通信等公用设施。有利于绿化、净化、美化环境和生态环境保护，有利于开展综合经营。

5.3.2.2 闸孔的确定

水闸的设计，首先是要确定闸孔形式和尺寸。一般是根据上、下游水位条件、运用要求和地形地质条件等，选择闸孔形式、确定闸底板高程，从而判别水流流态，通过水力计算确定出闸孔总净宽、孔数、单孔净宽、闸墩厚度和闸门总宽度，最后得出闸孔的轮廓尺寸。

（1）闸孔形式。闸孔形式主要反映了孔口堰型的特征及胸墙形式，故闸孔形式有平底板宽顶堰式、低实用堰式、胸墙式。各种形式的特点是：

1）平底板宽顶堰式。构造简单，施工方便，应用最为广泛、最常见，在灌排系统内的水闸一般都采用平底板宽顶堰。

2）低实用堰式。主要优点是自由泄流时流量系数较大，水流条件好，选用合适的堰面曲线可以消除波状水跃，同时堰坎可以拦沙。

3）胸墙式。一般呈大矩形孔口形状，在水闸需要设置胸墙时才考虑选择。

（2）闸底板顶面高程的选定。闸底板高程也称为水闸堰顶高程。应尽量布置在天然地基或承载力大的土层上。应根据水流、地形、地质、施工和运用条件综合研究确定。一般情况下，拦河闸闸底高程多与河底齐平；进水闸或分洪闸的闸底高程可比河床略高一些，以防止泥沙入渠或进入分洪区；排水闸的闸底高程应布置低一些，以满足排涝要求。

（3）过闸单宽流量的确定。过闸单宽流量的选择，是确定水闸总宽度的主要因素，对水闸的工程造价和上、下游消能防冲设施的安全有直接影响。根据我国的经验，过闸单宽流量可参考表 5-1 选用。一般情况下，上下游水位差较小、下游水深较深和闸后水流扩散条件较好时，宜选用大值。

表 5-1　　　　　　　不同闸基土壤的过闸单宽流量表

闸 基 土 壤	粉砂、细砂、粉土	淤泥	砂壤土	壤土	黏土
单宽流量 [m³/(s·m)]	5~16	9	10~15	15~20	15~25

（4）闸孔宽度和孔数。当过闸流量和上、下游水位确定后，可根据已选定的闸孔形式，底板高程，按水力学方法进行判别水流流态（堰流、孔流），用水力学公式计算出闸孔总净宽。

当水流为堰流时如图 5-14 所示，闸孔总净宽为

$$B_0 = \frac{Q}{\sigma \varepsilon m \sqrt{2g} H_0^{3/2}} \tag{5-2}$$

式中　B_0——闸孔总净宽，m；

　　Q——过闸流量，m³/s；

　　g——重力加速度，m/s²；

　　H_0——计入行近流速水头的堰上水深，m；

σ、ε、m——淹没系数、侧收缩系数和流量系数，均可在《水闸设计规范》的附表中查到。

当水流为孔流时，如图 5-15 所示，闸孔总净宽为

$$B_0 = \frac{Q}{\sigma' \mu h_e \sqrt{2gH_0}} \tag{5-3}$$

式中　h_e——孔口高度，m；

σ'、μ——孔流淹没系数、孔流流量系数，均可在《水闸设计规范》的附表中查到。

对于闸孔总净宽，虽然需要经过水力计算确定，但过小、过大都不好，需要综合考虑各种因素比较确定。据一些水闸工程的实践经验，闸室总宽度与河道宽度的比值一般为 0.6~0.8。

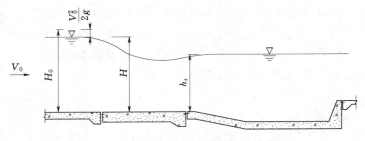

图 5-14　堰流时的闸孔总净宽计算示意图

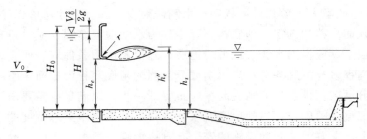

图 5-15　孔流时的闸孔总净宽计算示意图

对于单孔宽度，小型水闸，一般采用平面闸门，单孔宽度常取 1~4m；大、中型水闸，常见的平面闸门单孔宽度为 6~8m，弧形闸门单孔宽度常取 8~12m，目前单孔宽度有超过30m 以上的。

对于水闸的闸孔数，小型水闸尽可能采用为单数，以便对称开启，以利于消能防冲；孔数少于 8 孔以下的水闸，宜采用单数孔。大、中型水闸的闸孔数采用单、双孔数均可。

5.3.3　闸室的布置和构造

闸室是水闸的主体部分，它由闸底板、闸墩、闸门、胸墙、工作桥和交通桥等部分组成。闸室布置应根据水闸的挡水、泄水条件和运行要求，结合考虑地形、地质等情况，并兼顾各组成部分的位置及工作特点，做到结构安全可靠、布置紧凑合理、施工可行方便、运用科学灵活、既经济又美观。

5.3.3.1　闸底板

闸底板是闸室的基础，闸室承受的所有荷载都是通过闸底板传给地基的，同时利用底板与地基之间的摩擦力来维持闸室的稳定。此外，底板顶面还具有防冲和防渗的作用。因此，闸底板必须整体性好，坚固、抗渗、耐磨。

为适应地基的不均匀沉降和温度变形，常将闸室沿顺水流方向进行分缝（永久缝）。分缝的位置可设在闸墩中间，或设在底板上，如图 5-16 所示。由于分缝位置不同，将底板的结构形式分为整体式和分离式两种。若在闸墩分缝，则闸底板与闸墩整体浇筑为一体，称为整体式底板，如图 5-16（a）所示；若在闸底板分缝，则闸底板与闸墩被分隔浇筑，称为分离式底板。如图 5-16（c）所示。

闸底板的长度是指顺水流方向的长度，一般与闸墩长度相同。初步拟定时，可参照已建工程或表 5-2 暂时拟定一个长度，然后进行闸室上部构造的布置再拟定一个长度，经过两者比较，初步定出一个底板长度。进行闸室稳定计算满足要求后，才能最后确定闸底板长度。底板长度也可以大于闸墩长度，底板加长能减小地基应力，减少闸室的沉陷。

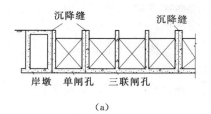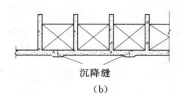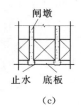

图 5-16　闸室分缝及布置

(a) 闸墩分缝；(b)、(c) 闸底板分缝

表 5-2　　　　　　　　　　闸 底 板 长 度 的 拟 定

地基条件	拟定的底板长度	地基条件	拟定的底板长度
碎石和砂 (卵) 石	$(1.5\sim2.5)\Delta H$	粉质壤土和壤土	$(2.0\sim4.0)\Delta H$
砂性土和砂壤土	$(2.0\sim3.5)\Delta H$	黏　　土	$(2.5\sim4.5)\Delta H$

注　ΔH 为水闸上、下游最大水位差。

5.3.3.2　闸墩

闸墩的主要作用是分隔闸孔，支撑胸墙和闸门，并作为工作桥和交通桥的支撑。闸墩按所在位置不同，可分为边墩、中墩和缝墩。如图 5-17 所示。

闸墩的长度应满足胸墙、闸门、工作桥、交通桥等的布置需要。一般闸墩与闸底板长度相同，或比底板稍短。如果闸墩上部结构布置有剩余，可将闸墩高度做成斜坡，减少部分闸墩重量，如图 5-18 (a) 所示；如果闸墩上部长度不能满足结构布置，可将闸墩上部做成外挑的牛腿，以增加顶部长度，如图 5-18 (b) 所示。

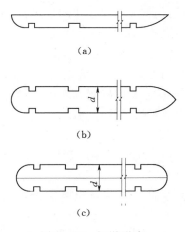

图 5-17　闸墩形式

(a) 边墩；(b) 中墩；(c) 缝墩

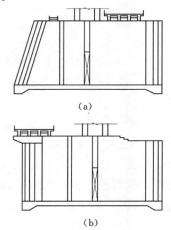

图 5-18　闸墩长度与上部结构布置

闸墩的厚度必须满足稳定、强度及构造的要求，它与闸门的形式和跨度有关。钢筋混凝土闸墩厚约为 0.8～1.2m，闸墩在门槽处的厚度不宜小于 0.5m。

闸墩的高度应根据闸墩顶部高程确定，对于开敞式水闸上游的墩顶高程，一般应高于上游最高洪水位，并有一定安全超高，超高值可按规范选取。墩顶高程还与交通桥高程有关。

5.3.3.3　胸墙

胸墙是闸室孔口上部的挡水结构，设置胸墙是为了减小闸门高度。胸墙的位置一般布置在闸门的上游侧，其优点是启闭闸门的吊耳、螺杆或钢丝绳等不被浸泡在水中；胸墙的位置也可布置在闸门的下游侧，其优点是闸门紧靠胸墙，止水效果好。

胸墙顶部高程一般与闸墩同高，底部高程应满足孔口泄流能力的要求。

胸墙与闸墩的连接方式有简支式和固接式。简支式连接是将胸墙与闸墩分开浇筑，缝面涂沥青，缝内设止水。固接式连接是将胸墙与闸墩整体浇筑，胸墙钢筋伸入闸墩内，形成刚性连接。

5.3.3.4 闸门和启闭设备

（1）闸门。闸门是水工建筑物的孔口上用来调节流量、控制上下游水位的活动结构。闸门分为工作闸门和检修闸门两类。工作闸门用于正常运用时挡水、控制下泄流量和水位；检修闸门用于检修工作闸门时临时挡水。工作闸门的位置一般布置在中间偏上游，检修闸门布置在工作闸门的上、下游侧。

闸门形式的选择，应根据其受力情况、运用要求、闸门宽度、启闭机形式、工程造价等条件综合比较确定。闸门的结构形式有多种，最常见的是平面闸门、弧形闸门和叠梁闸门。

（2）启闭机。启闭机主要是用于启闭闸门。常用的启闭设备有卷扬式启闭机、螺杆式启闭机和液压式启闭机三种。根据启闭机是否能够移动，又分为固定式和移动式两种。移动式启闭机多用于操作孔数多，又不需要同步均匀开启的闸门。对要求在短时间内全部启闭的闸门，一般采用一门一机。

5.3.3.5 工作桥和交通桥

（1）工作桥。为了安装闸门启闭设备及工作人员操作的需要，通常在闸墩上设置工作桥。为了更好地保护启闭设备，改善工作人员操作管理的工作环境，常将工作桥建造为启闭机室。

工作桥的高程必须在下泄最大洪水时，能使吊起的闸门离开水面，以不阻碍泄洪为原则。工作桥桥面总宽度应满足设备安装、栏杆位置和人员操作的需要，一般为 3～5m。

（2）交通桥。当有公路交通要求时，应按公路标准设置公路桥。无公路交通要求，也应建管理人员及小型车辆通行的交通桥。桥的位置应根据闸门形式、启闭方式及两岸交通连接条件来决定，对于直升式平面闸门，交通桥一般位于工作闸门的下游侧（或上游侧）。对于弧形闸门，交通桥一般位于工作闸门的上游侧。桥面宽度应按交通要求确定。

5.3.3.6 分缝位置及止水设备

（1）分缝位置。分缝是为了防止和减少由于地基的不均匀沉降、温度变形等引起的大体积混凝土板断裂和裂缝。分缝的位置是：

1）底板分缝。一般来说，对于多孔水闸，沿顺水流方向每隔一定距离应设置永久缝，两永久缝之间的距离称为缝距，土基上的缝距不宜大于 30m，缝宽一般为 2～3cm。

2）荷载相差悬殊处应分缝（沉降缝）。相邻结构由于荷载相差悬殊容易出现不均匀沉降，必须分缝。如铺盖与底板、铺盖与两侧翼墙、消力池与底板及铺盖、消力池与翼墙等连接处，要分别设缝。

3）大体积混凝土板的分缝（温度缝）。如混凝土铺盖及消力池也需设缝分段、分块。

（2）止水设备。凡具有防渗要求的缝都应设止水设备。止水可分为垂直缝止水和水平缝止水两种。垂直止水设在闸墩与闸墩、闸墩与岸墙、岸墙与翼墙之间的垂直沉降缝内；水平止水设在铺盖、底板、护坦之间，以及它们与岸墙、翼墙相接的水平缝内。

在止水设备的材料中，金属止水片的材料最好是用紫铜片，它的柔性大，适应各种变形，但价格贵，技术要求高，常用于重要的结构部位。在次要的结构分缝中，多用镀铜铁皮止水片，但在焊接接头时，铜片保护层容易被高温熔融吹走，使铁皮外露而生锈。用塑料止水带代替金属止水片，有许多优点，如它的弹性和韧性好，加工切割和焊接的设备较简单，熔接技术较易掌握，施工安装方便，成本低，但在阳光照射下容易老化，影响使用寿命，适用于水下结构的防渗止水。总之，对于止水设备，除满足防渗漏和适应各种变形的要求外，也都要求构造简单、施工方便、造价低廉。

5.3.4　水闸的消能防冲及防渗排水设施

水闸开闸泄水时，下游河道都会被冲刷，其原因是多方面的：一是过闸水流经过闸孔被缩窄，水流流速增大，加大了冲刷的条件；二是过闸流量比较集中，单宽流量加大，在上下游有较大水位差的情况下，过闸水流有较大的动能，加大了河道冲刷；三是平原河道的河床土质较差，容易被水流冲刷；四是水闸设计总体平面布置不合理或闸门操作控制不当引起水流有害的冲刷。因此，应了解过闸水流的特点及消能防冲要求。

5.3.4.1　过闸水流的特点

过闸水流的流态及变化较复杂，其特点有：

（1）出闸水流流速大，紊动强烈。

（2）闸上下游水位多变，出流形式多变。

（3）闸上下游水位差较小时，容易出现波状水跃。

（4）闸门开启不当或水闸总体布置不当，容易出现折冲水流。

对河道造成有害冲刷的原因主要是波状水跃和折冲水流，它们主要的特征及破坏是：

（1）波状水跃。在上下游水位差较小的情况下，过闸水流不能形成明显的表面旋滚，只有表面波动，这种水流现象称为波状水跃。这种水跃的消能效果差，水流处于急流流态，仍具有较大的冲刷能力。此外，这种急流状态下的水流，不易向两侧扩散，致使两侧产生回流，缩窄了过流的有效宽度，使得局部单宽流量增大，造成了水流对下游河床及两岸的冲刷，如图 5-19 所示。

（2）折冲水流。过闸水流经过闸孔被缩窄，出闸后迅速扩散。如果水闸总体平面布置不当或闸门操作运用不当，出闸水流不能均匀扩散，容易使水流集中，形成左右冲击流态的折冲水流，如图 5-20 所示。这种不良流态的水流，蜿蜒冲刷下游河床及岸坡，直至逐步上溯危及闸室的安全。

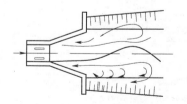

图 5-19　波状水跃示意图

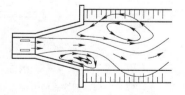

图 5-20　折冲水流

5.3.4.2　水闸的消能防冲要求

为了防止或减小过闸水流对下游河床及两岸的不利冲刷，以保证闸室的安全稳定，应采取综合的消能防冲措施：一是要选择合理的消能防冲设施，并与下游河道有良好的衔接，满足在各种水力情况下消散动能与均匀扩散水流的要求；二是合理地布置水闸总体平面，以利于水流扩散，避免或减轻回流的影响；三是制定合理的闸门操作控制调度方案，杜绝人为操作不当所造成的河道不利冲刷。

5.3.4.3 水闸的消能防冲设施

水闸的消能防冲措施包括：选择适宜的过闸单宽流量；选取合理的消能方式及设施；采取必要的防冲措施。水闸的消能防冲设施主要由建在闸室下游段的消力池、辅助消能工、海漫、防冲槽以及下游翼墙组成。

(1) 水闸的消能方式。建于平原地区的水闸，河（渠）床的土质抗冲能力低，因此，水闸的消能方式一般是底流消能。底流消能是一种通过在闸下产生一定淹没度的水跃来保护河床免遭冲刷的消能方式。淹没度不宜过大，也不宜过小，淹没度一般用淹没系数来表达，常控制在 1.05～1.10 的范围为宜。

(2) 消力池。当下游水深不够而淹没度不足，达不到消能的目的时，往往是通过在闸室后面修建消力池。修建消力池的主要作用是增加下游水深，保证水流形成淹没式水跃，以达到消能的目的。消力池可以将闸后水流的大部分动能（40%～70%）消杀在消力池中，小部分的动能是在海漫及防冲槽中消减。因此，消力池是底流消能的一种常见设施。

1) 消力池的形式。消力池的形式，一般有下挖式消力池、突槛式消力池和综合式消力池三种主要形式，如图 5-21 所示。若下游水深较浅，不能形成淹没式水跃，可将闸室下游的河床挖深，降低护坦高程而形成下挖式消力池（或称挖深式消力池）；如果地下水位较高开挖困难，或开挖过深会危及闸室稳定，或各种原因不能降低护坦高程时，可在护坦末端建造突槛来壅高水位，形成突槛式消力池（或称尾槛式消力池）；若闸下尾水深度远小于跃后水深，且计算所需消力池深度又较深时，可采用下挖一部分，降低护坦高程，并在池后建突槛壅水，形成综合式消力池。

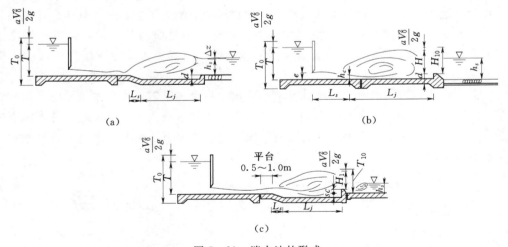

图 5-21 消力池的形式
(a) 下挖式消力池；(b) 突槛式消力池；(c) 综合式消力池

2) 消力池的构造：

斜坡段。消力池一般位于闸室之后，闸室底板与消力池之间一般采用 1:4～1:5 的斜坡段连接。斜坡段不能太陡，坡度较陡会使过闸水流与斜坡面产生局部真空而损坏斜坡段结构，而且坡度过陡，也给施工造成困难。因此坡度不能陡于 1:4（可取 1:4）。

消力池底板。消力池底板（护坦）承受着高速水跃旋滚急流的冲刷，又承受水流脉动压力和底部扬压力的作用，应有一定的厚度，以保证它的稳定性和整体性、并具有较高的强度和抗冲耐磨能力。大、中型水闸护坦厚度一般为 0.5～1.0m 小型水闸也不宜小于 0.3m。一般选用 C20 以上的钢筋混凝土材料。

消力池的突槛。突槛的形式有多种，主要有连续式和差动式。连续式突槛在壅高池内水位的作用比差动式突槛好，且便于施工。但差动式突槛在扩散水流的作用比连续式突槛好，一般多用于水头较低的中小型工程。

下游翼墙的布置。消力池的两侧应布置下游翼墙，下游翼墙在顺水流向的长度应大于或等于消力池长度，为了使出闸水流平顺，流速分布均匀，不产生偏流及回流，消力池两侧的翼墙在平面上应适当扩散，扩散角不宜过大，一般不超过 7°～12°为宜。下游翼墙墙顶应高出下游最高水位。

分缝与止水。为了适应地基的不均匀沉陷和护坦的温度变形，护坦与闸室底板、翼墙及海漫之间应设分缝。如过闸宽度较大，还需设置顺水流方向的伸缩缝。消力池底板的伸缩缝位置最好与闸底板的沉降缝错开，也不宜布置在闸孔中心线位置，以减轻急流对该缝的冲刷。缝中以三毡四油止水片填充。若护坦还有防渗要求时，缝中应设金属止水或橡胶、塑料止水片。防渗范围以外的缝一般都铺贴沥青油毡，缝下面铺设反滤层，以保护闸基土不发生渗透破坏。护坦在垂直水流方向通常不分缝，以保证消力池的整体稳定。

排水孔。为了减少作用在消力池底板上的扬压力，通常需在消力池底板后半段设置排水孔。排水孔不要设在底板前端，以防高速水流将孔下地基土壤吸出，导致底板失事。护坦上的排水孔，通常采用孔径为 8～12cm 的 PVC 管，孔的间距 1～2m，呈梅花形布置，并在孔下铺设反滤层。

（3）辅助消能工。除设消力池消能以外，在消力池中还可设消力齿、消力墩等辅助消能工。如图 5-22 所示是一种辅助消能工的形式。

消力墩。最常见的是两排间错布置的形式，其主要作用是使下泄急流相互碰撞、消能扩散，增加水流的紊动，缩短池长和减少对下游水深的要求。

趾墩。它是在斜坡脚处加设的一种差动式齿墩。其作用是使射流沿齿槽分成多股水流，以增加水股深度和上下股水流的扩散作用，促使被挑起的水流落到池中形成水跃，以减少池身和池长。趾墩消能一般用于中低水头的工程。

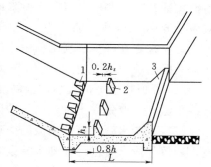

图 5-22　辅助消能工
1—趾墩；2—消力墩；3—尾槛

选择合适的辅助消能工，其目的是改善水流分布、提高消能效果、缩短池长、减小池深，节省工程量。若选择的辅助消能工布置形式尺寸不同，则作用是不同的，甚至会产生副作用。

（4）海漫。海漫是继消力池之后的一种消能防冲设施。水流经过消力池后，虽然消除了大部分动能，但仍有较大的余能；流速分布也未恢复到河道原流速的正常状态，底部流速仍较大，对河床仍有一定的冲刷能力。因此紧接消力池之后，应设置海漫护底，并进一步消减余能，使水流均匀扩散，调整流速分布，保护河床免受冲刷。海漫的设置，主要是确定它的长度、布置形式和构造要求。

海漫的布置形式。当下游河床局部冲刷不大时，可采用水平海漫；反之，采用倾斜海漫，或者前部分 1/3 做成水平段，后部分 2/3 做成向下游倾斜约等于或缓于 1∶10 的斜坡段，促使水流在铅直方向扩散，如图 5-23 所示。

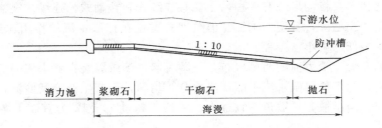

图 5-23　海漫的布置形式和构造

海漫的构造要求。主要是对材料的要求，材料应具有粗糙、透水、柔韧和抗冲的特性。表面粗糙是加强消减余能效果；透水是排出底部渗水，减少渗透压力；柔韧是使海漫适应河床变形；抗冲是更好地保护河床。因出池后的水流约在前 1/4 长度段，流速还较大，海漫应采用浆砌块石或混凝土板结构，余下 3/4 长度段可用干砌块石结构。海漫的底部一般铺设砂砾、碎石垫层，以防止渗透水流带走基土，垫层厚度为 10～15cm。

（5）防冲槽及防冲墙。水流经过海漫后，余能已经进一步消除，但海漫末端的水流仍有一定的冲刷能力，下游河床仍难免遭受冲刷，危及到海漫的稳定安全。为了保护海漫，防止冲刷向上游扩展，常在海漫末端设置防冲槽或防冲墙进行加固。

（6）护底与护坡。水闸在上、下游连接段的护底、护坡是防冲刷最有效的措施。根据实践经验，上、下游连接段大多采用砌石护底、护坡，其厚度一般为 0.3～0.5m。干砌石护坡下面应铺筑砂石垫层，以防水位降落时岸坡土粒被渗水带走。护底的始、末端及护坡的坡脚应做 0.6～0.8m 浅齿墙。

近年来，在许多水利工程中广泛采用土工织物来代替护坡、护底的砂石垫层。根据部分工程实践经验，采用土工织物作为护坡、护底的垫层，其单位面积质量一般不宜小于 350g/m²。但垫层上面大多用预制混凝土块护面。如采用砌石护面时，为防止土工织物被砌石棱角戳破，应先在土工织物与护面之间铺设一层厚度为 5cm 的黄沙。

（7）波状水跃、折冲水流的防止措施。防止波状水跃的措施：对于平底板水闸，可在闸室之后留一段水平段，在其末端设置一道小槛，使水流越槛入池后，促成底流式水跃，以便消除波状水跃。防止折冲水流的措施：主要在水闸的总体平面布置上考虑，在闸前，尽量使上游引河段有较长的直线段，上游翼墙沿河道两岸对称布置，促使水流平顺入闸；在闸后，尽量使闸后的水流方向与原河床主流方向一致，以防止水流出现左冲右撞现象。其次是控制下游翼墙的扩散角每侧在 7°～12°之间，以防止因角度过大而使过闸水流脱离墙面，造成主流与墙面之间产生回流的现象。另外，应严格按规定的闸门控制调度方案操作，避免产生集中水流或折冲水流。

（8）闸门控制调度方案。水闸的闸门控制调度方案，一般是由设计工程师在进行水闸设计时，根据水力设计调试结果或水工模型试验成果，制定合适的闸门控制方式（如闸门控制运用曲线等），规定闸门的启闭顺序和开度，提供给管理部门实施，要求管理人员严格按规定的闸门控制调度方案进行操作。闸门控制调度方案一般要求为：

1）闸门开闸泄水时，应保证任何情况下水跃在消力池内形成淹没水流。

2）闸门尽量同时均匀对称启闭。多孔水闸以均匀齐步开启闸门方案最好，如果不行，也可间隔对称、分先后按档次开启闸门。

3）闸门应分级（开度）开启，严禁一次开闸到顶。

4）严格控制闸门的开度，避免闸门停留在振动较大的开度区泄水。

5）关闭或减小闸门开度时，应避免水闸下游河道水位降落过快。

5.3.4.4　水闸的防渗排水设施

（1）水闸的防渗排水设施布置。水闸的防渗设施主要是指在水闸中起防渗作用的水平防渗体（如铺盖）、垂直防渗体（如板桩、防渗墙和齿墙）等；排水设施主要是指铺设在下游护坦、浆砌石海漫底部或闸底板下游段起导渗（反滤、排水）作用的砂砾石层。水闸的防渗排水设施布置，应该根据闸基地质条件和水闸上、下游水位差等因素，结合闸室、消能防冲和两岸连接布置进行综合分析确定。

应该指出的是，防渗排水设施的布置形式，都是以承受单向水头的水闸来进行布置的。对于平原地区的排水闸及海边的挡潮闸，一般都是双向过水的水闸，应以水位差较大的一向为主进行双向防渗排水设施的布置。

（2）水闸的防渗设施。水闸的防渗设施有很多种，下面介绍工程上常见的几种：

1）水平铺盖。铺盖是工程中最常见的水平防渗设施，一般是平铺布置在紧靠闸室上游的河床上，它不能阻止渗流在闸基下通过，但它可以延长渗径，用以降低渗透压力和渗流坡降。同时具有防冲作用。对铺盖的要求应具有抗渗、抗冲、柔韧好。铺盖的长度可采用上下游最大水位差的 3～5 倍定出，过短则起不到防渗作用，过长则防渗效果的增加并不显著，且不经济，应根据闸基防渗要求和工程造价比较综合确定。铺盖的常用材料有黏土、壤土、黏土混合土、沥青、混凝土、钢筋混凝土和防渗土工膜。

2）板桩。板桩是垂直防渗的设施之一，在水闸工程中使用最为广泛。一般是设置在闸底板的上游端，将板桩并排打入闸基形成一道防渗墙，在垂直方向延长渗径。垂直防渗要比水平防渗效果显著。一般板桩适用于砂性土地基。

板桩按材料分，一般有木板桩、钢筋混凝土板桩和钢板桩。为省钢材，许多小型水闸工程采用竹筋混凝土板桩、砂浆灌注板桩。目前，水闸工程中绝大部分采用钢筋混凝土板桩。

钢筋混凝土板桩一般在现场预制，其尺寸主要是根据防渗要求和打桩设备条件确定，据实践经验，板桩厚度不宜小于 20cm，宽度不宜小于 40cm，桩长 5～12m，适用于各种地基。板桩之间的连接，可用榫槽嵌入连接，或在板桩之间预留的灌浆孔内灌入水泥砂浆，以减小渗流。

3）地下连续墙。地下连续墙是一种不用模板在地下建造的防渗墙，是近年来用于大坝、水闸垂直防渗的设施之一。地下连续墙具有截水、防渗、承重及挡土的多种作用。其优点是整体性好、防渗效果好、适用各种地质条件、对沉降及变位易于控制；缺点是挖槽的废泥浆污染周围环境、可能引起槽壁坍塌、造价高。地下连续墙有钢筋混凝土墙、素混凝土墙、黏土墙、自凝泥浆墙及混合材料墙等。作为水闸垂直防渗用的地下连续墙，目前主要以素混凝土结构为主。

4）齿墙。齿墙也是一种防渗的设施之一。齿墙一般设置在闸室底板的上、下游端，齿墙深度一般为 0.5～2.0m。上游端齿墙的作用是降低作用在闸底板上的渗透压力，下游端齿墙是减小出逸坡降，有助于防止地基土产生渗透变形。齿墙既可延长渗径，起到防渗作用，又可增加闸室的抗滑稳定性。建筑在砂土地基上的闸底板，其上下游齿墙的外侧，应尽可能地回填黏性土，并薄层填实，以增强其抗渗性能。

5）垂直土工膜。垂直土工膜是近年来采用的一种垂直防渗的设施之一。它是通过机械设备挖槽，泥浆护壁形成槽孔，然后将土工膜铺入槽内，并在土工模的两侧填土形成垂直土工膜防渗体。我国的土工膜垂直防渗体，目前最深开槽深度已达 16m。垂直土工膜防渗材料常选用聚乙烯土工膜、复合土工膜或防水塑料板等。土工膜的厚度不小于 0.5mm。

（3）水闸的排水设施。设置排水的目的是将闸基渗水有计划地安全引向下游，以减小闸底板的渗透压力，并防止地基土发生渗透破坏。在水闸中的排水设施，一般有平铺式排水和垂直式排水。

1）平铺式排水。它是铺设在地基中透水性很强的垫层，一般是平铺布置在设有竖向排水孔的消力池底板下面和海漫首端，见图 5-24。平铺于消力池底板下面的排水层常用粒径为 1～2cm 的碎石、卵石或砂砾石，厚度约为 20～30cm。排水层与地基土接触的渗流出逸处，最易发生渗透变形，因此应铺设反滤层。排水层一般都不专门设置，而是将反滤层中的颗粒粒径最大的一层厚度加大，成为排水层。

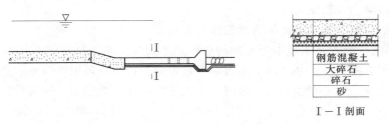

图 5-24　平铺式排水及反滤层（砂石料）

2）垂直式排水。一般是在消力池底板的下游段设置竖向排水孔，并与平铺式排水层连接。排水孔可用无砂混凝土管或 PVC 管。当闸基下面有承压透水层时，可在闸室下游设置垂直排水减压井。排水减压井应伸入透水层内 0.3～0.5m，间距约 3m 以上，内径采用 0.2～0.3m，内填反滤料。

3）反滤层。在水闸中，为了防止渗流出口处的土体发生渗流破坏，常在该处设置反滤层。反滤层的作用是排除渗流，阻止基土流失。反滤层一般由 2～3 层的砂石料组成，每层厚度为 20～30cm。砂石料应是耐久、抗风化材料。反滤层的设置大体与渗流方向正交，沿渗流方向粒径由小到大设置，如图 5-24 所示。反滤层的铺设长度，应以满足"滤层末端的渗流坡降值小于地基土在无滤层保护时的允许渗流坡降值"的要求为原则，以防止反滤层末端有可能出现渗流变形。

近年来，水利工程采用土工布代替传统的砂石料作反滤层，如图 5-25 所示。土工布是具有良好渗透性、柔韧性和强度较高的材料，且有较好的反滤作用，广泛用于各种反滤垫层中；它还具有施工简单、速度快、造价低和质量容易控制等优点。据实践经验，采用土工布作为反滤层材料，其单位面积质量一般不宜小于 180g/m²。

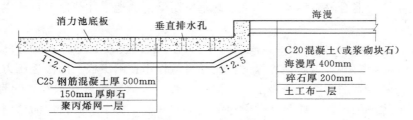

图 5-25　平铺式排水及反滤层（土工布）

5.3.5　闸室稳定分析与地基处理

闸室在运用期间受各种荷载的共同作用。维持闸室的抗滑稳定主要是靠闸室基底面与地基之间的摩擦力。一般而言，在水平水压力的作用下，闸室向下游滑动，而垂直方向的荷载在闸基上产生的摩擦力阻止闸室的滑动。当抗滑力大于滑动力时，则闸室保持稳定。

在对闸室进行稳定计算分析时，要求闸室在各种不同运用情况下，满足稳定计算的三个方面要求：①满足抗滑稳定要求；②基底应力不大于地基允许承载力要求；③基底应力的最大值与最小值不大于规定的允许值要求。此外，对地基沉降变形问题，应同样满足在允许范围内，必要时应提出地基处理的要求和地基处理方案。

在实际工程中，尽量考虑在天然地基上建水闸，以减少工程造价。但平原上的许多水闸是建在砂土或软弱地基上，经常遇到地基不能满足稳定、承载力和最大沉降量的要求，因此，必须对地基进行加固处理。水闸工程常用的地基加固处理方法有：

（1）换土垫层法。将水闸基底附近的软土层挖走，换成人工回填的砂土垫层并压实。砂土垫层的摩擦系数大、承载能力高；排水性能好、有利于减小扬压力，提高闸室的稳定性。因此，它是工程上广为采用的一种地基处理方法。该方法适用于软弱黏性土及淤泥质土，且软土层不是很厚的地基。砂土垫层厚度不宜过大或过小，一般厚度采用 1.5～3.0m。

（2）强夯法。它是通过将几吨或几十吨的夯锤从高处自由落下，反复多次夯击地面，使原状土排水固结、颗粒密实，从而改变原有地基土的结构性质。强夯法能使地基土的渗透性、压缩性降低，密实度、承载力、稳定性提高，现已应用到各种填土、碎石土、一般黏土、软土、湿陷性黄土及工业生活垃圾等地基。是一种常用的、经济的、简便的快速加固软基的方法。由于强夯法在施工时，振动大、噪音大，影响附近建筑物的安全和居民的正常生活，所以在城市或居民密集的区域不得采用。

（3）桩基础。桩基础是一种较早使用的地基处理方法，实践经验较多。水闸的桩基础，一般采用钢筋混凝土桩，按施工方法分，常见的有灌注桩、预制桩；按受力形式分，有摩擦桩、端承桩，如图5-26所示。考虑到建好的水闸在一定的沉降后，不应与地基分离，所以，水闸多采用摩擦桩。

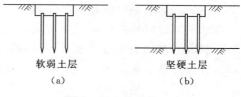

软弱土层　　　　　　坚硬土层
（a）　　　　　　　　（b）

图 5-26　桩基础
(a) 摩擦桩；(b) 端承桩

灌注桩常见是沉管灌注桩，它是先在地基上钻孔，然后在孔内安放预先制作的钢筋笼、灌注混凝土，形成沉管灌注桩，在桩顶上修建承台（即水闸底板）后成为桩基础。其优点是施工简单、进度快、用钢少和应用广泛；缺点是在成桩过程中可能出现缩颈、夹泥、断桩和混凝土离析现象。灌注桩适用于各种地基，但桩基础需要进入承压水层时，不宜采用灌注桩。

预制桩有管桩、方桩、多边形桩。一般是分段预制，现场接桩，用打桩机打入地基，在桩顶上修建承台后成为桩基础。其优点是桩身质量容易保证，单桩承载力高；缺点是在群桩施工时由于"挤土效应"导致周围地面隆起，使已经打入的邻桩可能上浮，尚未打入的桩桩底难以就位，影响了桩的承载力。预制桩适用于砂类土、黏性土、有承压水的粉、细砂土及碎石、卵石类土基。

桩基础不但较大地提高了地基的竖向承载能力，并可承受较大的水平推力，且适用于有严格控制沉降的水闸。它主要应用于土层较厚的软基。

（4）沉井基础。沉井是一个多呈矩形井形状的结构物，一般为钢筋混凝土结构。沉井基础在水闸工程中既可解决地基承载力不足又可解决地基渗透变形的问题，同时可解决沉降或沉降差过大问题。沉井基础主要适用于闸基上部为软土层或流沙层，下部为硬土或岩石下卧层的情形。

（5）振冲法。又称振动水冲法。它是利用振冲器在高压水流帮助下边振边冲，使振冲器沉到土中需要加固的深度并形成冲孔，然后向孔内回填砂或碎石。再上提振冲器的同时，振冲器不断将孔内的砂或碎石压实，形成碎石桩（或砂桩）。这种加固方法，具有施工方便、施工进度快、造价低、就地取材等优点。特别适用砂土或砂壤土地基，但对含水量较大、抗剪强度较低的软黏性土地基不宜采用。

（6）搅拌桩基础。搅拌桩基础是加固软土地基的一种新方法。它是利用水泥、石灰作为固化剂，必要时掺入粉煤灰等外掺剂，也可适量掺加减水剂和速凝剂，通过特制的深层搅拌机械，在地基深处将软土与固化剂（液浆或粉体）强制搅拌，使软土固化后成为强度高、压缩性低、整体性和水稳定性好的水泥土桩或连续桩墙。该法的优点为施工进度快、振动小、无噪音、基本无污染和造价低；其缺点为理论研究不够完善。

5.3.6 水闸与两岸连接建筑物

5.3.6.1 两岸连接建筑物的作用

水闸的岸墙和翼墙通常称为两岸连接建筑物。当水闸与河岸或土坝等连接时，需设置这种专门的连接建筑物。直接挡住河道两岸坡填土的挡土墙叫翼墙；在水闸边墩之后的挡土墙叫岸墙。其作用是：

（1）挡住两侧岸坡的填土，保证河岸填土的稳定及免遭水流的冲刷。

（2）引导水流平顺进闸，并使出闸水流均匀扩散。

（3）控制绕过闸室两侧的渗流，防止两岸土壤或土坝发生渗透变形。

（4）软弱地基上的岸墙可以减少两岸地基沉降对闸室结构的不利影响。

水闸的岸墙和翼墙的主要功能是挡土，故称挡土墙，但它的工作条件又与一般的挡土墙不同：墙的基础经常处于水下，且有可能受到水流冲刷；墙体既挡水又挡土，且墙前的过闸水、墙后的地下水水位经常有变化；墙的地基在水下，土质软弱，承载力低，稳定性差。

一般而言，地基较好、高度不大的水闸，可用边墩直接与两岸或土坝连接，如图 5-27（a）所示。当地基软弱，闸身较高时，若将边墩直接挡土，边墩与闸身地基的荷载相差悬殊，可能产生较大的不均匀沉降，影响闸门启闭，同时，闸底板将由于应力过大而产生较大裂缝，因此，应在边墩背面设置岸墙，如图 5-27（b）、（c）、（d）所示。边墩与岸墙用缝分开，边墩只承受竖向力和闸门的传力，岸墙则承受土压力、渗压力。

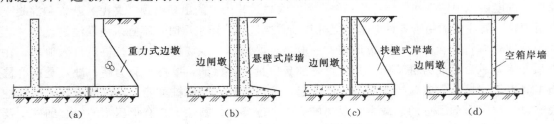

图 5-27 两岸连接建筑物结构型式
(a) 重力式；(b) 悬臂式；(c) 扶臂式；(d) 空箱式

5.3.6.2 岸、翼墙的结构形式

水闸岸、翼墙常见的结构形式有重力式、悬臂式、扶壁式、空箱式等。

（1）重力式挡土墙。重力式挡土墙依靠自身重量维持稳定，可用混凝土或浆砌块石做成，如图 5-27（a）所示。它的结构简单、施工方便，但断面较大，用料较多且造价较高。由于墙体自重大，限制了它在松软地基上的建筑高度，挡土墙高度一般在 5~6m。为了改善地基土压力分布和增强墙体的耐久性，一般在墙体底板及墙体压顶多用混凝土或钢筋混凝土制作。

（2）悬臂式挡土墙。悬臂式挡土墙一般为钢筋混凝土结构，由直墙和底板组成，如图 5-27（b）所示。它具有厚度小、自重轻等优点。墙体的稳定主要依靠底板上的回填土重量维持，这种挡土墙在水工建筑物中应用广泛。挡土墙高度一般为 6~8m。

（3）扶壁式挡土墙。扶壁式挡土墙一般采用钢筋混凝土结构。它由立墙、底板及扶壁组成，如图 5-27（c）所示。这种形式可利用底板上的填土维持稳定。由于它是在悬臂式挡土墙的立墙和底板之间每隔一段距离增加一个扶壁，提高了挡土墙的承载力，故挡土墙高度在 9~10m 以上采用扶壁式挡土墙较经济。

（4）空箱式挡土墙。空箱式挡土墙由底板、前墙、后墙、顶板、隔墙和扶壁组成，如图 5-27（d）所示。箱内部分填土或不填土，但可以进水，以调整地基应力。该挡土墙主要靠自重维持稳定。它具有作用于地基的单位压力较小、分布较均匀的优点，但结构复杂、施工麻烦、钢筋和木材用量大、造价高。所以当地基较差，挡土高度较大时，大多采用空箱式挡土墙作岸墙挡土，以减轻水闸边墩的土压力。

5.3.6.3　刺墙及其作用

当侧向渗径长度不够时，可在闸室边墩或岸墙的后面设置一道或两道刺墙，以延长渗径、防止侧向绕渗引起两岸土体的渗透变形。刺墙一般用混凝土或浆砌石筑成，它不是独立设置，而是与闸室边墩或与岸墙连为一体整体建造，故刺墙是两岸连接建筑物的一部分。刺墙对防渗有一定的作用，但造价较高。

5.3.6.4　两岸连接建筑物的平面布置

两岸连接建筑物的平面布置主要是上、下游的翼墙布置和岸墙、刺墙的布置。布置的形式主要是根据翼墙、岸墙的作用及布置的特点考虑。

（1）上游翼墙。它的作用除挡土外，最主要的作用是将上游来水平顺地导入闸室，其次是配合铺盖的布置起防渗作用，因此，其平面布置主要考虑与上游进水条件和防渗设施相协调。

（2）下游翼墙。它的作用除挡土外，最主要的作用是使出闸水流沿翼墙均匀扩散，避免在墙前出现回流漩涡等不利状态。因此，平面布置上，翼墙的平均扩散角每侧以不超过 7°~12° 为宜。

（3）常见翼墙的平面布置形式：

1）反翼墙式。这种翼墙在平面上呈两段墙体布置。顺水流方向的翼墙长度，上游可与铺盖同长，下游可与消力池同长；垂直水流方向的翼墙长度一般应插入两岸岸坡；两段翼墙之间的连接是圆弧角。这种布置型式的特点是水流条件和防渗效果好，但工程量大，适用于大、中型工程。如图 5-28（a）所示。

2）圆弧式。这种翼墙在平面上呈圆弧形布置。其特点是水流条件和防渗效果好，但工程量大。适用于上、下游水位差及单宽流量较大的大、中型水闸。如图 5-28（b）所示。

3）扭曲面式。由于闸室进、出口的断面是矩形，上、下游渠道的断面是梯形，而连接它们的翼墙则是扭曲面。这种翼墙在平面上呈扭曲面形布置，其特点是进、出闸水流平顺，工程量较省，但施工复杂。在渠道工程中应用很广泛。如图 5-28（c）所示。

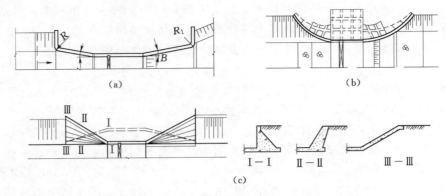

图 5 - 28　翼墙的平面布置形式

（a）反翼墙；（b）圆弧翼墙；（c）扭曲面翼墙

4）斜降式。这种翼墙在平面上呈八字形布置，翼墙高度从闸室进、出口逐渐向上、下游延伸而倾斜降低。其特点是工程量省，施工简单，但水流在闸孔附近容易产生漩滚而冲刷岸坡。只适用于小型水闸。

两岸连接建筑物是水闸的重要组成部分，其工程量较大，约占水闸全部工程量的 15% ～ 40%，闸孔数越少，所占工程量的比例越大。

5.4　水泵与水泵站

泵是把动力机的机械能转换为所抽送液体的能量（位能、压能、动能）的机械。泵主要用于抽水，故称水泵，又叫抽水机。水泵是一种通用机械，不单用于水利，在农业、建筑、电力、石化、冶金、轻工、矿山、国防等行业都有很广泛的用途。它是提升和输送水的重要机械设备。

水泵站是安装水泵和动力设备以及有关附属设备的建筑物。它由输水渠道、进水池、机房、压力管道和出水池等建筑物组成。

5.4.1　水泵类型及性能

水泵的种类很多，根据其作用原理可分为叶片式泵、容积式泵、射流泵和水锤泵等，而叶片式泵在工程中最常见，应用范围最广，故本节主要介绍叶片式泵。此外，工程上常见的水泵还有长轴井泵、潜水电泵、水轮泵。

5.4.1.1　叶片式泵

叶片式泵是一种靠泵中叶轮高速旋转的机械能转换为液体的动能和位能的一种机械，根据叶轮对液体作用力的不同可分为离心泵、轴流泵、混流泵等。如图 5 - 29 所示。

（1）离心泵。离心泵主要由叶轮、泵壳、泵轴、轴承和进、出水管等工作部件组成。离心泵的工作基本原理如图 5 - 30 所示。

在水泵启动之前，首先在泵壳内和吸水管中灌满水，并排净里面积存的空气。当叶轮在电动机带动下高速旋转时，充满于叶片之间流道中的水，受到离心力的作用从叶轮的中心甩向叶轮边缘，并汇集在泵壳内，由于先被甩出去的水不断受到后甩出来水的顶挤，于是水就获得了动能和压力能（可以转换为动能和位能）。另外，当叶片中的水从叶轮的中心甩向叶轮边缘时，叶轮中心附近形成负压，叶轮进口处也就形成真空状态，在大气压力作用下，进

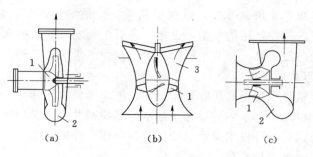

图 5-29 叶片式泵

(a) 离心泵；(b) 轴流泵；(c) 混流泵

1—叶轮；2—蜗形体；3—导叶

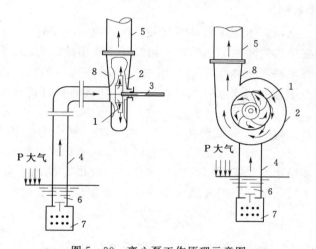

图 5-30 离心泵工作原理示意图

1—叶轮；2—泵壳；3—泵轴；4—进水管；5—出水管；6—底阀；7—滤水网；8—扩散管

水池中的水就可以源源不断地通过进水管被吸到叶轮内，在叶轮的连续旋转下，水就不断地被甩出和吸入，被甩出的水则沿出水管流向远处或高处。

离心泵具有结构简单、体积小、效率高、供水均匀、扬程较大、使用维修方便、流量和扬程在一定范围内可以调节等优点，故应用范围最广。

（2）轴流泵。轴流泵也是常用的一种水泵。这种泵的水流在泵内流进流出的方向都是沿叶轮的轴线方向，故称轴流泵。轴流泵的工作原理和离心泵不同，离心泵的抽水是靠离心力的作用。而轴流泵的抽水则是靠叶轮上流线形的叶片高速旋转时所产生的推力作用。又由于其叶轮形状和螺旋桨推进器很相似，所以又称旋桨式水泵。

轴流泵具有流量大、扬程低、结构简单、体积小、重量轻、效率高、启动前不需要灌水，操作方便等特点。由于它的扬程一般不超过 10m，故多在低扬程、大流量的泵站中使用。轴流泵由于转轴位置的布置不同，可以分为立式、卧式和斜式三种。大流量轴流泵多为立式。

（3）混流泵。混流泵的外形和构造与离心泵很相似，只是它的叶轮形状一半似离心泵，一半似轴流泵。这种泵的水流沿轴向流入叶轮、沿斜向流出叶轮，与泵轴成一定的角度。水流在叶轮中既受离心力的作用又受推力的作用，故称混流泵。混流泵的特点是流量较大、扬程较低。当叶轮直径相同时，它是一种扬程、流量都介于离心泵和轴流泵之间的水泵。

混流泵是一种单级单吸卧式水泵，其构造简单，能适应扬程变化较大的要求，易于启动，检修较方便，是一种较常用的泵型，也是一种有广阔发展前景的水泵。目前世界上最大的液压全调节立轴抽芯混流泵，安装于我国广东省东深供水改造工程的几个泵站。

5.4.1.2 其他常见形式的水泵

（1）长轴井泵。这种水泵仍属于叶片泵，它是把动力机安装在井口上，靠长传动轴（安放在出水管内）带动浸没于井水中的叶片泵抽水，是我国井泵站应用最普遍的一种水泵。

（2）潜水电泵。这是一种将水泵和电动机合为一体、并置于水下工作的抽水水泵，也是我国井泵站应用最普遍的一种水泵。

（3）水轮泵。这是一种将水轮机和水泵合为一体的抽水机械。它是在有一定的水头时，利用水力的冲力来推动水轮机转动，水轮机带动同轴的水泵叶轮旋转而抽水。

5.4.1.3 水泵的工作参数

为了了解水泵的性能，必须理解水泵的有关工作参数，主要有：

（1）流量。水泵在单位时间内输送的水量叫流量。常用单位为 m^3/s、m^3/h、t/h。

（2）扬程。水泵将水从吸水水面压送到出水水面的高度（扬水高度）叫扬程，又叫水头。常用单位为 m。对于排灌用水泵，当其扬程小于 10m 时称低扬程水泵；当其扬程高于 30m 时称高扬程水泵。

（3）功率。表示单位时间内水泵作功的大小叫功率。常分为轴功率（或称输入功率）P、有效功率 P_u。动力机通过转轴传给水泵叶轮轴上的功率称水泵的轴功率 P；将一定流量的水从吸水水面压送到出水水面实际用的功率称水泵的有效功率 P_u。常用单位为 kW。

（4）效率。表示水泵对轴功率的有效利用程度。可用下式来表达：

$$\eta = \frac{P_u}{P} \tag{5-4}$$

η 值越高，说明水泵的使用越合算，因此，它是评定水泵质量好差的重要指标之一。

（5）允许吸上真空高度。表示离心泵能够吸上水的高度。常用单位为 m。一般每台离心水泵在铭牌上都写有一个允许吸上真空高度，如果水泵安装的吸水高度加上吸水损失扬程在这个限度之内，水泵能正常工作；如果超过这个限度，水就抽不上来了。

（6）转速。表示水泵叶轮的转动速度。常用单位为 r/min。

5.4.2 水泵站布置及其管理

5.4.2.1 泵站的类型

按照泵站的作用可分为：灌溉泵站、排水泵站、排灌结合泵站、跨流域调水泵站、可逆式机组（既能抽水又能发电的机组）的多功能泵站。

按照取水的水源可分为：从河流、渠道取水泵站、从水库取水泵站、从地下水源（井）中取水泵站。

5.4.2.2 泵站的枢纽建筑物及作用

各种泵站的用途不同，但建筑物及组成基本相同。一般由取水建筑物，进水建筑物，水泵站机房，出水、泄水建筑物及其附属的水工建筑物组成。还有交通、变电站等建筑物。这些建筑物组成了水泵站枢纽工程，如图 5-31 所示。

（1）进水建筑物。包括进水闸、引水渠、分水闸（拦污栅）、前池、进水池、吸水管等。进水闸的作用是当河流水位变化时，控制入渠的水流大小，并保证泵站不被淹没；引水渠的作用是将水流平顺、均匀地输送到前池；前池的作用是平顺地扩散水流并均匀地输送到进水

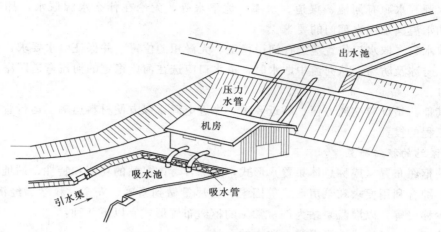

图 5-31 灌溉泵站的枢纽建筑物

池；进水池的作用是消除漩涡和回流，为水泵提供良好的吸水条件。

（2）出水建筑物。包括压力水管、压力水管支承、出水池（或压力水箱）等。水泵压出的水流通过压力水管输送到出水池，然后流进输水渠道，送至用水部门。

1）压力水管。是指从水泵至出水池之间的出水管道。常用的压力水管有钢管、铸铁管和钢筋混凝土管等。金属管多露天铺设，以便于安装检修，且不易生锈。钢筋混凝土管可埋设于地下，也可露天铺设。

2）压力水管的支承。露天铺设的压力水管一般由支墩和镇墩支承，常用浆砌石或混凝土材料建造。它们的作用都是承受水管上的各种作用力并传给地基，但它们又各有不同。支墩的作用主要是支承压力水管的重量；镇墩的作用不单是支承压力水管的重量，它的主要作用是将水管完全稳固在地基上，保证水管不发生任何位移和转动。镇墩一般设置在水管的转弯处和过长的直管段，两镇墩之间可设伸缩节，以消除管壁的温度应力和减小作用在镇墩上的轴向力。

3）出水池（或压力水箱）。它们都是压力水管和输水渠道之间的连接建筑物。不同之处，仅在于出水池为开敞式，而压力水箱为封闭式。它们的作用是消除压力管出流的余能，使水流平顺流入渠道。

（3）水泵站机房。水泵站机房简称泵房，它是安装水泵和动力机及其附属设备的建筑物，是水泵站的主体工程。其主要作用是给机组运行和管理人员操作提供良好的工作条件。泵房的类型，按结构形式可分为固定式泵房和移动式泵房。固定式泵房，一般指建筑在地基基础上的泵房；移动式泵房可分为缆车式和浮船式两种，它们是可随水源水位变化而随时升降的泵房，适用于取水口水位变化较大的情况。

5.4.2.3 泵站的站址选择

对于泵站的站址选择，不同类型的泵站，考虑的因素各异。以灌溉泵站为例，应考虑以下因素：

（1）地形。站址的地形应平坦、开阔、便于泵站枢纽各建筑物的总体布置，且减少施工时的挖方、填方工程量。对于灌溉泵站，宜选择较高地形，便于控制全部灌溉面积。

（2）地质。站址应选在岩土坚实及抗渗性能良好的地段，尽量避开松软地基及有断裂带的岩层，泵房基础尽可能在地下水位以上。以保证工程安全并降低工程造价。

（3）水源。水源有河流、渠道、水库、地下水等，无论在什么水源取水，都应保证水质、水量和水温满足用水部门的要求。

（4）取水口。取水口位置应选在河岸稳定、无淤积的位置，并保证引水要求，且有利防洪、防沙、防冰及防污。从河流中取水时，进水口应选在河床稳定的河流弯道凹岸顶点稍偏下游的地方。

（5）其他。站址应交通方便、靠近乡镇、靠近电源，以方便材料运输、运行管理和减少输电变电工程的投资。

5.4.2.4　泵站的枢纽布置

泵站的枢纽布置（或称总体布置）形式，应综合考虑泵站的功能和特性、站址的地形和地质条件、综合利用要求和泵房形式等因素。要尽量做到紧凑、安全、科学、经济、美观、少征地、少移民等。以灌溉泵站为例，常见的枢纽布置形式有以下几种：

（1）从河流、湖泊或灌溉渠道上取水的泵站。

1）有引水渠的布置形式。适用于岸边坡度较缓，水源水位变幅不大，水源距出水池较远的情况。为了减少出水管长度和工程投资，尽量泵房靠近出水池，用引水渠将水引至泵房，如图 5-31 所示。但在季节性冻土区应尽量缩短引水渠长度。对于水位变幅较大的河流，渠首应设置进水闸，以控制引水渠内的水位，以免洪水淹没泵房。

2）无引渠的布置形式。当河岸坡度较陡、水位变幅不大，或灌区距水源较近时，常将泵房与取水建筑物合并，直接建在水源岸边或水中。这种布置形式省去了引水渠，习惯上称为无引渠泵站枢纽，如图 5-32 所示。对一些中小型泵站，如果漂浮物较少，吸水管不长时，也可采用水泵直接吸水的形式，如图 5-33 所示，可省略了前池和进水池。

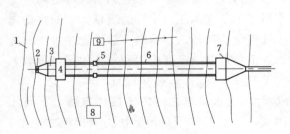

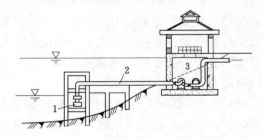

图 5-32　无引渠泵站枢纽布置图　　　　　图 5-33　直接吸水式泵站枢纽布置图

1—河流；2—进水闸；3—前池和进水池；4—泵房；　　1—取水头部；2—水平吸水管；3—泵房

5—镇墩；6—压力水管；7—出水池；

8—管理室；9—变电站

（2）从水库中取水的泵站：

1）从水库上游取水的泵站：其布置形式与有引水渠、无引水渠的布置形式相同。因水库的水位变幅比较大，设置固定式泵站抽水比较困难，一般是采用浮船式或缆车式移动泵站。

2）从水库下游取水的泵站：一般有明渠引水和有压引水两种方式。明渠引水是将水库中的水通过泄水洞放入下游明渠中，水泵从明渠中取水，如图 5-34 所示。有压取水是将水泵的吸水管直接与水库的压力放水管相连接，吸水管内为有压水流，此时可利用水库的压能，以减少泵站动力机的功率。由于有压取水的泵站不设进水池，因而在每个吸水管路上均设闸阀。这样，可提高水泵安装高程，或省去抽真空设备，如图 5-35 所示。

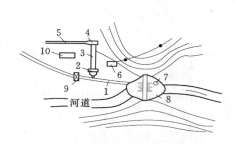

图 5-34 水库下游明渠引水泵站布置图

1—放水明渠；2—泵房；3—压力水管；4—侧向出水池；
5—输水渠道；6—变电站；7—放水塔；8—土坝；
9—控制闸；10—管理室

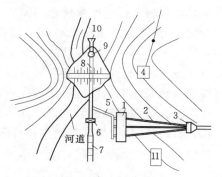

图 5-35 水库下游有压引水的泵站布置图

1—泵房；2—压力水管；3—出水池；4—变电站；
5—有压引水管；6—控制闸；7—跌水；8—放水洞；
9—放水塔；10—进水口；11—管理室

（3）从深井取水的泵站。通常将泵房布置在井旁的地面上。如果井水位离地面较深，超过水泵允许吸上真空高度时，可将泵房建在地下。

在水泵站枢纽的规划布置中，应根据当地自然条件及水泵站工程建设的技术经济条件，尽可能做到方案合理，效益显著，持续发展。既要满足当前的用水需要，又要考虑将来的发展需求，应提出几个方案进行综合经济比较，择优选定。

5.4.2.5 泵站的管理

相同的泵站，不一定获取相同的效益，这与泵站的管理有关。对于已建好的泵站，要想充分发挥其经济效益，必须按工程技术的要求科学管理，坚持以人为本，以效益求发展，建立完善的管理制度，组织协调好各方面的工作。泵站的管理工作通常可分为组织管理、生产管理和技术管理等。

（1）组织管理。

1）管理机构。泵站管理单位是基层水利工程管理单位，它是一个基本核算单位。泵站的管理机构应按精简高效的原则，根据工作需要设置若干个职能科室，由站长、管理干部、工程技术人员和技术工人组成管理单位。小型泵站可不设科室。泵站管理机构必须贯彻执行国家颁发的方针、政策和有关的技术法规，保证安全、经济地完成生产任务。

2）泵站管理的主要内容。根据国家颁发的泵站技术规范和有关规定，制定泵站的运行、维护、检修和安全等技术规程和规章制度；做好泵站的机电设备、工程设施、供水和排水等日常管理工作；完善管理机构，建立健全岗位责任制，明确职责范围，制定考核、评比和奖惩制度，建立和健全相应的技术管理实施办法，提高管理人员的政治和业务素质；总结管理工作经验，开展技术改造、科技创新和科学试验，应用和推广新技术；根据泵站技术经济指标的要求，考核泵站管理工作，不断提高技术管理水平。

（2）生产管理。

1）制定泵站控制运用原则。根据规划设计要求和本地区防汛抗旱调度方案、供用水需求，泵站控制运用应做到：局部服从全局，全局照顾局部；兴利服从除害、统筹兼顾；综合利用水资源；按照有关规定和协议合理运行；与上、下游和相邻有关工程密切配合运用。

2）制定控制运用计划。泵站应按年度或分阶段制定控制运用计划，报上级主管部门批准后执行。排水泵站应通过调蓄演算确定来水过程线，灌溉泵站应根据灌区要求编制用水计划，供水泵站应根据区域用水要求编制供水计划，以做好泵站的优化调度工作。

3）编制灌溉计划。根据泵站水源、水文气象资料以及灌区内农作物的品种、数量、灌溉面积和灌溉方式等，制定适宜的灌水定额、灌水次数和灌水时间及泵站的调度运行计划，达到节水灌溉、保护土壤、提高灌溉效益的目的。

高扬程多级泵站的调度运行计划应对各级泵站的提水能力、灌区供水计划以及各泵站间的开机顺序、台数控制和配套工程设施的协调工作制定联合调度方案。

4）编制排水计划。排水泵站在抢排涝水期间，应按泵站最大排水流量进行调度。根据排涝设计能力，工程配套情况，结合水文气象预报预测的雨情、水情，计算排水区自排和提排方案，并结合调蓄、排涝措施，制定排水计划，保证居民安全和作物生长。

（3）技术管理。泵站技术管理主要包括：

1）技术经济指标考核。对泵站技术管理工作的评价，应根据国家规定的技术经济指标，用定量计算为依据来考核。泵站技术管理一般按 8 项技术经济指标考核。即工程与设备完好率；能源单耗与泵站效率；单位面积的供水量与排水量；供排水成本；单位功率效益；渠道（渠系）水利用率与排水率；自给率；安全运行率。因此，对于泵站工程管理人员，必须充分掌握各项考核指标，并采取各项有效措施，确保各项指标达到较高标准。

2）泵站机电设备的运行管理。泵站的机电设备主要有：主水泵、主电动机、变压器、电力电缆及其他设备、辅助设备与金属结构等。为了确保泵站安全生产，泵站工程的管理单位应根据泵站的具体情况，制定机电设备的操作规程，并监督运行人员严格遵守。

所有机电设备均应有制造厂铭牌，同类机电设备都应编号，并将序号固定在明显位置。旋转机械应示出旋转方向。各种电气设备外壳应可靠接地。与设备配套的辅助设备（如油、气、水管道、闸阀及电气线排等）应按规定涂刷明显的颜色标志或编号，以指明其所属系统。长期停用的机组，每年应进行试运行。检修后机组投入运行前也应进行试运行。

采用计算机监控系统的泵站，以及采用计算机监控局域网对各泵站实现监控的单位，应根据具体情况，制定计算机监控运行管理制度。在运行中监测到设备故障和事故，应迅速处理，及时报告。未经无病毒确认的软件不得在监控系统和监控局域网中使用，未经设备主管部门工程师同意的软件不能安装。计算机监控系统和监控局域网内的计算机不得移作他用，并不得与外网连接。

3）泵站机电设备的检查修理。泵站管理单位在汛后应对工程和设备进行全面检查，并根据工程和设备的检查情况、技术状态以及相关技术要求及时编报年度检修计划。对运行中发生的设备缺陷，应及时处理。对易磨易损部件进行清洗检查、维护修理、或作必要的更换调试。按照有关技术规定，泵站在 3～8 年要进行大修，应做好设备检修的质量检查和验收工作。严寒地区的泵站，每年冬季对机电设备、管道阀件以及金属结构等都应进行防冻维护保养。

4）泵站水工建筑物的管理。主要任务是：制定各项规章制度，采取各项有效措施，确保各建筑物正常安全运行，保证工程完整、安全，延长使用寿命，最充分的发挥工程效益；对泵站各类水工建筑物进行正常的维护保养，定期对建筑物主要结构部位进行巡查，对建筑物的安全隐患应采取必要的安全防护措施，发现问题，及时处理，按照规范要求进行岁修和大修；注重工程观测内容及结果分析，对重要建筑物应有观测设施和观测仪表，并有经常检查和保养；推广应用新技术，提高观测精度和资料整编水平，对年度观测资料进行整编，并将整编成果报上级主管部门审查；泵站建筑物应该按设计标准运行，当超标准运用时（如在超高水位、超高扬程、外江水位超高运行等），应该进行技术论证，采取可靠的安全应急措施，报上级主管部门经批准后执行；严禁在建筑物周边兴建危及泵站安全的工程或进行其他施工作业；采取有效措施，做好防汛、防震、防雷、防冰冻等工作。

5）泵站工程评级。泵站工程的评级应根据每年汛前、汛后检查情况、汛期运行情况及维修检修记录、观测资料、缺陷记载等情况进行。评级工作主要包括：机电设备评级、水工建筑物评级、安全鉴定。具体标准可查阅泵站的《机电设备评级标准》、《水工建筑物评级标准》、《泵站安全鉴定规定》等。泵站现场安全检测应委托具有相应资质的检测单位或省水行政主管部门认可具备相应检测条件的检测单位进行。管理单位应根据规定定期对工程进行全面评级。

6）泵站工程安全管理。为了保证泵站人员和工程、设备在运行、检修维护时的安全，泵站管理单位应制定有关安全管理制度，主要包括：运行值班制度；交接班制度；巡回检查制度；安全防火制度；泵站设备与工程防冻防冰维护管理制度；安全保卫制度；安全技术教育与考核制度；事故应急处理制度；事故调查与报告制度等，有关负责人应督促、监护工作人员遵守安全规章制度。

泵站在运行期间，必须保证安全运行。泵站运行期间，单人负责电气设备值班时，不得从事修理工作。高压设备无论是否带电，值班人员不得单独移开或越过遮栏进行工作，若有必要移开时，必须有监护人在场监护。从事泵站运行和检修人员应熟悉《电业安全工作规程》，高压电气设备巡视检查应由具备一定运行经验人员进行，其他人员不得单独巡视检查。雷雨天气确要巡视室外高压设备时，应穿绝缘靴，并不得靠近避雷器和避雷针。

泵站在检修期间，也应采取安全措施。在全部停电或部分停电的电气设备上工作时，必须完成停电、验电、装设接地线、悬挂标示牌和装设遮栏等措施。将检修设备停电，应把所有的电源完全断开。与停电设备有关的变压器和电压互感器，应从高、低压两侧断开，防止向停电检修设备反送电；雷电时，禁止在室外变电所或室内架空引入线上进行检修和试验。

7）泵站工程技术档案管理。泵站管理单位应建立健全相应的档案管理设施和技术档案管理制度。应对工程的建设（含改建、扩建、更新、加固）、管理、科学试验等文件和技术资料进行分类收集、整理、编目、存档。科技档案技术管理工作应有专人负责。各类工程和设备均应建档立卡，技术档案、图表资料等应规范齐全，分类清楚、存放有序。逐步实行档案的数字化及计算机管理。

思 考 题

5.1 无坝引水的取水口位置应如何选择？

5.2 无坝取水枢纽由哪些建筑物组成？它们的作用是什么？

5.3 有坝引水的取水口位置应如何选择？

5.4 有坝取水枢纽由哪些建筑物组成？它们的作用是什么？

5.5 在有坝取水枢纽布置中，设置冲沙闸、冲沙底孔和沉沙池各有什么特点？

5.6 水闸按照其作用可分为哪几类？比较开敞式水闸、胸墙式水闸和涵洞式水闸的不同之处？

5.7 请分别说明水闸在完建期、运行期时挡水和开闸泄水的工作特点。

5.8 水闸由哪几段构成？各段的主要作用是什么？

5.9 闸孔形式有哪几种？各自的适用条件是什么？

5.10 过闸水流的不利流态有哪几种？产生的原因是什么？有哪些防止措施？

5.11 如何进行水闸的防渗排水设施布置？有哪几种布置形式，各适用于何种地基？

5.12 水闸下游设置海漫的作用是什么？对海漫材料提出什么要求？

5.13 水闸下游为何要设置防冲槽或防冲墙？

5.14 渗流对水闸有何破坏作用？为消除和减小这些不利影响可采取哪些措施？

5.15 水闸的排水层、反滤层有何作用？它们的关系如何？如何布置？

5.16 如何保证黏土铺盖和混凝土底板之间可靠的止水？

5.17 水闸在哪些部位需要分缝？其作用是什么？哪些缝中要设置止水？

5.18 闸室的稳定计算应进行哪些方面的计算？满足哪些要求？

5.19 为何要进行地基处理？地基处理有哪些方法？

5.20 闸基渗流的特点有哪些？

5.21 水闸两岸连接建筑物的作用是什么？

5.22 闸门的作用是什么？直升式平面闸门和弧形闸门各有何优缺点？

5.23 启闭机有哪些类型？为什么弧形闸门启门力较小？

5.24 工作桥与启闭机室是什么关系？它们各自有什么特点？

5.25 水闸运用管理中常见的问题是什么？简述一般处理措施。

5.26 为何要进行闸门控制调度？闸门在操作运用时，应注意哪些方面的问题？

5.27 叶片式泵有哪几种类型？各种类型有哪些特点？适用于什么情况？

5.28 水泵的工作参数有哪些？这些工作参数有何意义和用途？

5.29 泵站的枢纽建筑物有哪些？它们各自的作用及特点？

5.30 灌溉泵站的站址选择应考虑哪些因素？

5.31 泵站管理的主要内容和任务有哪些？

第6章 灌 排 工 程

> **【学习目标】** 了解灌溉排水工程的基本任务；理解灌溉排水工程规划、设计、施工的基本原理和基本方法；掌握调节农田水分状况的基本措施，并能够在小型灌溉排水工程实践中正确运用。

灌溉排水的基本任务是通过各种水利工程技术措施，改变地区水情，调节农田水分状况，以充分利用水土资源，提高土壤肥力，消除洪、涝、旱、渍、碱等自然灾害，为农业的稳产、高产和提高粮食品质创造条件。

灌溉和排水是调节农田水分状况的两项基本措施。农田水分状况，不仅影响着农作物的水分供应，同时还影响着农田的养料、热、通气和土壤中微生物活动情况，以及田间小气候等植物外界环境。这些都会直接影响到作物的生长发育。

6.1 灌排制度与灌排流量的计算

6.1.1 作物灌溉制度与排水制度

6.1.1.1 作物需水规律

研究作物需水规律，就是研究作物全生长期的全部生长过程中，日需水量及各生长阶段需水量的变化，这是进行农田合理灌溉排水的重要依据。作物需水变化的基本规律是：苗期需水量小，然后逐渐增多，到生育盛期达到高峰，后期又有所减少。其间对缺水最敏感，影响产量最大的时期，称为需水关键期，或称灌水临界期。多数作物在全生育期间有 1～2 个需水关键期。如水稻是孕穗至开花期；冬小麦是拔节至灌浆期；玉米是抽穗至灌浆期；棉花是开花至结龄期。在缺水地区，把有限的水量用在需水关键期，能充分发挥水的增产作用，做到高效经济用水，以确保作物产量与质量。

6.1.1.2 灌溉制度

灌溉制度是为作物高产及节约用水而制定的适时适量的灌水方案。灌溉制度的内容包括灌水定额、灌水时间、灌水次数和灌溉定额。单位面积上一次灌入的水量叫灌水定额，各次灌水定额的总和叫灌溉定额。灌溉制度是灌区规划设计和灌区用水管理的重要依据，它随作物因素和水文气象、土壤、水文地质、农业技术措施、灌水方法等因素的变化而变化。因此，灌溉制度的确定，必须分析研究灌区的具体情况和设计典型年的水文气象等条件。

一般可用以下几种方法确定灌溉制度：

（1）通过调查研究，总结当地的丰产灌水经验。

（2）灌溉试验资料。根据各地专门的灌溉试验站的试验资料，分析、研究找到一定规律，作为制定灌溉制度的依据，但在选用时，必须注意原试验条件与需确定灌溉制度地区条件的相似性。

（3）用水量平衡分析原理推算。该方法是根据农田水分各项消耗的水量总和等于总的补给量的原理，有一定的理论依据，但须根据当地具体条件，参考丰产灌水经验和灌溉试验成果，使灌溉制度更切合实际。

6.1.1.3 排水制度

为了调节农田水分状况，给作物创造良好的生长环境，不仅要制定灌溉制度，而且还需要制定排水制度。农田水分过多，会造成洪、涝和渍害，影响作物正常生长，导致作物减产甚至绝收。在北方地区，农田水分过多还会造成严重的土壤盐渍化。排水制度的具体内容也有排水次数、排水时间、排水定额和排水总定额。排水定额是单位面积农田一次排出的水量。

排水制度的制定应在流域规划、地区水利规划和排水区域自然社会经济条件、水土利用现状的基础上，根据农业可持续发展、环境保护以及旱、洪、涝、渍、盐碱综合治理的要求，确定排水任务和排水标准，还要遵照统筹兼顾、蓄排结合的原则进行总体规划，合理的确定排水制度，促进"两高一优"农业的可持续发展。

6.1.2 灌排流量

在灌溉工程的规划设计中，要进行来、用水量的配合，以确定灌溉工程的类型、规模及其灌溉面积，确定渠道及渠系建筑物的尺寸；在灌溉工程的管理运行中，也需要进行来、用水量配合，以便制定水库的控制运用计划、灌区用水计划等，这就要求在制定灌溉制度的基础上计算灌溉用水流量和灌溉用水量。

另外，灌溉排水工程中还包括排水系统，以排除农田中过多的地面积水和地下水。

6.1.2.1 灌溉用水量

（1）灌水率（模数）。灌水模数是指单位灌溉面积上所需要的田间净灌水流量。灌溉面积是指该工程控制范围内的总灌溉面积。

灌水率可根据灌水定额、作物种植面积和灌水延续时间按式（6-1）计算

$$q = \frac{\alpha M}{0.36Tt} \tag{6-1}$$

式中　　q——灌水模数，$\text{m}^3/(\text{s} \cdot \text{万亩})$；

　　　　α——某种作物种植面积占总灌溉面积的百分数；

　　　　M——某种作物的灌水定额，$\text{m}^3/\text{亩}$；

　　　　T——一次灌水的延续时间，d；

　　　　t——每天灌水的小时数。

为推算渠道设计流量和渠道引水流量过程线，通常将灌区内同时灌水的各种作物的灌水率叠加，即得某时段的灌区灌水率，以时间为横坐标，灌区的净灌水率为纵坐标，绘制成图得初始灌水率图，因各时段灌水率相差悬殊，渠道输水难以管理。因此，要对初始灌水率图进行必要的调整，尽可能消除高峰和短期停水现象。

作为推求渠道设计流量的设计灌水率，应在调整后的灌水率图（图6-1）上选择延续时间大于20天或出现次数多累积时间长的最大灌水率作为设计灌水率。

（2）灌溉用水量计算。灌溉用水量计算可用下面几种方法进行。

1）根据作物的灌溉制度和灌溉面积进行近似计算。一般可用下式计算某种作物某次净灌溉用水量。即

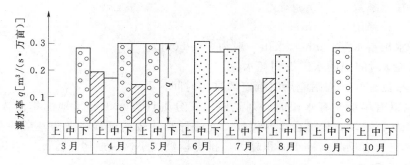

图 6-1 调整后某灌区灌水率图

$$W_净 = Ma(\mathrm{m}^3) \tag{6-2}$$

式中 M——某作物某次灌水定额，m^3/亩；

　　　a——某作物的种植面积，亩。

同理可算出其他作物各次的灌溉用水量。然后把同一时间各种作物用水量相加，就得到不同时期灌区的净灌溉用水量。另外，由于水被输送到田间的过程中有水量损失，故水源供给田间的水量为净灌溉用水量与损失水量之和，称毛灌溉用水量，用下式计算

$$W_毛 = \frac{W_净}{\eta_水} \tag{6-3}$$

式中 $\eta_水$——为灌溉水利用系数。

2）用综合灌水定额推算。全灌区综合灌水定额是同一时段内各种作物灌水定额的面积加权平均值，计入损失水量，可以求得全灌区任何时段的毛灌溉用水量。

（3）用水过程线。灌水模数图就是单位灌溉面积的净灌溉用水流量过程线。因此，将灌水模数乘上灌区的总灌溉面积，再计入输水损失，就把灌水模数图变成了灌溉用水流量过程线。

各时段毛灌溉用水量之和就是全灌区各种作物一年内的灌溉用水总量。

6.1.2.2　排水流量

（1）设计排涝流量。

1）利用排涝模数经验公式法：为了保证排水通畅，常根据最大流量进行设计排水沟。因此，计算时先求出单位排水面积上的最大排涝流量（设计排涝模数），然后乘以排水沟控制的排涝面积便可求得该排水沟的设计排涝流量。

影响排涝模数的主要因素有地区的除涝标准、暴雨特征、排涝面积的大小和形状、地面坡度、流域的滞蓄能力、土壤性质和作物组成等。

2）平均排除法：该法要求排水沟把所控制排水面积内的设计径流深度，在规定的排水时间内排出，以此求得的排涝模数作为排水沟设计排涝流量的依据，其适用于集水面积小于 $10\mathrm{km}^2$ 的条件。一般计算公式为

$$q = \frac{R}{86.4t} \tag{6-4}$$

对于水田　　　　　　　　　　　$R = P - h_{田蓄} - E$

对于旱田　　　　　　　　　　　$R = \Psi P$

式中　　q——设计排涝模数，$\mathrm{m}^3/(\mathrm{s} \cdot \mathrm{km}^2)$；

　　　　R——设计径流深，mm；

$\varPsi$——径流系数；

P——设计暴雨量，mm；

$h_{\text{田蓄}}$——水田蓄水深，mm，水田一般为 30～50mm；

E——在 t 时间内的水田田间耗水量；

t——根据作物允许耐淹历时确定的排涝时间，d。

如排水区既有旱地又有水田时，则先按上式分别计算水田和旱地的排涝模数，然后按旱、水田面积加权平均，得综合排涝模数，此法计算比较简便，按此方法确定的排涝模数，是一个均值。它没有反映出排水面积越大，排涝模数越小这一规律。因此，它仅适用于控制面积较小的排水沟。

求得设计排涝模数后，就可用下式计算设计排涝流量 Q 为

$$Q = qF\,(\text{m}^3/\text{s}) \qquad\qquad (6-5)$$

式中　F——为排水沟控制的排水面积，km^2。

（2）设计排渍流量。排渍流量是指非降雨期间为控制地下水位而经常排泄的地下水流量。它不是降雨期间或降雨后某一时期的地下水高峰排水流量，而是一个经常性的比较稳定的流量。单位面积上的排渍流量称为排渍模数，一般在降雨持续时间长、土壤透水性强、排水沟网较密的地区，排渍模数较大，以及在盐碱土改良地区，由于冲洗而产生的地下水排水模数一般较大。将确定的排渍模数乘以排水沟控制的排水面积，即可得排水沟的排渍流量。

6.2　灌排渠系的布置

6.2.1　灌排渠道系统

6.2.1.1　灌溉系统

灌溉系统是指从水源取水，并将其输送、分配到田间的水利工程设施。完整的灌溉系统包括渠首取水建筑物，各级输水、配水渠道，渠系建筑物和田间工程等。灌溉渠系一般分为干、支、斗、农四级固定渠道，如图 6-2 所示。干渠的主要任务是把从渠首取得的水输送到下级灌溉渠段，叫做输水渠道；支（斗）级渠道是将从干渠取得的水，分配给各用水户，叫做配水渠道；农渠是最末一级固定渠道，它和以下的毛渠、输水沟、灌水沟、畦等属于田间工程，主要起调节农田水分状况的作用。

6.2.1.2　灌溉渠系的布置

（1）灌溉渠系的布置原则。对一般灌溉渠系的布置厂考虑以下几个方面：

1）干渠应布置在灌区最高地带，以便控制整个灌溉面积，以下各级渠道也应布置在各自控制范围内的最高地带，对小范围的局部高地，可用提水灌溉的方式解决。

2）渠道线路的选择，应力求渠道稳固、防渗性好、施工方便，工程量小。

3）灌溉渠系布置应与行政区划和土地利用规划相适应，以提高土地利用率和方便管理。尽可能使以行政区划分的各用水单位都有独立的用水渠道。

4）斗、农渠的布置要满足机耕要求，渠道线路要直，上下级渠道尽可能垂直。

5）要考虑综合利用。如山区丘陵区的渠道布置应集中落差，以便用来发电等兴利。

6）灌溉渠系规划和排水系统规划相结合。应结合地形布置，避免沟、渠交叉。

当灌区范围和水源条件确定后，则灌区规划主要取决于地形。以地形条件，灌区类型大

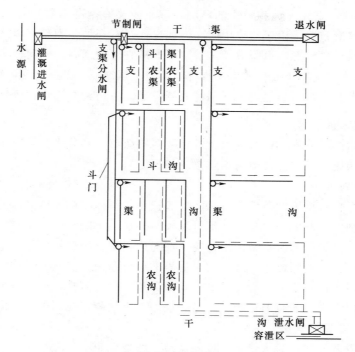

图 6-2 灌溉排水渠道系统示意图

致可分为：山丘区型、平原型和圩垸型等三种灌区类型。

（2）山丘区型灌区布置。山丘区地形比较复杂，一般从河流上游较远处引水灌溉，山区渠道多环山布置，位置较高，渠线较长，渠道填挖方量较大，渠系建筑物多，工程量大。山丘区干、支渠的布置通常有下列两种形式：

1）干渠沿等高线布置。

2）干渠垂直等高线布置。

另外，山丘区塘坝和小型水库较多，有利于拦蓄洪水及当地径流，所以山丘区的灌溉系统常常与塘库相连接，形成长藤结瓜系统。

（3）平原型灌区布置。平原型灌区多位于河流的中下游，耕地面积大而集中，地形开阔平坦，布置渠道比较顺直和规则，但易出现不能自流灌溉的情况。

1）对山麓平原型灌区，灌区靠近山麓，地势高，排水通畅，但易干旱。如地表水资源丰富，可发展渠灌，如地下水资源丰富，可实行井渠结合。干渠多沿山麓方向布置。

2）对冲积平原型灌区，多位于河流中、下游，地面坡度平缓，地下水位较高，有涝、渍威胁。干渠多沿河道干流旁的高地布置且大致与河流平行，垂直地面等高线，支渠大多与河流成直角或锐角布置。

3）对低洼平原或平原坡地型灌区，其多分布在长江、珠江、淮河下游一带，地势平坦低洼，排水不畅。灌溉渠系要结合河网系统对应布置。在自流灌区，一般干渠对应于干河，支渠对应于大沟，斗渠对应于中沟，农渠对应于小沟。

（4）圩垸型灌区。此类灌区地形平坦低洼，或四周高中间低洼，大部分地区地面高程均在江（湖）洪枯水位之间，容易形成涝灾。

针对其特点，要改土治水，主攻涝渍，以排为主，兼顾灌溉，排灌分开，各成系统。其主要布置形式常有以下两种：

1）一圩一站式。适用于面积较小的圩垸，该系统又有两种布置形式，一种是干沟与干渠并列成"丰"字形布置，用于地形中间高的情况；还有一种是灌溉干渠从渠首向两边的圩堤伸展，干渠成单"非"形，也构成"丰"字形，适宜于四周高，中间低的情况。

2）一圩多站式。适用于面积较大的圩垸，实行分区灌溉，统一排涝。就是在一个圩内，布设数座机电排灌站，每站负担一定范围的灌溉任务，各站又共同承担全圩的排涝。

6.2.2 排水系统布置

排水沟系统是由各级固定排水沟道及各种建筑物组成。其分级与渠道系统相对应，分为干、支、斗、农四级，但水流方向与渠道系统相反。

6.2.2.1 布置原则

（1）为了获得自流排水的条件，排水沟应布置在其所控制排水范围内的低洼处。

（2）应尽量利用原有的排水工程，不打乱天然的排水出路。

（3）排水容泄区为河流时，干沟出口应选在河床稳定且水位较低处。

（4）在不影响排水的前提下，排水沟可适当的综合利用，以充分发挥工程效益。

（5）平原坡地的排水要因地制宜，采取高低分片，高水高排，低水低排。

（6）排水沟规划应与灌溉渠道规划、道路规划、土地利用规划等综合考虑。

6.2.2.2 排水沟道系统布置

（1）山区丘陵区的地形起伏较大，坡陡流急，耕地面积小，冲沟和河溪较多，排水条件好。因此，常把河溪或天然冲沟作为排水干沟，只修建必要的交叉建筑物和对河沟进行整治即可。

（2）平原灌区坡度平缓，河流众多，地下水位高，排水出路不顺畅，常存在涝灾、渍害和盐碱化威胁。布置排水沟时，除应尽量利用原有河沟外，由于地形平坦，确定排水沟布置时，应着重考虑行政区划和选择有利的排水出口。

（3）圩垸灌区地势平坦低洼，水网密布，地面高程位于外江（或河）最高水位和最低水位之间，为防止江河洪水倒灌，常在耕地四周修筑堤防，形成独立的灌排区域，叫做圩垸。其主要任务是防涝和控制地下水位。应尽量利用原有的排水出路，创造自流排水条件，实行高低分开，分片排水，坡水抢排，低水抽排的原则，干、支沟应尽量利用原有河道，并结合行政区划确定新开沟道。

6.3 渠道断面及其型式

6.3.1 渠道的横断面

土质渠道的横断面型式，一般有挖方渠道、填方渠道和半挖半填渠道等几种。

6.3.1.1 挖方渠道

一般输水渠道（如干渠），大多采用挖方渠道，如图 6 - 3 （a）所示。土渠断面必须保持边坡稳定，防止坍塌。稳定边坡系数取决于土壤条件、水文地质条件、护面结构、渠中水深以及填挖方的高度等。

挖方土质渠道渠岸（水位）以下的最小边坡系数，一般为 1：1～1：2.25。深挖方渠道渠岸以上的边坡系数，一般地可按 1：0.5～1：2 拟定，必要时应进行稳定计算。

当渠道的挖方深度超过 5m 时，每隔 3～5m 应修一平台，平台宽 1～2m。当渠道挖方深度超过 10～12m 以上时，不仅修筑费工，保持边坡的稳定也较困难。因此，应考虑修建涵洞来替代明槽。但在黄土高原地区挖方深度可允许达 20～25m。

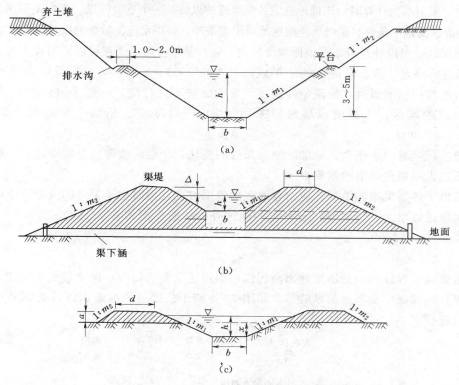

图 6-3 渠道断面类型示意图
(a) 挖方渠道；(b) 填方渠道；(c) 半挖半填渠道

6.3.1.2 填方渠道

当渠道通过低洼地带、坡度平缓地带或沟溪时，需建填方渠道，如图 6-3（b）所示。填方渠道应尽可能采用透水性小的壤土填筑，并夯压密实。为了预防填方渠道沉陷，施工时须预留沉陷值 10％左右。

填方渠道堤高不超过 3m 时，堤坡可取 1：1～1：2.25，其中内坡应大于外坡。当填方高度 3m 以上时，渠道边坡应通过稳定分析决定，其方法与土坝边坡稳定分析相同。填方高大于 5～10m 时，每增 5m 应加戗台一道，宽度不应小于 0.5。

6.3.1.3 挖填方渠道

地形条件许可，各级渠道可采用半填半挖形式的断面。挖填渠道是最常见、也是最经济的一种形式。其断面如图 6-3（c）所示。设计填挖方渠道时，最好使断面上的挖方与填方相同或挖方量略大于填方，这样工程量最省，施工最方便。

渠堤超高一般为 0.3～1.0m，见表 6-1。渠堤堤顶宽一般为 1～3m，但当 $Q<0.5$，可选用 0.5～0.8m。若结合道路布置，应按道路等级确定。

表 6-1   渠 堤 顶 超 高 值

流量（m³/s）	＞50	50～30	30～10	10～1	＜1
超高（m）	1.0（另加波浪超高）	0.6	0.5	0.4	0.3

6.3.2 渠道的纵坡及纵断面

6.3.2.1 渠道纵坡

在进行渠道水力计算时，正确地选定各级渠道的纵坡是一个重要问题。影响渠道纵坡的因素很多，如灌区的地形条件、渠线所经地区地质土壤条件、渠中水流泥沙含量以及地面坡度等。

根据渠道一般设计经验，在地面坡度较大、含沙量较多时，干渠可以采用较大的纵坡。如陕西省泾惠、洛惠、渭惠各灌区的干渠纵坡都在 1/2000～1/2500，这样可使渠道不发生淤积。但自水库引水灌溉时，为避免冲刷，干渠的纵坡不宜过陡，一般采用 1/3000～1/5000。在地势平坦的灌区，干渠的纵坡可以采用 1/5000～1/8000。沿海平原地区干渠纵坡约 1/10000～1/15000。

干渠各段随着输水流量、地形、地质条件的变化，干渠纵坡可以分段设计，一般使各段纵坡逐渐加大以避免渠道的淤积。

支渠以下各级渠道的纵坡，应结合灌区的地面坡度，同时由于渠道的流量逐级减小，所以纵坡也应逐级增大。除地形过于平坦的地区外，一般支渠约为 1/1000～1/3000，斗、农渠约为 1/200～1/1000。

6.3.2.2 渠道的纵断面

渠道纵断面设计，包括沿渠地面高程线、渠道正常高水位线、渠道最低水位线、渠底高程线、堤顶高程线以及渠道的纵坡等，如图 6-4 所示。渠道的纵断面设计必须和横断面设计相结合进行。

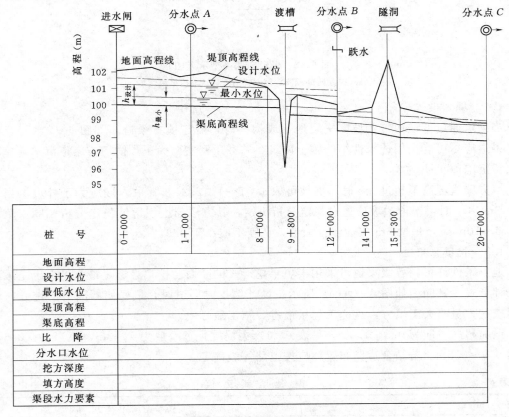

图 6-4 渠道纵断面示意图

如果沿渠有各种渠系建筑物，则必须估算水流通过这些建筑物的水头损失，并在图上标定建筑物的位置。建筑物的类型在图上用统一图例标示，如图6-5所示。

 ⊠	干渠进水闸	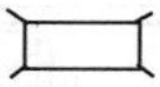 ▭	渡 槽	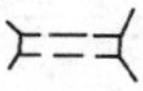 ⊐=⊏	隧 洞
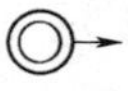 ⊚→	支渠分水闸	 ⌐_⌐	倒虹吸	)(	公路桥
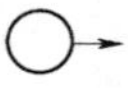 ○→	斗 门	 ○—○	涵 洞	 人	人行桥
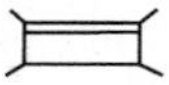 ▭	节制闸	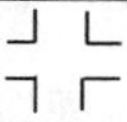 ┼	平交道	 ⚡	抽水站
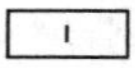 ▭	退水或泄水闸	 ∟	跌 水	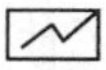 ∿	水电站

注　表中箭头方向为水流方向。

图6-5　渠系建筑物图例表

6.4 渠 系 建 筑 物

在利用渠道输水以满足灌溉、发电、通航、给水、排水等需要的过程中，为控制水流、合理分配水量、顺利通过障碍物、保障渠道安全运用，需在渠道上修建一系列各种类型的建筑物，统称为渠系建筑物。

渠系建筑物的类型主要有：控制水位和调节流量的节制闸、分水闸等配水建筑物；测定流量的量水设施，如量水堰、量水槽等量水建筑物；渠道与河渠、道路、沟谷相交时所修建的渡槽、倒虹吸管、涵洞等交叉建筑物；渠道通过坡度较陡或有集中落差的地段所需的跌水、陡坡等落差建筑物；保证渠道安全的泄水闸或退水闸，沉积和排除泥沙的沉沙池、排沙闸等防洪冲沙建筑物；穿过山冈而建的输水隧洞；方便群众农业生产以及与原有交通道路衔接，需修建的农桥等便民建筑物。

6.4.1 渡槽

6.4.1.1 渡槽的组成及类型

渡槽是输送渠道水流跨越沟谷、道路、河渠等的架空输水建筑物。它一般由进出口连接段、槽身、支承结构及基础四部分组成如图6-6所示。渡槽一般适用于渠道跨越深宽河谷且洪水流量较大、跨越较广阔的洼地等情况，它与倒虹吸管相比，水头损失小、便于通航、管理运用方便，是采用最多的一种交叉建筑物。

渡槽的类型，按支承结构型式分，有梁式、拱式、桁架式、组合式及悬吊或斜拉式等。而其中梁式和拱式是两种最基本也是最常用的渡槽型式。按槽身断面形状分，有矩形渡槽、U形渡槽等。

6.4.1.2 渡槽的总体布置

（1）槽址位置的选择。选择槽址关键是确定渡槽的轴线及槽身的起止点位置。对地形、地质条件较复杂，长度较大的大中型渡槽，应确定2～3个方案，从中选出较优方案。

（2）槽型选择。对中小型渡槽，一般可选用一种类型的单跨或等跨渡槽。对于地形、地质条件复杂的大中型渡槽，可选1～2种类型和几种跨度的布置方案。

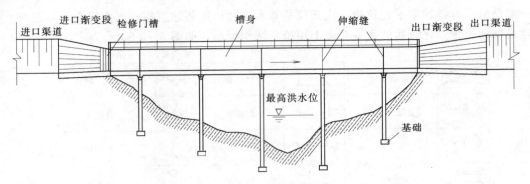

图 6-6 梁式渡槽示意图

（3）进出口的布置。为了使水流进出槽身时比较平顺，以利于减小水头损失和防止冲刷，渡槽进出口前后的渠道应有一定长度的直线段，且均需设置渐变段和护坡、护底。渐变段常采用扭曲面形式，其水流条件好，一般用浆砌石建造。八字墙式水流条件较差，而施工方便。

6.4.1.3 渡槽支承结构及基础

（1）支承结构的型式。梁式渡槽的支承结构型式有重力墩、排架和桩柱式槽架等。

1）重力墩。其可分为实体墩和空心墩两种型式。

2）排架。常用的形式有单排架、双排架及 A 字形排架等几种型式如图 6-7 所示。

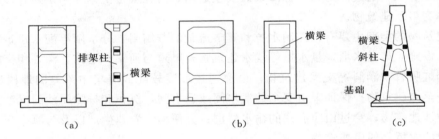

图 6-7 排架
（a）单排架；（b）双排架；（c）A 字形排架

当排架高度较大时，为满足结构承载力和地基承载力要求，可采用 A 字形排架，其适用高度一般为 20~30m，但施工复杂、造价较高。

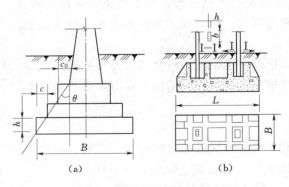

图 6-8 浅基础
（a）刚性基础；（b）整体板式基础

（2）基础。基础形式与上部荷载、地质条件、洪水冲刷及施工条件等因素有关，其中地质条件是主要因素。浅基础常采用刚性基础或整体板式基础（柔性基础），如图 6-8 所示；深基础一般采用桩基础或沉井基础。

1）桩基础。桩基础是一种比较古老的地基处理方法。渡槽桩基础通常采用钻孔桩基础，其特别适用于水下施工的河道，地下水位高，明挖基坑有困难，或无法施工以及软土地基沉陷量过大或承载力不足等情况。其具有施工简单、速度快、造价低等优点。

2）沉井基础。当软弱土层下有持力好的土基或岩层，且其埋藏深度不大，或河床冲刷严重，基础要有较大埋深，即水深、流速较大，水下施工有困难时，宜采用沉井基础。但当覆盖层内有较大漂石，孤石或树木等阻碍沉井下沉的障碍物或持力层岩层表面倾斜度较大时，不宜采用。

6.4.1.4　拱式渡槽

（1）拱式渡槽的类型。拱式渡槽与梁式渡槽相比，其主要区别于支承结构。按照主拱圈的结构型式可分为板拱、肋拱和双曲拱；按主拱圈设铰情况可分为无铰拱、双铰拱等；按建筑材料可分为砌石拱和混凝土拱等型式；根据拱上结构型式的不同，拱式渡槽又可分为实腹式和空腹式两类。

（2）拱式渡槽组成及布置。拱式渡槽由槽身、主拱结构、拱上结构、基础等部分组成，如图 6-9 所示。

板拱用材多、自重大，槽身常采用矩形断面。常用于山区，跨度中小的砌石拱。肋拱和双曲拱为钢筋混凝土结构，用于缺乏石材而且跨度大及比较重要的大型渡槽。

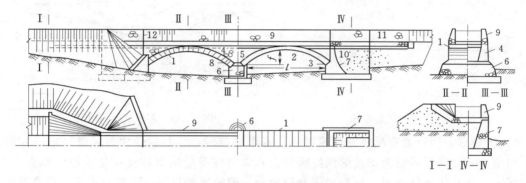

图 6-9　拱式渡槽布置示意图

1—主拱圈；2—拱顶；3—拱脚；4—边墙；5—拱上填料；6—槽墩；7—槽台；

8—排水管；9—槽身；10—垫层；11—渐变段；12—变形缝

6.4.2　倒虹吸管

6.4.2.1　倒虹吸管的特点及类型

（1）倒虹吸管的特点。倒虹吸管是输送渠水通过河渠、山谷、道路等障碍物的压力输水建筑物。其与渡槽相比可省去支承部分，具有造价低廉、施工方便、利于河道泄洪、水头损失较大等特点。在小型工程中应用较多。

当渠道与障碍物相对高差或水位差较小，不宜修建渡槽或涵洞时；或当渠道穿越的河谷宽而深，采用渡槽或填方渠道不经济时，可采用倒虹吸管。

倒虹吸管可用砖石、钢筋混凝土、预应力钢筋混凝土和钢板等材料建造。

（2）倒虹吸管的类型。按管身断面形状可分为圆形、箱形、拱形；按使用材料可分为木质、砌石、陶瓷、素混凝土、钢筋混凝土、预应力钢筋混凝土、铸铁和钢板等。

圆形管具有水流条件好、受力条件好的优点，在工程实际中应用较广，其主要用于高水头、小流量情况。

箱形管分矩形和正方形两种，可做成单孔或多孔。其适用于低水头、大流量情况。

6.4.2.2　倒虹吸管的布置与构造

倒虹吸管一般由进口、管身、出口三部分组成。总体布置应结合地形、地质、施工、水流条件、交通情况及洪水等因素综合分析而定。力求做到轴线正交、管路最短、岸坡稳定、水流平顺、管基密实。按流量大小、运用要求及经济效益等，可采用单管、双管或多管方案。

（1）管路布置。

1）竖井式。一般常用于压力水头小（小于 3～5m）及流量较小的过路倒虹吸管如图 6－10 所示，其优点是构造简单、管路短、占地少、施工较易，而水流条件较差、水头损失大。井底一般设 0.5m 深的集沙坑，以便清除泥沙及维修水平段时排水之用。

2）斜管式。为改善竖井式的水流条件，将竖井变为斜管，如图 6－11 所示。其水流条件好，施工简便，工程中应用较多。其主要适用于穿越高差较小渠道或河流。

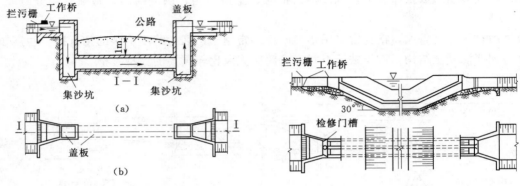

图 6－10　竖井式倒虹吸管　　　　　　图 6－11　斜管式倒虹吸管

3）折线形。当管道穿越较宽河沟深谷，若岸坡较缓，且起伏较大时，管路常沿坡度铺设，如图 6－12 所示，成为折线形倒虹吸管。其常将管身随地形坡度变化浅埋于地表之下。埋设深度应视具体条件而异。该种形式开挖量小，但镇墩数量多，主要适用于地形高差较大的山区或丘陵区。

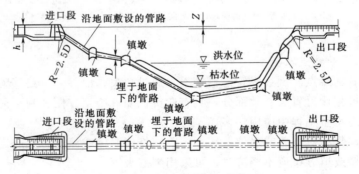

图 6－12　折线形倒虹吸管

4）桥式。当管道穿越深切河谷及山沟时，为减少施工困难，降低管中压力水头，缩短管道长度，减小水头损失，可在折线形铺设的基础上，在深槽部分建桥，将管道铺设于桥上如图 6－13 所示，称之为桥式倒虹吸管，桥下应留一定的净空高度，以满足泄洪要求。

（2）进出口段布置。进口段一般包括渐变段、进水口、拦污栅、闸门及沉沙池等。

1）渐变段一般采用扭曲面，长度约为 3～4 倍渠道水深，所用材料及对防渗、排水设施的要求与渡槽进口段相同。

2）进水口常做成喇叭形，进水口与胸墙的连接常用喇叭形进口与管身弯道连接，对小

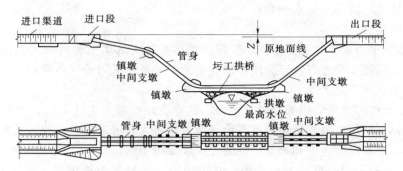

图 6-13 桥式倒虹吸管

型倒虹吸管，常不设喇叭口，一般将管身直接伸入胸墙，其水流条件较差。

3）拦污栅常布设在闸门之前，以防漂浮物进入管内。与水平面夹角以 70°～80°为宜，栅条间距一般为 5～15cm。其形式有固定式和活动式两种。

4）闸门单管输水一般不设闸门，常在进口处预留门槽，需要时用迭梁或插板挡水；双管或多管输水，为满足运用和检修要求则进口前须设闸门。

5）可考虑在进水口前设沉沙池。按池内沉沙量及对清淤周期的要求，可在停水期间采用人工清淤，也可结合设置冲沙闸进行定期冲沙。

6）出口消力池的长度一般取渠道设计水深的 3～4 倍，池深以淹没管道即可。

6.4.3 涵洞

涵洞是渠系建筑物中较常见的一种交叉建筑物。当渠道与道路、溪谷等障碍物相交时，在交通道路或填方渠道下面，为输送渠水或宣泄溪谷来水而修建的建筑物称之为涵洞。涵洞一般由进口、洞身、出口三部分组成如图 6-14 所示。

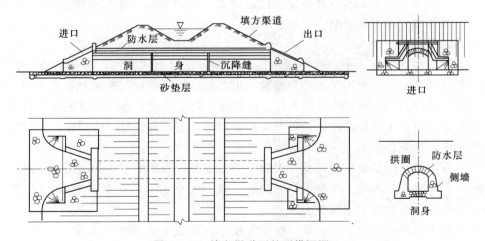

图 6-14 填方渠道下的石拱涵洞

6.4.3.1 涵洞的工作特点和类型

（1）涵洞的工作特点。渠道上的输水涵洞，一般是无压的，上下游水位差较小，涵洞内流速一般在 2m/s 左右，一般可不考虑专门的防渗、排水和消能问题。

排洪涵洞可以是有压的、无压或半有压的。当涵洞前壅水不淹没农田和村庄时，可选用有压或半有压的。出口均为稳定的无压明流。设计时，应根据流速的大小及洪水持续时间，考虑消能防冲、防渗及排水问题。

（2）涵洞的类型。

1）圆形涵的水力条件和受力条件均较好，能承受较大的填土和内水压力作用，一般多用钢筋混凝土或混凝土建造，便于采用预制管安装，是最常采用的一种形式。其优点是结构简单，工程量小，便于施工。

2）箱涵多为刚结点矩形钢筋混凝土结构，具有较好的静力工作条件，对地基不均匀沉降的适应性好，可根据需要灵活调节宽高比，泄流量较大时可采用双孔或多孔布置。适用于洞顶埋土较厚，洞身段面较大和地基较差的无压或低压涵洞。

3）盖板涵一般采用矩形或方形断面，它由边墙、底板和盖板组成，如图 6-15 所示。侧墙和底板多用浆砌石或混凝建造。盖板一般采用预制钢筋混凝土板；跨度小时，可采用条石作盖板，盖板一般简支于侧墙上。

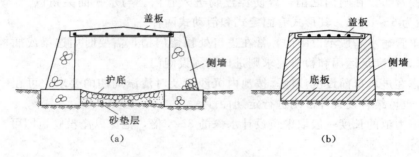

图 6-15 盖板涵
(a) 分离式底板；(b) 整体式底板

4）拱形涵洞由拱圈、侧墙（拱座）及底板组成。工程中最常见的拱涵有半圆拱及平拱两种形式，一般多采用浆砌石或素混凝土建造而成。拱涵多用于地基条件较好、填土较高、跨度较大、泄量较大的无压涵洞。

6.4.3.2 涵洞的构造

（1）进出口的构造。一字墙式是最常见的涵洞进出口型式之一，其构造简单、节省材料，但水力条件较差，一般用于中小型涵洞或出口处；斜降墙式在平面上呈八字形，扩散角为 $20°\sim40°$，其与一字墙相比，进流条件有所改善，但仍易使上游产生壅水封住洞顶；八字墙式是将翼墙伸出填土边坡之外，该种型式构造简单，水流条件好，应用较广。进出口附近需护坡和护底，以防止产生冲刷，一般砌护长度不小于 $3\sim5m$。

（2）洞身构造。为了适应温度变化引起的伸缩变形和地基的不均匀沉降，涵洞应分段设置沉降缝。对于砌石、混凝土涵洞，分缝间距一般不大于 10m，且不小于 $2\sim3$ 倍洞高；对于预制安装管涵，按管节长度设缝。

涵洞顶部为渠道时，其顶部应设一层防渗层，洞顶填土应不小于 1.0m，对于有衬砌的渠道，也不应小于 0.5m，以保证洞身具有良好的工作条件。

无压涵洞的净空高度应大于或等于洞高的 $1/4\sim1/6$ 倍。净空面积应不小于涵洞断面的 $10\%\sim30\%$ 为宜。

（3）涵洞的基础。圆涵基础一般采用混凝土或浆砌石管座，管座顶部的弧形部分与管体底部形状吻合；对箱涵和拱涵，其建在压缩性小的土层上，可采用素土或三合土夯实。建在软基上时，通常用碎石垫层或地基处理。寒冷地区的涵洞，其基础应埋于冰冻层以下 $0.3\sim0.5m$。

6.4.4 水工隧洞

6.4.4.1 水工隧洞的类型与特点

水工隧洞是在山体中开凿的一种泄水、放水建筑物，其主要作用是宣泄洪水、引水发电或灌溉、供水、航运输水、放空水库、排放水库泥沙以及水利枢纽施工期导流。

水工隧洞按其担负的任务可分为泄洪隧洞和放水隧洞，按其工作时洞内的水流状态可分为有压隧洞和无压隧洞。一般从水库引水发电的水工隧洞是有压的，而为泄洪、供水、排沙、导流等目的而设置的隧洞，可以是有压的，也可以是无压的。有压隧洞运行时，其内壁承受一定的内水压力。无压洞内水流具有自由水面，水面与洞顶保持一定的净空。水工隧洞可以设计成有压的，也可以设计成无压的。

在设计水工隧洞时，要尽量考虑一洞多用，如泄洪与灌溉结合；泄水与发电相合；泄洪、排沙、放空等结合。

水工隧洞在工作时，由于流速大，易造成洞身的气蚀及出口的冲刷。由于隧洞的开挖，改变了岩层原有的受力平衡状态，孔洞周边会引起应力重分布，围岩产生变形。因此需要采取临时支护和永久性衬砌，以抵抗围岩变形压力，保持围岩稳定。

从施工角度来看，隧洞断面小，施工场地狭窄，施工作业干扰大，因此，需合理布置支护，精心组织施工，以尽可能缩短工期。

6.4.4.2 隧洞的组成及构造

水工隧洞一般由进口段、洞身段、出口消能段等组成。

（1）进口建筑物型式。进口建筑物按其结构型式分为竖井式、塔式和岸塔式等几种。

1）竖井式进口是在岩体中开挖竖井，井壁用钢筋混凝土衬砌，顶部布置启闭机设备如图 6-16 所示。竖井上游的进口部分呈喇叭口状。

2）塔式进口位于隧洞首部修建的钢筋混凝土塔，如图 6-17 所示，塔底设闸门，塔顶设操纵平台和启闭机室，用工作桥与岸连接。

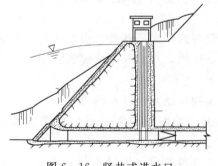

图 6-16　竖井式进水口

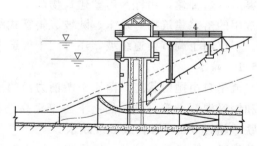

图 6-17　塔式进水口

3）岸塔式进口是靠在开挖后洞脸岩坡上的进水塔。塔可以是直立或倾斜的（图 6-18）岸塔式优点是稳定性较塔式为好；施工、安装工作比较方便，无需接岸桥梁。

（2）进口段组成。进口段包括进水喇叭口、闸门室、渐变段和通气孔、平压管等几个部分组成。

（3）洞身的断面形状与构造。

1）洞身断面形状。隧洞洞身常用断面形状有圆形、圆拱直墙形、马蹄形或蛋壳形等几种。要求洞身水流条件好，受力条件好，且结构简单，便于施工。

2）洞身衬砌。衬砌的作用是防止围岩变形；承受山岩压力、内水压力等荷载；减小糙

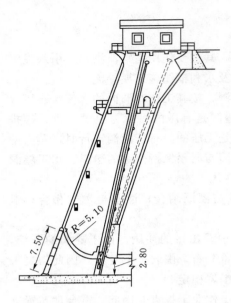

图 6－18　岸塔式进水口

率、改善水流条件；防止渗漏；保护围岩免受风化、浸蚀等破坏作用。

按衬砌目的可分为平整衬砌和受力衬砌。按衬砌材料分为混凝土衬砌、钢筋混凝土衬砌、浆砌石衬砌、组合式衬砌和喷锚支护等。

3）衬砌的构造。为防止混凝土温度应力和不均匀沉降而产生裂缝，混凝土衬砌应设横向伸缩缝。缝的间距约在 6～18m 之间，缝内设止水。

4）排水。为了降低作用在衬砌上的外水压力，需设置排水。无压隧洞可在洞内水面线以上设置排水孔，将地下水直接引入洞内。

（4）隧洞出口建筑物。出口建筑物的布置与隧洞的功用及出口附近的地形、地质条件有关。如发电引水隧洞可直接通向水电站，亦可连接压力前池，再由压力钢管引入水电站。对无压灌溉隧洞，工作闸门设在进口段，出口设消力池再与渠道连接。灌溉与发电结合时（有压洞），用支洞通向水电站，主洞出口处设工作闸门后接消力池，再接灌溉渠道。

有压泄洪隧洞的出口设有工作闸门及启闭机室，闸门前设渐变段，闸门后设有消能设施。无压隧洞的出口构造主要是消能设施。

6.4.5　跌水与陡坡

当渠道通过坡度过陡的地段或陡坎时，为减少渠道的填挖工程量，并有利于下级渠道分水，使总体造价降低，往往将水流的落差集中，并修建具有抗冲消能作用的建筑物连接上、下游渠道，这种建筑物称为落差建筑物。

常用的落差建筑物有跌水、陡坡、斜管式跌水及跌井式跌水等几种。而跌水与陡坡应用最广，不仅用于调节渠道纵坡，还可用于渠道上分水、排洪、泄水和退水建筑物中。

6.4.5.1　跌水

水流呈自由抛射状态跌落于下游消力池的落差建筑物叫跌水。跌水的材料有砖、石、混凝土和钢筋混凝土等。跌水的上下游渠底高差称为跌差。跌差小于 3～5m 时布置成单级跌水，跌差超过 5m 可布置成多级跌水。

单级跌水由进口连接段、跌水口、消力池和出口连接段组成，如图 6－19 所示。

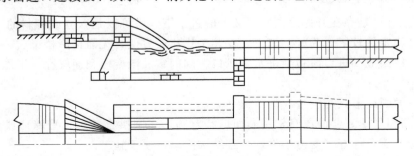

图 6－19　单级跌水示意图

1）跌水的进口连接段由翼墙和防冲式铺盖组成，其作用是平顺水流、防渗及防冲。翼墙的型式有扭曲面、八字墙、圆锥形等，其中扭曲面翼墙的水流条件较好。

2）跌水口亦称控制缺口，其作用是控制渠道水位，在泄流时不产生水位壅高（降低），是设计跌水和陡坡的关键。常将跌水口横断面缩窄成矩形、梯形、抬堰式缺口，减小过水断面，以保持上游渠道要求的正常水深。

3）跌水墙有直墙和倾斜墙两种，多采用重力式挡土墙。由于跌水墙插入两岸，其两侧有侧墙支撑，稳定性较好。在可压缩性的地基上，跌水墙与侧墙间常设沉降缝。

4）消力池使下泄水流形成水跃式消能，其长度尚应计入水流跌落到池底的水平距离。

5）出口连接段包括海漫、防冲槽、护坡等。其作用消除余能，调整流速分布，使水流平顺进入下游渠道，并保护渠道免受冲刷。

6.4.5.2 陡坡

水流沿着底坡大于临界坡的明渠陡槽呈急流下泄的落差建筑物叫陡坡。陡坡由进口连接段、控制缺口（或闸室段）、陡坡段、消力池和出口连接段组成，如图6-20所示。

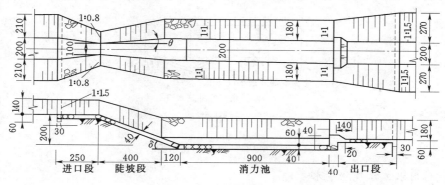

图6-20 扩散形陡坡

根据地形条件和落差大小，陡坡也可建成单级或多级两种形式。陡坡的分级及每级的落差和比降，应结合实际地形情况确定。

陡坡的进口连接段和控制缺口的布置形式与跌水相同，但对进口水流平顺和对称的要求较跌水更严格，以使下泄水流平稳、对称且均匀地扩散，为下游消能创造良好条件。若其进口及陡坡段布置不当，会产生折冲波致使水流翻墙和气蚀等。

在陡坡的控制缺口处，可设置闸门控制水位及流量，其优点是既能排沙又能保证下泄水流平稳、对称且均匀地扩散。陡坡与桥相结合时，把控制缺口和闸结合比较经济。

6.4.6 量水设施

量水设施是渠道上用以量测水流流量的水工建筑物及特设量水设施的总称。其作用是按照用水计划准确、合理地向各级渠道和田间输送水量；为合理征收水费提供依据。测量方法有：通过测定渠道平均流速来确定流量；利用渠道 $Q \sim H$ 关系确定流量；利用水工建筑物量水；利用特设的量水设施测定流量；综合现代化量水设施等。

6.4.6.1 量水堰

其原理是在渠中设置标准堰型，使水流形成堰流，利用相应的堰流公式计算流量。按堰的剖面形式有薄壁堰、宽顶堰、三角剖面堰等。

6.4.6.2 量水槽

量水槽是一种在明渠内设置一缩窄段（喉道），使之在该段形成临界流，并在上游或上下特定位置量测水深，以此测定流量的量水设施，故又称临界水深槽。这种量水槽有长喉道槽和短喉道槽两大类。

巴歇尔量水槽是短喉道槽的一种如图6-21所示，有22个标准设计及相应的流量计算公式，测流范围在0.1～93m³/s之间，在我国应用比较广泛。

其优点是量水精度较高，水头损失较小，壅水高度不大，不易淤积，测流范围广；缺点是结构较复杂，造价较高，可用于浑水渠道和比降小的渠道。

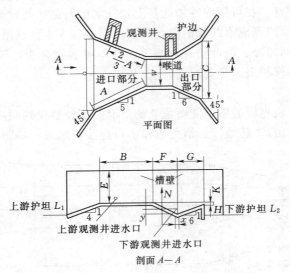

图6-21 巴歇尔量水槽

6.4.6.3 利用水工建筑物量水

利用水闸、涵洞、陡坡、跌水等现有渠系建筑物量水，是经济简便的方法。量水时，在建筑物上下游特定位置设立水尺，通过测定进口上游水位或上下游水位差，根据建筑物型式、进口形状、尺寸及水流流态按水力学原理计算流量。为保证测流精度，用作量水的建筑物应符合以下要求建筑物位置以及上下渠槽均应符合上述量水堰（槽）中所规定的技术要求：建筑物在结构上应完整无损，无变形，不漏水、无泥沙淤积及杂物阻塞、调节设备良好；水流平顺，符合水力计算及测流精度的要求；能同时量测及调节流量，不影响渠道正常工作，水头损失小，管理、观测及计算方便，经济、耐用。

6.5 节水灌溉工程

随着我国人口的增加，城市化进程的加快，工农业生产进一步发展。全国各地的用水量及耗水量持续增加，更显现出我国水资源非常紧缺，供水矛盾进一步加剧。由于我国的水资源人均、亩均占有量少，地区和时间分布很不均匀，使农业灌溉用水矛盾突出。目前，农业灌溉用水大约占到总用水量的65%，是名副其实的"用水大户"。因此，发展节水灌溉是势在必行和行之有效的节水途径。

目前，节约农田灌溉用水的途径主要集中在三个方面：

（1）减少各级渠道的输水损失，提高渠系水的有效利用系数。

（2）改善和革新田间灌水方法，研究和推广节水灌溉技术，以提高田间灌水的有效性。

（3）用系统分析的方法研究区域水资源的合理利用，以达到节水增产的最佳效益。

其中常用的节水灌溉工程有以下几种。

6.5.1　低压管道灌溉

管道输水灌溉技术在田间灌水技术上，属于地面灌溉，它是以管道代替明渠输水系统的一种工程形式。灌水时，管道系统工作压力一般不超过 0.2MPa，故称低压管道输水灌溉工程，简称管道输水工程。

6.5.1.1　管道输水工程系统的组成与类型

（1）低压管道输水系统的组成。管道输水系统由水源、取水工程、输水配水管网系统和田间灌水系统三部分组成：

1）水源与取水工程。管道输水系统的水源有井泉、沟渠、和水库等。水质应满足农田灌溉用水标准。井灌区取水部分除选择适宜的机泵外，还应安装压力表及水表。

2）输水配水管网系统。输水配水管网系统是指管道输水灌溉系统中的各级管道、管件、分水设施、保护装置和其他附属设施。在大型灌区，管网可由干管、分干管、支管、分支管等多级管道组成。

3）田间灌水系统。田间灌水系统是指分水口以下的田间部分。为达到灌水均匀、减少田间损失，提高全系统水的利用系数的目的，通常应进行土地平整，将长畦改为短畦，或给水栓接移动软管。

（2）管道输水工程的分类。管道输水工程可按其输配水方式、管网形式、固定方式、输水压力和结构形式等方式进行分类。通常按固定方式可分为固定式、半固定式、移动式三大类：

1）固定式。管道输水系统中的各级管道及分水设施均埋入地下，固定不动。给水栓或分水口直接分水进入田间沟、畦。这种形式管道密度大、标准高，一次性投资大，管理方便，灌水均匀。

2）半固定式。管道输水系统的机泵、地下输水管道和出水口是固定的，而地面软管是可以移动的，灌水时通过埋设于地下的固定管道将水输送到控制一定灌溉面积的出水口，再接上地面移动软管送入沟、畦。这是目前井灌区低压管道输水系统的主要形式。

3）移动式。管道灌溉系统中除水源外，机泵和地面管道都是可移动的。这样可以实现小定额灌溉，对于土壤渗漏严重、地面沟灌水量损失大的地区，具有显著的节水效果。

6.5.1.2　管道输水工程的优点

（1）节水节能。管道输水系统可以减少渗漏和蒸发损失，其输水过程中水的有效利用率可达90%以上，而土渠输水灌溉，其水的有效利用率只有45%左右。

（2）省地省工，输水快，灌水及时，管道代替土渠输水，一般可减少占地2%～4%。

（3）改善田间灌水条件，促进增产增收。管道输水灌溉，缩短了轮灌周期，能适时适量供水，有效满足作物生长需要，促进增产增收。

（4）适应性强，管理方便。管灌不仅能满足灌区微地形及局部高地农作物的灌溉，而且能适应当前农业生产责任制的要求。

6.5.1.3　管道系统布置

（1）管道系统布置的基本原则。管道系统布置应和排水、林网、供电等统筹安排、紧密结合；管网布置力求管线总长度最短，控制灌溉面积最大，管线应平顺，减少拐弯；田间末级地埋管道的布置，应与灌水方向、种植方向及地形坡度相适应；根据当地经济、技术情况，因地制宜的选择管材。

（2）固定管网布置。根据水源位置、浇灌面积、田块形状、地面坡度、作物种植方向等条件，管网布置成树枝状或环状两类。常用的几种形式如下：

1）水源位于田块一侧时，一般采用"一"字形、"T"形、"L"形三种形式，其适用于水井出水量 20～40m³/h，控制灌溉面积 50～100 亩，田块的长宽比（l/b）小于 3。当井出水量 60～100m³/h，控制面积 150～300 亩时，可布置成梳齿状、鱼骨形或环状。

2）机井位于田块中心，一般采用"H"形或环形布置，这两种形式适于井出水量 40～60m³/h，控制面积 100～150 亩，田块长宽比（l/b）≤2 的情况。

（3）半固定式管网布置。半固定式管道系统的布置和固定式管道的布置大致相同。三级布置时，干管和支管是固定的，末级管是移动的软管。支管间距一般为 300m 左右，每隔 50m 设一给水栓，用以连接软管。平原井灌区半固定式管网布置大多数采取树状网或环状网。两者各有优点，需因地制宜地通过技术经济比较确定。

6.5.2 喷灌

所谓喷灌，是指将具有一定压力的水通过管道送至田间，再通过喷头喷射到空中，形成细小的水滴，近似天然降水洒落田间，来灌溉土地或作物。

喷灌通常借助于水泵加压，如果有足够的压力差，也可利用自然水头进行自压喷灌。

6.5.2.1 系统的组成与分类

（1）喷灌系统组成。喷灌系统一般由水源、水泵、动力设备、管网、喷头及田间工程组成，如图 6-22 所示。

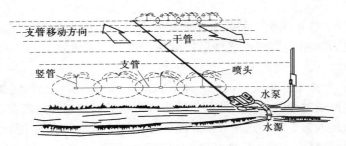

图 6-22 喷灌系统示意图

一般的河渠、湖泊、井等都可作为喷灌水源，其水量、流量、水质应满足喷灌要求。

一般情况下，均需用水泵加压，常用离心泵、长轴井泵、潜水电泵等机组。

管网的作用是将有压的灌溉水输送、分配到田间。管网一般包括干管和支管两级及其相应的连接、控制部件、量测设备。喷头的作用是将灌溉水喷射到空中，形成细小的水滴。

（2）喷灌的分类。喷灌系统可按不同方法分类，按系统获得压力方式分为机压式和自压式；按喷洒特征分为定喷式和行喷式；按主要组成部分是否移动分为固定式、半固定式和移动式三类：

1）固定式。喷灌系统各组成部分除喷头外，在整个灌溉季节（常年）都是固定的。水泵和动力机组成固定的泵站，干管和支管埋入地下，进行轮灌。其优点是使用操作方便，运行费用低，工程占地少；缺点是工程投资大，设备利用率低，固定的竖管对机耕有影响。

2）移动式。在整个喷灌系统中，只有水源是固定的，而水泵、动力、管道及喷头都是移动的，一套设备可以在不同的地块上轮流使用，提高了设备的利用率，降低了单位面积设备的投资。其特点是使用灵活、劳动强度大、需要的路渠占地较多。

3）半固定式。在整个喷灌系统中，动力、水泵和干管是固定的，干管上装有许多给水栓，支管和喷头是移动的。支管与喷头在一个位置喷灌完毕后，可移至下一位置。

6.5.2.2 喷灌的主要技术参数

（1）喷灌强度。就是单位时间内喷洒在单位面积土地上的水深或水量，要求系统的组合喷灌强度小于或等于土壤的允许喷灌强度。

（2）喷灌均匀度。是在喷灌面积上水量分布的均匀程度，主要决定于在整个喷灌面积上的喷洒的均匀度。主要的影响因素有喷头的结构、旋转速度的均匀性、工作压力、喷头距离、地面坡度等。

（3）水滴打击强度。是指单位受雨面积内，水滴对土壤或作物的打击动能，在设计中，用雾化指标 H/d 来控制。H/d 值是指喷头工作压力与主喷嘴直径之比。对于蔬菜及花卉，H/d 值为 4000～5000；对于粮食作物、经济作物及果树，H/d 值为 3000～4000；对于牧草、饲料作物、草坪及绿化林木，H/d 值为 2000～3000。

6.5.2.3 喷灌工程的布置

（1）管网的布置形式有两种形式：第一种是树状管网，一般可分为丰字形、梳齿形。主要适用于土地分散、地形起伏的地区；第二种是环状管网，是一闭合管网，由很多闭路环组成。其优点是，当某一水流方向上管道出现事故，可由其他管道继续供水；其缺点是水力计算复杂。

（2）喷头的选择与组合间距。选择喷头首先要考虑喷头水力特性能适合作物和土壤的特点，喷头的水力特性一般包括额定流量、工作压力、雾化指数等。对于幼嫩作物，压力不宜太大，雾化程度要好；对于黏性土壤，由于入渗速度慢，因此就要采用较低的喷灌强度，而对于砂土，可加大喷灌强度。

喷头的喷洒方式有很多种，如全圆喷洒、扇形喷洒、矩形喷洒、带状喷洒等。在管道式喷灌系统中，主要采用全圆喷洒，而在田边路旁或房屋附近则使用扇形喷洒。

喷头的组合形式，一般用相邻 4 个喷头平面位置组成的图形表示。喷头的基本布置形式有两种：矩形组合和平行四边形组合。一般情况下，无论是矩形组合还是平行四边形组合，应尽可能使支管间距 b 大于喷头间距 a，这样可以节省支管用量，降低系统投资或避免频繁移动支管。在有稳定风向时，宜采用 $b>a$ 的组合，并应使支管垂直风向；当风向多变时，应采用等间距，即 $a=b$ 的正方形组合。

6.5.3 微灌

微灌即是按照作物生长所需的水和养分，利用专门设备或自然水头加压，再通过低压管道系统末级毛管上的孔口或灌水器，将有压水流变成细小的水流或水滴，直接送到作物根区附近，均匀、适量地施于作物根层所在部分土壤的灌水方法。微灌是当今世界上用水最省、灌水质量最好的现代灌溉技术。

6.5.3.1 微灌的组成与分类

（1）微灌系统组成。微灌系统通由水源工程、首部枢纽、输配水管网和灌水器等组成，如图 6-23 所示。

水质符合微灌要求的水，均可作为微灌的水源。另外，根据需要修建的引水、蓄水和提水工程，以及相应的输配电工程，统称为水源工程。

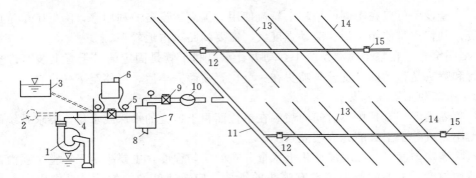

图 6-23 微灌系统示意图

1—水泵；2—供水管；3—蓄水池；4—逆止阀；5—压力表；6—施肥罐；7—过滤器；8—排污管；

9—阀门；10—水表；11—干管；12—支管；13—毛管；14—灌水器；15—冲洗阀门

首部枢纽担负着整个系统的驱动、检测和调控任务，通常由水泵及动力机、控制阀门、水质净化装置、施肥装置、测量和保护设备等组成。

输配水管网，微灌系统的输配水管网一般分为干、支、毛三级管道。

灌水器有滴头、微喷头、涌水器和滴灌带等形式，对应的水流出流方式也有多种，灌水器安装在毛管上或通过连接小管与毛管连接。或置于地表，或埋入地下。

（2）分类。微灌常常按选用的灌水器进行分类，可分为以下几类：

1）滴灌。将具有一定压力的灌溉水，通过管道和管道滴头，滴入植物根部附近土壤的一种灌水方法。由于滴头细小，消杀了水中具有的能量，因此能缓慢均匀的湿润土壤，水的利用率常高达95％，较喷灌有更能节水增产，同时可以结合灌溉给作物施肥。

按管道的固定程度，滴灌可分为固定式、半固定式和移动式三种。

2）微喷灌。是利用塑料管道输水，通过很小的喷头将水喷洒在土壤或作物表面进行局部灌溉。与喷灌相比，微喷头的工作压力较小，可节约能源；与滴灌相比，微喷头可以喷射水流到空中，且微喷头比滴头的湿润面积大。

3）渗灌。是通过埋在地下作物根系活动层的滴灌带上的滴头或渗头将水灌入土中的灌水方式。其特点是省水、省电、省肥。但管道间距较大时灌水不够均匀。

4）涌灌。是通过从开口小管涌出的小水流将水灌入土壤的灌水方式，此方式的工作压力很低，不易堵塞，适合地形平坦地区。

5）雾灌。与微喷灌相似，只是工作压力较高，喷出的水滴极细，灌水时形成水雾以调节田间空气湿度。

6.5.3.2 微灌的特点

（1）省水。微灌能适时适量地按作物生长需要供水，且全部由管道输水，沿程渗漏和蒸发损失少；一般只湿润作物根部附近的部分土壤，灌水流量小，水的利用率高。

（2）灌水均匀度高。微灌系统能做到有效控制每个灌水器的出水量，因此灌水均匀度高，一般可达80％～90％。

（3）增产。微灌可根据小面积作物的需要，适时适量地向作物根区供水，为作物生长提供了良好的条件，容易实现稳产高产，提高产品质量，一般可以增产30％左右。

（4）节能。由于微灌灌水器湿润的范围小，所需压力也小，一般工作压力为50～150kPa，比喷灌低，而且微灌比地面灌溉省水，可有效减少能耗。

（5）对土壤和地形的适应性强。对于不同的土壤，微灌的灌水速度可快可慢，可以使作物根系层保持适宜的土壤水分，另外，微灌是压力管道输水，因此不受地形影响。

（6）灌水器容易堵塞。这是微灌应用的主要问题，严重时会影响整个系统的工作，甚至报废。为了防止堵塞，微灌对水质要求较高。

（7）造价较高。由于微灌需要大量设备、管材、灌水器具，一般造价较高。

6.5.3.3 微灌设备

微灌设备由首部加压机泵、过滤器、施肥装置以及控制、量测、保护装置、输配水管道和管件、灌水器等组成。管道对于防堵塞的要求较高，所以多采用黑色塑料材质的管道和管件，通常干、支管多采用聚氯乙烯硬管，毛管多采用聚乙烯半软管。

灌水器种类多，按结构和出流形式可分为滴头、滴灌带、微喷头、渗头和涌水器等。

微灌的灌溉水中，不应含有造成灌水器堵塞的污物和杂质，因此，应对微灌用水进行必要的化验，并根据选用的灌水器类型和抗堵塞性能，选定水质净化设备。微灌系统的初级水质净化设备有拦污栅、沉淀池和离心式泥沙分离器、砂石过滤器和筛网过滤器。

施肥装置主要是采用压差式施肥装置。根据压力差的工作原理进行施肥的。

为了控制微灌系统或确保系统正常运行，系统中必须安装必要的控制、量测与保护装置，如阀门、流量和压力调节器、流量表或水表、压力表、安全阀、进排气阀等。

6.5.4 波涌灌溉简介

波涌灌是一种适合于旱作灌溉的地面灌水新技术，又称涌流灌溉或间歇灌溉。

波涌灌溉采用间断的方式由配水渠向沟（畦）放水，它与传统沟（畦）灌的主要区别是，灌溉水流不再是一次推进到沟（畦）的末端，而是分段逐次地由首端推进至末端。

在波涌灌溉条件下，由于灌水是间断的，因此在前一周期灌水长度范围内的田面，均存在着灌水湿润及停水落干的交替过程，从而改变了土壤表层的性状，使土壤入渗能力及田面糙率均明显减小，从而为下一周期的灌溉水流创造了一个新的边界条件，并使地表水流的流动及入渗特性朝着有利于提高灌水质量及效率的方向发展。

（1）"双管"系统，如图 6-24 所示。该系统一般通过埋于地下管道把水送到田间，然后再通过竖管与地面上带有灌溉阀门的管道相连，这种灌溉阀门可自动在两组间开、关水流，实现间歇供水。当这两组灌水沟结束灌水后，到另一个放水竖管处进行下一组波涌沟灌。

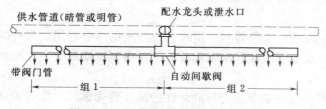

图 6-24 双管波涌灌溉系统示意图

（2）"单管"系统，如图 6-25 所示。它是由一条带灌溉阀门的管道与供水处连接，管上的各个出水口通过小水压、气压或电子阀控制，而这些阀门以一字形排列，并由一个控制器控制。

单管道系统比双管道系统灵活性高。波涌灌溉在我国尚处于研究阶段，主要是对波涌灌水方式的效果、适宜条件、灌水参数的组合与选定，以及自动开关阀门的研究等。

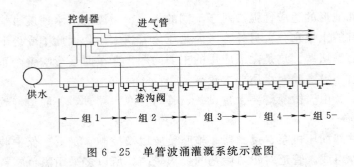

图 6-25　单管波涌灌溉系统示意图

6.6　灌区自动化管理

灌区的修建，为抗御水旱灾害及保证农业高产稳产提供了良好的物质条件。为了充分发挥工程设施效益，促进农业增产，必须重视和做好灌区管理工作。我国水利事业发展中，一直贯彻"兴修与管理并重"的原则，强调修好一处、管好一处，保证发挥和提高工程的经济效益。

6.6.1　灌区管理的任务和内容

灌区管理的主要任务是通过对各种工程设施的管理运行，充分利用水资源，合理调配灌、排水量，开展试验研究，实行科学用水和排水，促进农作物高产稳产；并采取经济措施，搞好经营管理，发挥工程最大效益。并随着科学技术的不断发展，逐步实现灌区的自动化管理。灌区管理包括工程管理、用水管理、生产管理和组织管理四方面内容。

工程管理的主要任务是对枢纽工程、各级灌排渠道以及渠系建筑物等进行合理运用、检查、观测、维修、养护、改建、扩建和防汛、抢险等工作，使各项灌、排工程保持完整状态，各级沟、渠畅通无阻，保证安全运行发挥正常功能。工程的自动化管理主要是指各种渠系建筑物、渠道的观测自动化和运用自动化两方面。

用水管理是灌区管理的中心，主要指灌、排水量和流量的调配以及灌、排水时间的安排等，充分发挥灌、排工程效益。它的主要任务是：实行计划用水，结合农业生产安排，合理调配水量，利用排水系统消除涝碱灾害，发生超标准水情时减小灾情；及时组织田间灌溉与排水工作，为作物生长提供良好的土壤水分条件，达到节约用水与作物高产稳产；控制地下水位变化以防止土壤恶化，为治理盐碱地及改良沼泽化土壤，提供有利条件。这方面亦可实现自动化管理。

生产管理指灌区内结合工程管理、用水管理开展的综合利用、多种经营以及水费征收等工作。它是充分利用水土资源和灌排工程设施创造财富，增加收入，从而促进工程管理和用水管理的必要环节。

组织管理是指建立与健全专业的与群众性的灌区管理组织，配备管理人员，才能完成工程管理、用水管理和生产管理的任务。

可见在这四方面管理之中，工程管理是基础，用水管理是灌区管理的中心，组织管理是开展这些工作的组织保证，生产管理则是促进、巩固与发展以上三种管理的重要手段。

6.6.2　灌区自动化管理

6.6.2.1　灌区自动化管理的意义

灌区自动化管理是指灌区安装了实用且现代化、自动化的控制管理系统，将所涉及到的监测、分析、调度、管理、通信等工作纳入统一管理之中，对灌区及水库运行提供全面服务，有效地提高了灌区的运行效率。与传统的管理方法相比，灌区自动化管理有以下优点：

（1）对用水户提供较好的服务。建立灌区配水决策系统，使灌区用水管理监测自动化，数据定量化，决策科学化，提高灌区用水管理水平。用水户可以在规定的时间内获得计划的水量和较好的服务。

（2）降低运行调度费用。在灌区自动化管理系统代替了传统的人工运行调度，采用就地自动控制法、检测法和综合控制方法，使运行调度费用大为降低。

（3）提高灌区经济效益。灌区实行自动化管理后，可以使得灌区水资源得到充分合理利用，改善和增加灌溉面积。如甘肃黄羊河灌区于 2003 年 5 月开始使用自动化管理系统，改善灌溉面积 4880hm²，使灌区 1.42 万 hm² 灌溉面积得以保灌，据保守估计年可节约用水量 1795 万 m³，净增效益 1237 万元。

6.6.2.2 灌区自动化管理系统组成

以甘肃黄羊河灌区为例，该灌区是国家农业综合开发项目区，灌区设计灌溉面积 1.6 万 hm²，涉及 5 个乡镇，还有 8 个国营机关农场，总人口 8.2 万人。2003 年灌区建立量水设施自动化管理系统以来，做到了精确配水及调度，对提高灌区现代化管理水平，充分发挥灌区综合效益，起到了十分重要的作用。

（1）系统概况。根据灌区渠道分布的实际情况和管理规划要求，系统分为 1 个中心站，5 个遥测站（2 个双水位雨量站，2 个双水位站，1 个双水位流量站），共计 12 个测点。

1）系统通信组网。中心站设在黄羊河灌区水管处，是整个灌区配水、调度和监测中心。遥测站分布在渠道干渠的各个控制点，负责将水位、流量和雨量数据发送到中心站。

2）系统主要功能和特点。遥测站能自动实时采集、发送水位、流量和雨量数据；中心站能实时接收上报的数据，并进行存储、显示、打印及数据处理。

（2）系统硬件配置。

1）中心站设备。中心站主要包括计算机、中控仪、直流稳压电源、电台、交流稳压电源、UPS、蓄电池组、地网、同轴避雷器、全向天线、投影仪及大屏幕等。

2）遥测站设备。遥测站主要包括数传仪、蓄电池、太阳能板、定向天线、同轴避雷器、水位计、流量计和雨量计等。

（3）系统软件设计。整个软件主要由数据采集、数据处理及辅助功能三大模块构成。

1）数据采集模块。数据采集模块的编程与硬件的组成和无线通信协议密切相关，系统使用水文上常用数据编码格式：水位 A3A3，流量 C5C5，雨量 F2F2。

2）数据处理模块。数据处理模块是将数据库中的数据进行统计、分类、查询，以报表的方式显示给用户。根据灌区的实际要求，系统提供了雨量的日、月、年报，轮灌溉配水表，各干口日报表，日供水量累计表，日供水量测报表，各干口供水情况统计表，水量平衡表，轮供水量统计表，年水费计征表。

3）辅助功能模块。辅助功能模块提供了水位报警、显示实时水情、各站点数据的实时监测、灌区介绍等功能。

思 考 题

6.1 什么是灌溉制度？什么是排水制度？

6.2　什么是灌溉系统？具体由哪些部分组成？

6.3　土质渠道的横断面型式一般分为几种？渠道纵断面设计包括哪些内容？

6.4　渠系建筑物的类型主要有那些？其作用是什么？

6.5　试说明渡槽作用、组成部分和类型。

6.6　渡槽的总体布置和槽址位置的选择要考虑哪些因素？

6.7　什么是倒虹吸管？它有哪些结构组成？其与渡槽相比有哪些优缺点？

6.8　倒虹吸管的管路布置形式有哪几种？

6.9　涵洞的类型有哪些？

6.10　试说明水工隧洞的类型与特点。

6.11　水工隧洞的进口建筑物按其结构型式分为几种？各有何优缺点？

6.12　试说明水工隧洞衬砌的作用和类型。

6.13　什么是跌水与陡坡？二者有何区别？

6.14　单级跌水一般由哪些部分组成？各部分作用是什么？

6.15　试说明陡坡各部分组成及各部分作用。

6.16　常用的量水方法有哪些？

6.17　什么是量水堰？量水堰的剖面形式有哪些类型？

6.18　节约农田灌溉用水的途径主要有哪些？

6.19　常用的节水灌溉工程有哪些？

6.20　低压管道输水灌溉工程有哪些部分组成，有哪些类型？有何优点？

6.21　喷灌系统由哪些工程组成？如何分类？

6.22　微灌系统由哪些工程组成？有何优缺点？

6.23　微灌常按选用的灌水器不同分为哪几类？

6.24　灌区管理的主要任务和内容是什么？

6.25　灌区自动化管理的意义是什么？

6.26　灌区自动化管理系统组成有哪些？

第7章 蓄泄水枢纽工程

【学习目标】 了解溢流重力坝孔口形式和消能形式及其适用条件,理解不同类型坝的作用分类及组合、安全分析的内容与方法;掌握土石坝、重力坝、拱坝的类型及其工作原理。

挡水建筑物的作用是拦截江河,抬高水位或形成水库。如各种材料和类型的坝,各种用途和结构型式的水闸,以及沿江河海岸修建的堤防、海塘等。

在水利水电工程中,挡水建筑物的种类繁多,本章主要介绍混凝土重力坝、拱坝、土石坝,以及用来泄洪水保证大坝安全的溢洪道。

7.1 土 石 坝

土石坝是指由当地土料、石料或土石混合料填筑而成的坝,又称当地材料坝。土石坝大体可分为:①土坝。以土、砂、砂砾等填筑的坝。②堆石坝。不用胶结材料、坝体绝大部分由块石、砂砾石等经过抛填或碾压而修建起来的坝。③土石混合坝。土石材料均占相当比例。

土石坝是历史最为悠久,应用最为广泛的一种坝型。随着大型土石方施工机械、岩土理论和计算机技术的发展,缩短了建坝工期,放宽了筑坝材料的使用范围,使土石坝成为当今世界坝工建设中发展最快的一种坝型。据统计,至20世纪80年代末期,世界上兴建的百米以上高坝中,土石坝的比例已达75%以上。目前,世界上最高的大坝——塔吉克斯坦的罗贡坝(坝高335m)就是土石坝。我国已建的黄河小浪底水库坝高154m,红水河天生桥一级水电站坝高178m,正在建设的清江水布垭水电站坝高241m,均为土石坝。

7.1.1 土石坝的特点与类型

7.1.1.1 土石坝的特点

土石坝在实践中之所以能被广泛采用并得到不断发展,与其自身的优越性是密不可分的。同混凝土坝相比,它的优点主要体现在以下几个方面:

(1) 对不同的地形、地质和气候条件适应性好。任何不良的坝址地基和深层覆盖层,经过处理后均可填筑土石坝。

(2) 可就地取材。由于设计方法、施工技术和筑坝材料基本特性等方面的研究取得了较好的成果,过去被认为是"劣质材料"的风化砾质土、红黏土、中细砂、开挖石渣,都可分区上坝,充分发挥就地取材的优越性,也为导流、泄水建筑物等项目的大量开挖创造了条件。

(3) 经济效益好。由于就地取材,从而可以节省大量水泥、钢筋和木材,减少运输费用,大幅度地缩短工期和降低造价。在工程规模相同的条件下,土石坝的坝体方量一般虽然比混凝土重力坝大4~6倍,但其单价在国外仅为混凝土的1/15~1/20,有些国家甚至降到

1/30～1/70。

（4）设计计算手段提高。由于土力学的理论、计算技术和测试方法不断发展，水平不断提高，土石坝的设计理论和计算精度有了较大的发展。

（5）施工速度加快。由于大容量、多功能、高效率施工机械的发展，配套成龙的流水作业法连续施工，以及计算机自动化管理水平的提高，不仅加快了施工进度，缩短了施工工期，而且也保证了工程质量。

（6）导流易解决。随着筑坝技术的进步，解决了施工导流和大流量、高水头泄洪等难题。高围堰兼作坝体部分断面的施工导流方案，极大地减少了导流隧洞的规模，简化了施工导流设计，提高了工程的综合效益。例如，委内瑞拉的拉武埃尔托莎坝，最大坝高 135m，利用上游围堰作为大坝上游坝壳的组成部分；中国陕西金盆黏土心墙沙砾石坝，最大坝高 133m，利用上、下游围堰作为大坝坝壳的组成部分。

（7）性能强。经过多项工程论证研究，高土石坝的抗震性能优于混凝土坝。如塔吉克斯坦的罗贡坝，处于 9 级高地震区，不宜修建混凝土坝，改为斜心墙土石坝；墨西哥的奇柯森坝，最大坝高 261m，也是因为处于强烈地震区而放弃混凝土坝，改为心墙堆石坝。

7.1.1.2　土石坝的工作条件

（1）稳定方面。土石坝的基本剖面形式为梯形或复式梯形。用于填筑坝体的土石料为松散体，抗剪强度低，上下游坝坡平缓，坝体体积和重量都较大，所以不会产生水平形式的整体滑动。土石坝失稳的形式，主要是坝坡滑动或坝坡连同部分坝基一起滑动。

（2）渗流方面。由于土石坝颗粒间孔隙率较大，坝体挡水后，在水位差作用下，库水会经过坝身、坝基和岸坡处向下游渗漏。坝体内渗透水流的水面线叫浸润线。在渗流影响下，如果渗透坡降大于土体的允许坡降，会产生渗透变形；渗流使浸润线以下土体的有效重量降低，内摩擦角和黏聚力减少；渗透水压力对坝体稳定不利。

（3）冲刷方面。降雨时，雨水自坡面流至坝脚，会对坝坡造成冲刷，甚至发生坍塌现象。雨水还可能渗入坝身内部，降低坝体的稳定性。另一方面，库内风浪对坝坡也将产生冲击和淘刷作用，使坝坡造成破坏。

（4）沉陷方面。由于坝体及坝基土体的孔隙率较大，在自重和外荷载作用下，坝体和坝基因压缩而产生一定的沉陷。如沉陷量过大，会造成坝顶高程不足，过大的不均匀沉陷会导致坝体开裂或使防渗体结构造成破坏。

（5）其他方面。除了上面提及的影响外，还有其他一些不利影响。如气候变化引起冻融循环和干裂；地震引起坝体失稳和液化；动物（如白蚁、獾子等）在坝体内部筑造洞穴，形成集中渗流通道等。

7.1.1.3　土石坝的类型

土石坝的分类方式较多。按坝高不同可分为高坝、中坝、低坝。其中、低坝的高度为 30m 以下，中坝的高度为 30～70m，高坝为 70m 以上。坝高是指坝体最低面（不包括局部深槽或井、洞）至坝顶路面的高度。

按施工方法的不同土石坝可分为抛填式土石坝、水力冲填坝、定向爆破堆石坝和碾压式土石坝等。

（1）抛填式土石坝，也称水中填土坝。这种坝是在填筑范围内用土埂围成畦格，在畦格内灌注水，水中填入易于崩解的土料，逐层填筑，利用土重和排水固结而成坝体。这种坝不需要专门碾压机械，工效较高，受雨季影响小，但填土抗剪强度低，要求坝坡缓（达 1∶5～1∶6），工程量大，仅在我国华北、西北黄土地区、广东含砾风化黏土地区曾有建造。适应的土料是黏粒含量小于30％的轻、砾质风化土、冰渍土等。

（2）水力冲填坝。它是利用水力机械或水力方法完成土石料的开采、运输和填筑全部工序而建的坝。先是用抽水机将水抽至高出坝顶的土场，用高压水枪将土体冲成泥浆，再用泥浆泵将泥浆送上坝，分层淤填，经沉淀和排水固结而成坝体。这种坝施工方法简单，工效高，成本较低，但土料的干容重较小，抗剪强度较低，坝体剖面尺寸大，不易建成高坝，国内外采用不多。适宜的土料是黏粒含量小于20％的黄土类土。

（3）定向爆破堆石坝。当坝址两岸地势较高，河谷狭窄，岩石结构较紧密时，可采用定向爆破方法建造土石坝。定向爆破坝是在两岸山体内开挖洞室，内放炸药，一次爆破即可形成坝体的大部分甚至绝大部分。该方法筑坝可节省人力、物力、财力，但对山体破坏作用大，恶化隧洞、溢洪道等建筑物的地质条件。

（4）碾压式土石坝。将土石料分层铺填并进行机械碾压而成的土石坝，是国内外采用最多的一种。

7.1.1.4 碾压式土石坝的类型

按照土料在坝身内的配置和防渗体材料的不同，碾压式土石坝可分为以下几种类型：

（1）均质坝。坝体绝大部分由一种土料填筑，不设专门的防渗体，整个坝体既起防渗又起稳定作用，如图7-1（a）所示。均质坝结构简单，施工方便，当坝址附近有合适的土料且高度不大时可优先采用。

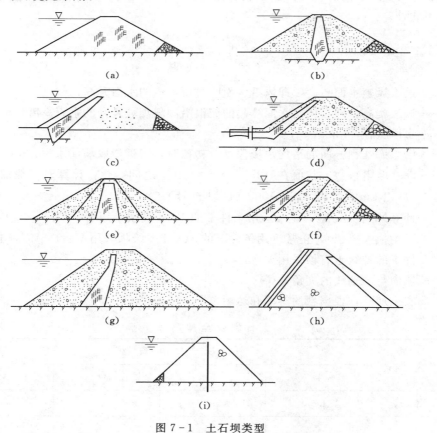

图7-1 土石坝类型

（2）分区坝。坝体由土质防渗体和若干透水性不同的土石料分区组成。防渗体起防渗作用，坝壳土石料起稳定作用。其中，防渗体设在坝体中央或稍偏上游的，称土质心墙坝，如图 7-1（b）、图 7-1（e）所示。防渗体设在坝体内靠近上游面的，称土质斜墙坝，如图 7-1（c）、图 7-1（d）、图 7-1（f）所示。将中央防渗体向上游偏移且做成稍向上游倾斜的，则称为土质斜心墙坝，如图 7-1（g）所示。

（3）人工防渗材料坝。坝的防渗体由沥青混凝土、钢筋混凝土或其他人工材料构成，而其余部分由土石料构成。其中防渗体在坝体中央的称为心墙坝，如图 7-1（i）所示，防渗体在上游面的称为面板坝，如图 7-1（h）所示。

7.1.2　土石坝的剖面与构造

7.1.2.1　土石坝剖面尺寸的拟定

土石坝剖面的基本尺寸包括：坝顶高程、坝顶宽度、上下游坝坡、防渗体与排水体的型式与尺寸等。设计时，一般根据坝高、坝型、坝基、筑坝材料等情况，参考已建工程初步拟定，通过渗流和稳定分析进行检验，最终确定安全经济的剖面。

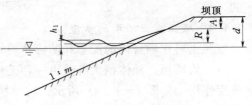

图 7-2　坝顶超高计算图

（1）坝顶高程。为防止库水漫溢坝顶，坝顶在水库静水位以上应有足够的超高，如图 7-2 所示。按照土石坝设计规范的规定，静水位以上的超高 Y 按下式计算

$$Y = R + e + A \tag{7-1}$$

$$e = \frac{KV^2 D}{2gH}\cos\beta \tag{7-2}$$

式中　e——最大风壅水面高度，即风沿水面吹过所形成的水面升高，m；

R——波浪爬高，即自风壅水面算起的波浪沿倾斜坝坡爬升的垂直高度，m；

D——水库吹程，km 或 m；

H——沿水库吹程方向的平均水域深度，初拟时，可近似取坝前水深，m；

K——综合摩阻系数，其值在 $(1.5\sim5.0)\times10^{-3}$ 之间变化，计算时一般取 3.6×10^{-3}（D 以 km 计）或 3.6×10^{-6}（D 以 m 计）；

V——计算风速（m/s），正常运用条件下的 1、2 级坝采用 $V=(1.5\sim2.0)V_多$（多年平均最大风速），正常运用条件下的 3、4、5 级坝采用 $V=1.5V_多$，非常运用条件下的各级土石坝采用 $V=V_多$；

β——风向与坝轴线的夹角，（°）；

A——安全加高，根据坝的等级和运用情况，按表 7-1 采用。

表 7-1　　　　　　　　　　　　土石坝安全加高 A

运用情况	坝的级别			
	Ⅰ	Ⅱ	Ⅲ	Ⅳ、Ⅴ
正　常	1.5	1.0	0.7	0.5
非　常	0.7	0.5	0.4	0.3

波浪爬高 R 的计算，目前大多采用经验或半经验公式。这些公式都适用于一定的具体条件，例如中国水利水电科学院推荐：对坝坡坡率 $m = 2.5 \sim 5$ 范围内的单坡，R 可按下式计算

$$R = 0.44 \frac{h^{1.1}}{mn^{0.6}} \tag{7-3}$$

式中　h——设计波高，m，可参阅有关文献计算；

　　　m——上游坝坡坡率；

　　　n——上游护坡糙率，抛石护面为 0.035，干砌石护面为 0.0275，浆砌石护面为 0.025，沥青或混凝土护面为 0.0155。

土石坝设计规范推荐采用莆田试验站公式，具体计算方法可参阅有关文献。

超高 Y 计算后，坝顶高程应分别按以下三种情况计算，并取其大值：

设计洪水位＋正常运用情况超高 $Y_{正常}$；

校核洪水位＋非常运用情况超高 $Y_{非常}$；

正常蓄水位＋地震安全加高。

地震安全加高＝地震壅浪加高＋地震附加沉陷值＋安全加高。地震壅浪加高一般为 0.5～1.5m，应根据地震烈度大小和不同的坝前水深取大、中、小值。地震附加沉陷值，根据海城地震调查，对 8～9 度地震区，可取坝高的 1.2%～1.44%，地震烈度较低时取值相应减小。安全加高仍应按表 7-1 采用。

考虑压缩沉降的影响，土石坝竣工时的坝顶高程应等于设计高程加坝体施工沉降超高。对施工质量一般的中小型土石坝，如地基内无压缩性很大的土层，坝体施工沉降超高可取坝高的 0.2%～0.4%。

（2）坝顶宽度。土石坝坝顶宽度取决于施工、交通、构造、运行、抗震与防汛等要求。如坝顶设置公路或铁路时，应按交通要求确定。在寒冷地区，还应使心墙或斜墙至坝面的最小距离大于当地冻土层厚度，以免防渗体发生冻融破坏。

（3）坝坡。土石坝边坡的大小取决于坝型、坝高、筑坝材料、荷载、坝基性质等因素，且直接影响到坝体的稳定和工程量大小。边坡选择一般遵循以下规律：

1）上游坝坡长期处于水下饱和状态，水库水位也可能快速下降，为了保持坝坡稳定，上游坝坡常比下游坝坡为缓。

2）土质防渗体斜墙坝上游坝坡的稳定受斜墙土料特性的控制，所以斜墙坝的上游坝坡一般较心墙坝为缓。而心墙坝，特别是厚心墙坝的下游坝坡，因其稳定性受心墙土料特性的影响，一般较斜墙坝为缓。

3）黏性土料的稳定坝坡为一曲面，上部坡陡，下部坡缓，从上而下逐渐放缓，相邻坡率差值取 0.25 或 0.5。砂土和堆石的稳定坝坡为一平面，可采用均一坡率。由于地震荷载一般沿坝高呈非均匀分布，所以，砂土和石料有时也作成变坡形式。

4）由粉土、砂、轻壤土修建的均质坝，透水性较大，为了保持渗透稳定，一般要求适当放缓下游坝坡。

5）当坝基或坝体土料沿坝轴线方向分布不一致时，应分段采用不同坡率，在各段之间设过渡区，使坝坡缓慢变化。

土石坝坝坡确定的步骤是：根据经验用类比法初步拟定，再经过核算、修改以及技术经济比较后确定。

土石坝的坝坡初选一般参考已有工程的实践经验拟定。

碾压式土石坝上下游坝坡常沿高程每隔 $10\sim30\mathrm{m}$ 设置一条马道，其宽度不小于 $1.5\sim2.0\mathrm{m}$，用以拦截雨水，防止冲刷坝面，同时也兼作交通、检修和观测之用，还有利于坝坡稳定。马道一般设在坡度变化处，碾压堆石坝下游坝坡亦常设 $1\sim2$ 条马道。土石坝上游坝坡视坝坡情况亦可增设马道。

7.1.2.2　土石坝的构造

为了满足坝坡稳定和渗流稳定的要求，土石坝必须采用一定的构造设计来保障坝的安全和正常运行。

（1）坝顶。土石坝坝顶一般都做护面，护面的材料可采用碎石、单层砌石、沥青或混凝土，Ⅳ级以下的坝也可采用草皮护面。坝顶如有公路要求，还应满足公路路面的有关规定。

坝顶上游侧常设防浪墙。为了排除雨水，坝顶应做成向一侧或两侧倾斜的横向坡度，形成 $2\%\sim3\%$ 的坡度。对于有防浪墙的坝顶，则宜采用单向向下游倾斜的横坡。在坝顶下游侧设纵向排水沟，将汇集的雨水经坝面排水沟排至下游。

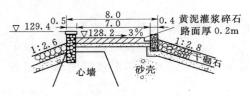

图 7 - 3　坝顶构造图（单位：m）

防浪墙可用混凝土或浆砌石修建。墙的基础应牢固地埋入坝内，当土石坝有防渗体时，防浪墙墙基要与防渗体可靠地连接起来，以防高水位时漏水。防浪墙的高度一般为 $1.0\sim1.2\mathrm{m}$（图 7 - 3）。

坝面布置与坝顶结构应力求经济实用，在建筑艺术处理方面要美观大方。

（2）防渗体。

1）土质防渗体。如图 7 - 4 所示，黏土心墙位于坝体中央或稍偏上游，由黏土、重壤土等黏性土料筑成。有薄心墙和厚心墙两种。

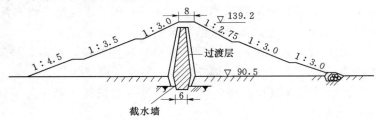

图 7 - 4　黏土心墙防渗体（单位：m）

心墙底部常用截水槽与坝基相对不透水层连接，心墙与截水槽两侧设反滤层，或心墙两侧同时加设过渡层，以改善心墙受力，有利于与坝壳紧密连接。心墙顶部必须设置沙砾等保护层，使之在冻结和干燥深度以内。

黏土斜墙（图 7 - 5）位于坝体上游，对土料要求与心墙同。斜墙顶部和上游侧必须设置保护层，厚度不小于当地冰冻深度和干燥深度。斜墙上下游均应设置反滤层或过渡层。

2）沥青混凝土或钢筋混凝土防渗体。沥青混凝土具有较好的塑性和柔性，渗透系数约为 $10^{-7}\sim10^{-10}\mathrm{cm/s}$，防渗和适应变形的能力均较好，产生裂缝时，有一定的自行愈合的功能，而且施工受气候的影响小，故适于用作土石坝的防渗体材料。当坝址附近缺少防渗土料时，可采用沥青混凝土或钢筋混凝土作防渗体。钢筋混凝土面板在土石坝中很少采用，因为面板刚度较大，而土石坝坝面的沉降较大，且可能不均匀，易使钢筋混凝土面板产生裂缝。沥青混凝土防渗体可作为斜墙或心墙。

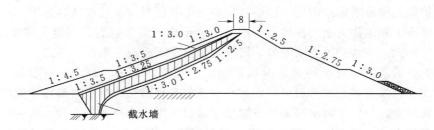

图 7-5 黏土斜墙防渗体

用作防渗体的沥青混凝土，要求具有良好的密度、热稳定性，水稳定性、防渗性、可挠性、和易性和足够的强度。

（3）坝体排水。土石坝渗流控制的基本原则是防渗和排渗相结合。反滤排水是土石坝渗流控制中重要的环节。坝体排水的目的是：控制和引导渗流，降低浸润线，加速孔隙水压力消散，防止渗流逸出处土的渗流破坏，增强坝的稳定性，在寒冷地区，可保护下游坝坡免遭冻胀破坏。坝体排水要有充分的排水能力，并设有反滤层以保护坝体和坝基土，坝体排水宜便于观测和检修。

常用的坝体排水是坝趾棱体排水（图 7-6）。若当地石料较少时，可采用坝趾贴坡排水（图 7-7）。还有褥垫排水（图 7-8）、网状排水带、排水管、竖式排水体等属于坝内排水设施。在实际工程中，常根据具体情况将上述几种排水体组合在一起，兼有各种单一排水形式的优点（图 7-9）。

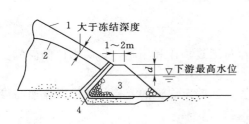

图 7-6 坝趾棱体排水
1—坝坡；2—浸润线；3—排水；4—反滤层

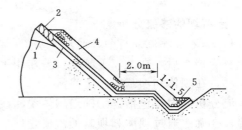

图 7-7 坝趾贴坡排水
1—浸润线；2—坝坡；3—反滤层；4—排水；5—排水沟

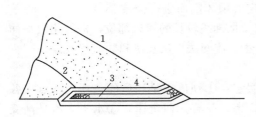

图 7-8 褥垫排水
1—护坡；2—浸润；3—排水；4—反滤层

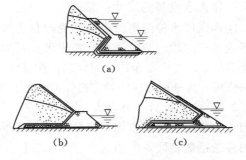

图 7-9 组合式排水

（4）护坡。土石坝上游坡面要承受波浪淘刷、顺坡水流冲刷、冰层和漂浮物的撞击等损害作用；下游坡面承受雨水冲刷、尾水的风浪淘刷、冰层的撞击、冻胀干裂以及动植物等因素的破坏作用。因此，上下游坝面都须设置护坡。

土石坝护坡结构要求坚固耐用，能够抵抗各种不利因素对坝坡的破坏作用，还应尽量就地取材，方便施工和维修。上游护坡常采用堆石、干砌石或浆砌石、混凝土或钢筋混凝土、沥青混凝土等形式。下游护坡要求略低，可采用草皮、干砌石、堆石等形式。

土石坝护坡的范围，对上游面应由坝顶至最低水位以下一定距离，一般取为 2.5m 左右；对下游面应自坝顶护至排水设备，无排水设备或采用褥垫式排水时则需护至坡脚。

（5）坝坡排水。为防止雨水冲刷，下游坝面常设置纵横连通的排水沟，沿坝体与岸坡接合处，也设置排水沟——拦截坡上雨水（图 7-10）。纵向排水沟沿马道内侧布置，用浆砌石做成梯形或矩形断面。横向排水沟可每隔 50～60m 设一条。

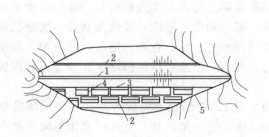
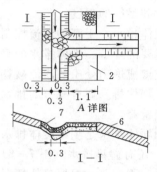

图 7-10　坝坡排水

1—坝顶；2—马道；3—纵向排水沟；4—横向排水沟；5—岸坡排水沟；
6—草皮护坡；7—浆砌石排水沟

7.1.3　土石坝的渗流分析

7.1.3.1　土石坝渗流分析的目的及方法

土石坝挡水后，在上、下游水位差作用下，水流将通过坝体和坝基，自高水位侧向低水位侧运动，在坝体和坝基内产生渗流。

渗流分析的内容包括：①确定坝体浸润线的位置；②确定渗流的要素，如渗透流速与渗透坡降；③确定通过坝体和坝基的渗流量。

渗流分析的目的在于：①确定坝体浸润线和下游逸出点位置，为坝体稳定核算、应力应变分析和排水设备的选择提供依据；②计算坝体和坝基的渗流量，以便估算水库的渗漏损失和确定坝体排水设备的尺寸；③确定坝坡逸出段和下游地基表面的渗透坡降，以判断渗透稳定性；④确定库水位降落时上游坝壳内自由水面的位置，估算由此产生的孔隙压力，供上游坝坡稳定分析之用。根据这些分析成果，对初步拟定的坝体剖面进行修改。

土石坝渗流是个复杂的空间问题，在对河谷较宽、坝轴线较长的河床部位，常简化成平面问题来分析。其分析方法主要有流体力学法、水力学法、流网法、试验法和数值解法。

7.1.3.2　渗流分析的水力学法

用水力学法进行土石坝渗流分析时，常作如下假定：①坝体土是均质的、坝内各点在各方向的渗透系数相同；②渗透水流为二元稳定层流状态，符合达西定律；③水头水流是渐变的，任一铅直过水断面内各点的渗透坡降和流速相同。

进行渗流计算时，应考虑水库运行中可能出现的各种不利情况，常需计算以下几种水位组合情况：①上游正常高水位与下游相应的最低水位；②上游设计洪水位与下游相应的最高水位；③上游校核洪水位与下游相应的最高水位；④库水位降落时对上游坝坡稳定最不利的情况。

实际采用水力学法进行渗流分析时，还常对某些较复杂的条件作适当简化，如：①将渗透系数较接近（相差 3～5 倍以内）的相邻土层作为一层，采用渗透系数的加权平均值来计算；②双层土壤的坝基，当下卧层不厚，且其渗透系数比上覆土层小 100 倍以上时，可视下卧层为不透水层；③当渗水地基的深度大于建筑物底部长度的 1.5 倍以上时，可按无限深透水地基情况进行计算等。

7.1.3.3 总渗流量的计算

水力学计算是通过坝体和坝基的单宽渗流量。由于沿坝轴线的各断面形状及地质条件并不相同，因此计算通过坝体的总渗流量时，可根据具体情况将坝体沿坝轴线划分为若干段（图 7-11），分别计算出每个断面的单宽流量，然后按下式计算全坝的总渗流量。

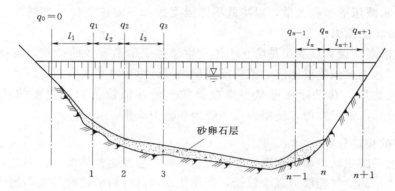

图 7-11 土坝总渗流量计算示意图

$$Q = \frac{1}{2} \left[q_1 l_1 + (q_1 + q_2) l_2 + \cdots + (q_{n-1} + q_n) l_n + q_n l_{n+1} \right] \tag{7-4}$$

式中 q_1，q_2，$\cdots$，q_n——断面 1，2，$\cdots$，n 的单宽渗流量；

     l_1，l_2，$\cdots$，l_n，l_{n+1}——相邻两断面之间的距离。

7.1.3.4 土石坝渗透稳定分析

在渗透水流的物理或化学作用下，导致土石坝坝身及地基中的土体颗粒流失，土壤发生局部破坏，称为渗透变形。据统计国内土石坝，由于渗透变形造成的失事约占失事总数的 45%。《碾压式土石坝设计规范》（SL274—2001）要求渗透稳定计算应包括以下内容：①判别土的渗透变形的形式；②判明坝和坝基土体的渗透稳定性；③判明坝下游渗流逸出段的渗透稳定性。

（1）渗透变形的形式。渗透变形的形式及其发生、发生过程，与土料性质、土粒级配、水流条件以及防渗、排水措施等因素有关，一般有管涌、流土、接触冲刷和接触流失等类型。工程中以管涌和流土最为常见。

1）管涌。坝体或坝基中的无黏性土细颗粒被渗透水流带走并逐步形成渗流通道的现象称为管涌，多发生在坝的下游坡或闸坝下游地基表面的渗流逸出处。黏性土因颗粒之间存在凝聚力且渗透系数较小，所以一般不易发生管涌破坏，而在缺乏中间颗粒的非黏性土中极易发生。

2）流土。在渗流作用下，产生的土体浮动或流失现象称为流土。发生流土时土体表面发生隆起、断裂或剥落。它主要发生在黏性土及均匀非黏性土体的渗流出口处。

3）接触冲刷。当渗流沿着两种不同土层接触面流动时，沿层面带走细颗粒的现象称为接触冲刷。

4）接触流失。当渗流垂直于渗透系数相差较大的两相邻土层的接触面流动时，把渗透系数较小土层中的细颗粒带入渗透系数较大的另一层中的现象，称为接触流失。

（2）渗透变形形式的判别。可根据颗粒级配判别和细颗粒含量判别。

（3）渗透变形的临界坡降。包括产生管涌的临界坡降和产生流土的临界坡降。

为防止流土的产生，必须使渗流逸出处的渗透坡降小于容许坡降。

（4）防止渗透变形的工程措施。土体发生渗透变形的原因，除与土料性质有关外，主要是由于渗透坡降过大造成的。因此，设计中应尽量降低渗透坡降，还要增加渗流出口处土体抵抗渗透变形的能力。常用的工程措施包括：

1）采取水平回垂直防渗措施，以便尽可能地延长渗径，达到降低渗透坡降的目的。

2）采取排水减压措施和盖重，以降低坝体浸润线和下游渗流出口处的渗透压力，增加土体抵抗渗透破坏的能力。

3）设置反滤层。设置反滤层是防止土体发生渗透变形最有效的措施。按使用的材料可分为土质反滤层和土工织物反滤层。土质反滤层的设计可参考有关资料。

土工织物反滤层，其设计任务是根据被保护土的特征粒径确定需要的孔眼平均直径 $Q_{平均}$。该法造价低，施工方便，使用寿命一般为 $50 \sim 100$ 年。

7.1.4　土石坝的稳定分析

土石坝的上下游坝坡较缓，剖面尺寸较大，一般不会发生整体滑动。但是，由于土石坝的材料是散粒体，其空气能够剪强度较低，当坝体或坝基材料的抗剪强度不足时，也可能发生坝体或坝体连同坝基的塌滑失稳；另外，当坝基内有软弱夹层时，也可能发生塑性流动，影响坝体的稳定。

进行土石坝稳定分析的目的是保证坝体在自重、各种情况下的孔隙压力和外荷载作用下具有足够的稳定安全度，从而确定坝体的经济剖面。

（1）土石坝滑动破坏形式。土石坝失稳滑裂面的形式与坝体结构、筑坝材料、地基性质已经机坝体工作条件等密切相关。常见的滑裂面形式有：

1）曲线滑裂面，如图 7-12（a）、（b）所示。当滑裂面通过黏性土部位时，其形状通常为一顶部陡而底部渐缓的曲面，在稳定分析中多以圆弧代替。

2）折线滑裂面，如图 7-12（c）、（d）所示。多发生在非黏性土的坝坡中，如薄心墙坝、斜墙坝中；当坝坡部分浸水，则为图 7-19（c）中近于折线的滑裂面，折点一般在水面附近。

3）复合滑裂面，如图 7-12（e）、（f）所示，厚心墙坝或由黏性土及非黏性土构成的多

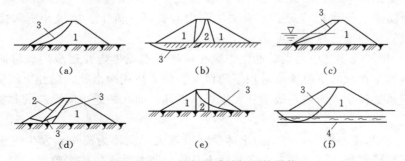

图 7-12　土石坝滑动破坏面的形状

（a）、（b）圆弧滑裂面；（c）、（d）折线滑裂面；（e）、（f）复合滑裂面

1—坝壳；2—防渗体；3—滑裂面；4—软弱层

种土质坝形成符合滑裂面。当坝基内有软弱夹层时，因其抗剪强度低，滑裂面不再往下深切，而是沿该夹层形成曲、直面组合的复合滑裂面。

坝体的抗滑稳定安全系数应不小于表7-2所规定的数值。

表 7 - 2　　　　　　　　　　　　坝坡抗滑稳定最小安全系数

运 用 条 件	工 程 等 级			
	I	II	III	IV，V
正常运用条件	1.30	1.25	1.20	1.15
非常运用条件 I	1.20	1.05	1.10	1.05
非常运用条件 II	1.10	1.05	1.05	1.00

（2）稳定分析方法。目前，土石坝稳定分析仍基于极限平衡理论，采用假定滑裂面的方法。

依据滑裂面的不同形式，可分为圆弧法、直线或折线法和符合滑裂面法。具体分析方法可参考《土力学》教材。

7.1.5　土石坝的筑坝材料

土石坝筑坝材料来源于当地，坝趾附近各种天然土石料的种类、性质、储量和分布以及枢纽建筑物开挖的性质和可利用的数量等，是合理选择坝型、设计坝体断面形式和结构尺寸的重要依据。在选择土石料料场时，除了应尽可能靠近坝轴线以降低运输费用外，还要求石料储量充足，质量符合筑坝要求。

一般来说，土石坝对筑坝材料的要求较低，除了沼泽土、斑脱土、地表土以及含有未完全分解有机质的土料外，原则上均可用作筑坝材料，或经处理后用于坝的不同部位。填筑坝体的土石料应具有与其使用目的相适应的工程性质，并具有较好的长期稳定性。

7.1.5.1　防渗体土料

对防渗体土料的要求是：透水性低；较高的抗剪强度；良好的压实性能，压缩性小，且要有一定的塑性，以适应坝壳和坝基的变形而不致产生裂缝；有良好的抗冲蚀能力，以免发生渗透破坏等。

用作防渗心墙、斜墙和铺盖的土料，一般要求渗透系数 k 不大于 10^{-5} cm/s，它与坝身材料的渗透系数之比应尽量小。用作均质坝的土料渗透系数 k 最好小于 10^{-4} cm/s。一般塑性指数为 7～20 的土适合作防渗材料。塑性指数过大，则黏粒含量太多，不宜采用；过小则防渗性能差，也不宜用来防渗。

7.1.5.2　坝壳土石料

土石坝的坝壳材料主要起保护、支撑防渗体并保持坝体稳定，因而对强度有一定的要求。坝壳材料在压实后，应具有较高的强度和一定的抗风化能力，对于下游坝壳水下部位及上游坝壳水位变动区材料还应有良好的透水性。

7.1.5.3　排水设备的石料

对于排水设备，其所用石料应有足够的强度，且不易溶蚀，软化系数（饱和抗压强度与干燥抗压强度之比）不小于 0.75～0.85，同时还要抗冻融和风化。

7.1.6　土石坝的地基处理

土石坝既可建在岩基上，也可建在土基上。由于土石坝是由散粒材料填筑而成，对地基变形的适应性比混凝土坝好，因此，土石坝对地基的强度和变形方面的要求也比混凝土坝低，而土基往往渗透性强，容易产生渗透变形，所以在防渗方面的要求则与混凝土坝基本相同。土石坝地基处理的主要目的是为了满足渗流控制（包括渗透变形和渗流量），动静力稳定以及容许沉降量等方面的要求，以保证坝的安全运行。

《碾压式土石坝设计规范》（SL274—2001）规定，当坝基中遇有下列情况时，必须慎重研究和处理：①深厚砂砾石层；②软黏土；③湿陷性黄土；④疏松砂土及少黏性土；⑤岩溶（喀斯特）；⑥断层、破碎带、透水性强或有软弱夹层的岩石；⑦含有大量可溶性盐类的岩石和土；⑧透水坝基下游坝趾处有连续的透水性差的覆盖层；⑨矿区井、洞。

7.1.6.1　砂卵石地基的处理

当土石坝修建在砂卵石地基上时，地基的承载力通常是足够的，而且地基因压缩产生的沉降量一般也不大。对砂卵石地基的处理主要是解决防渗问题，通过采取"上堵"、"下排"相结合的措施，达到控制地基渗流的目的。

土石坝渗流控制的基本方式有垂直防渗、水平防渗和排水减压等。前两者体现了"上堵"的基本原则，后者则体现了"下排"的基本原则。垂直防渗可采用明挖回填截水槽、混凝土防渗墙、灌浆帷幕等基本形式，水平防渗常用防渗铺盖。

坝基垂直防渗设施应设在坝体防渗体底部位置。对均质坝来说，则可设于距上游坝脚 1/3～1/2 坝底宽度处。垂直防渗可有效地截断坝基渗透水流，如果技术条件可行且经济合理时，应优先采用。

（1）黏土截水槽。当透水砂砾石覆盖深度在 10～15m 以内时，可在透水坝基上开挖深槽直达不透水层或基岩，向槽内回填与坝体防渗体相同的土料，并与防渗体紧密结合成整体（图 7-13）。采用黏土截水槽防渗，由于其结构简单，工作可靠，防渗效果好，在我国得到广泛的应用。

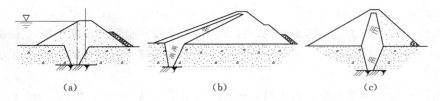

图 7-13　黏土截水槽
(a) 均质坝的截水槽；(b) 斜墙截水槽；(c) 心墙截水槽

为保证截水槽与底部不透水基岩完整结合，防止接触面发展集中渗流，一般应在槽底浇筑混凝土齿墙。当基岩节理裂隙发育或有其他渗水通道时，还需在混凝土齿墙下进行灌浆处理（图 7-14）。

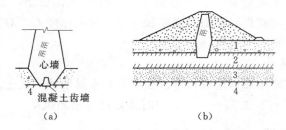

图 7-14　截水槽底部处理
(a) 黏土截水槽与基岩的连接；(b) 黏土截水槽与不透水土层的连接
1—砂砾层；2—黏土层；3—细砂层；4—岩层

（2）混凝土防渗墙。当坝基透水层较厚，采用明挖回填截水槽施工有困难时，可采用混凝土防渗墙。其优点是施工快，材料省，防渗效果好，但需要一定的机械设备，当地基中大卵石、漂石较多时，难于保持墙的准确位置。且墙槽与之间的接头易产生夹泥等质量问题，导致在高水头下被击穿而成甚漏通道。

混凝土防渗墙可利用冲击钻机，在透水地基中建造槽（孔）直达基岩，并以水泥浆固壁，采用直升导管，向槽内浇注混凝土，形成连续的混凝土防渗墙，起到防渗的效果。早在20世纪50年代初，意大利和法国即开始采用混凝土防渗墙这一技术，随后各国相继引进和推广。我国密云水库白河土坝中采用混凝土防渗墙作为坝基防渗措施，取得很好的防渗效果，如图7-15所示。现已竣工的黄河小浪底工程覆盖层最深处80多 m，坝基采用了混凝土防渗墙，是目前国内最深的混凝土防渗墙。

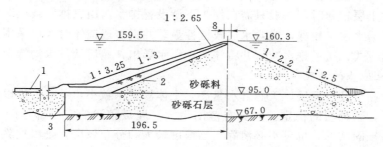

图 7-15　白河土坝混凝土防渗墙
1—铺盖；2—泄墙；3—混凝土防渗墙

（3）灌浆帷幕。当砂砾石层很厚时，用上述处理方法都较困难或不够经济，可采用灌浆帷幕防渗，或在深层采用灌浆帷幕，上层采用明挖回填截水槽或混凝土防渗墙等措施。

灌浆帷幕最常用的灌浆材料为水泥黏土浆或水泥浆，特殊情况下还可采用化学灌浆或超细水泥浆。对于基岩，当裂隙宽度大于 $0.15\sim0.25$mm 时采用水泥灌浆；裂隙宽度小于 0.15mm 时，普通水泥浆灌不进去，可采用细水泥浆或化学灌浆；当地下水具有侵蚀性时，应选择抗侵蚀性水泥或采用化学灌浆。

帷幕灌浆常设一排或几排平行于坝轴线的灌浆孔，布置于防渗体底部中心线偏上游部位。多排灌浆时，灌浆孔一般按梅花形布置，孔距、排距和灌浆压力可由现场试验成果或参照类似工程经验确定。

帷幕厚度应根据其所承受的最大水头及其允许的渗透坡降由计算确定，对深度较大的帷幕，可沿深度采用不同的厚度，做成上厚下薄的形式。

帷幕深度应根据建筑物的重要性、水头大小、地基的地质条件、渗透特性等确定。当地基下存在明显的相对隔水层，且埋藏深度不大时，帷幕应深入相对隔水层内 5m；当坝基相对隔水层埋藏较深或分布无规律时，则应根据渗透分析、防渗要求，并结合类似工程经验研究确定帷幕深度。

（4）防渗铺盖。铺盖是一种由黏性土等防渗材料做成的水平防渗设施，通过延长渗径的方式起到防渗的作用。该防渗设施不能截断渗流，其防渗效果不如铅直防渗好，多用于透水层厚，采用铅直防渗措施有看难的场合（图7-16），常与下游排水减压设施联合使用，以保证渗透稳定。

铺盖与地基接触面应大体平整，底部应设置反滤层或垫层以防止发生渗透破坏。另外，铺盖上面应设置保护层，防止发生干裂或冲刷破坏。铺盖两边与岸坡不透水层连接处必须密

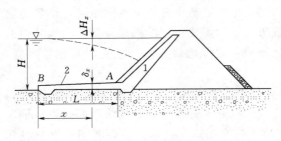

图 7 - 16　防渗铺盖示意图
1—斜墙；2—铺盖

封良好，在连接处铺盖应局部加厚，以满足接触面的容许渗透坡降的要求。当铺盖与岩石接触时，可加做混凝土齿墙；若岩层表面有裂隙透水，应事先用水泥砂浆封堵，然后再填筑铺盖。

（5）坝基排水设施。如果在透水地基表层存在有黏性土层时，由于渗流出口排水不畅，使渗透压力增加，有可能引起坝基发生渗透破坏，影响坝体的稳定。此时，可在下游坝基设置排水设施。坝基排水设施有水平排水层、反滤排水沟、排水减压井和透水盖重等形式。

当地基黏性土层较薄时，一般只需在坝趾下游设置排水沟用以排水减压即可；当地表黏性土层较厚，而透水层又较深，或含水层成层性显著并夹有透镜体时，可采用排水减压井与排水沟相结合的方式，通过排水减压井将深层承压水导出，然后从排水沟排走。

7.1.6.2　软黏土地基的处理

地基中的软黏土及淤泥层，天然含水量高，土体渗透系数小，承载后难以固结，抗剪强度低，承载力低，影响坝的稳定。如分布范围不大，埋藏较浅的宜全部挖除。如淤泥层较薄，能在短时间被固结的，也可不必清除。当厚度较大和分布较广，难以挖除时，必须采取措施予以处理。

7.1.6.3　其他地基的处理

对于湿陷性黄土地基，其主要问题是遇水湿陷，沉降量大，可能引起坝体的失稳和开裂。处理方法是：可全部或部分挖除、翻压、强夯等，以消除其湿陷性；经过论证也可采用预先浸水的方法处理。

7.1.7　河岸式溢洪道

在水利枢纽中，必须设置泄水建筑物，以宣泄规划所确定的库容不能容纳的多余水量，防止洪水漫溢坝顶，保证大坝安全。

在土石坝、堆石坝以及某些轻型坝，或趾处河谷狭窄、不便在坝体上泄放洪水，则需要在坝体以外的岸边或天然垭口处建造溢洪道（称为河岸溢洪道）或泄水隧洞。

7.1.7.1　河岸溢洪道的类型

（1）正槽溢洪道。如图 7 - 17 所示，这种溢洪道的泄槽轴线与溢流堰轴线正交，过堰水流与泄槽轴线方向一致，其水流平顺，超泄能力大，并且结构简单，运用安全可靠，是一种采用最多的河岸溢洪道型式。

（2）侧槽溢洪道。如图 7 - 18 所示，这种型式的溢洪道泄槽轴线与溢流堰轴线接近于平行，水流过堰后，在槽内转弯约 90°，再经泄槽泄入下游。侧槽溢洪道对设置在较陡的岸坡上，大体沿等高线设置溢流堰和泄槽，易于加大堰顶长度，减少溢流水深和单宽流量，不需要大量开挖，但槽内水流紊乱，撞击很剧烈。

（3）井式溢洪道。如图 7 - 19 所示，井式溢洪道主要组成部分有溢流喇叭口、渐变段、竖井段、弯道段和水平泄洪洞段，主要适用于岸坡陡峭、地质条件良好，又有适宜的地形条件。井式溢洪道可以避免大量的土石方开挖，造价可能较其他溢洪道低，但当水位上升，喇叭口溢流堰顶淹没，堰流转变为孔流，超泄能力较小。当宣泄小流量，井内的水流连续遭到破坏时，水流不稳定，易产生振动和空蚀。因此，我国较少采用。

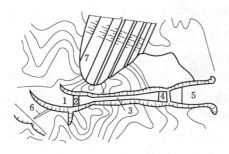

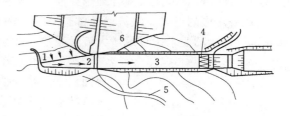

图 7-17　正槽溢洪道　　　　　　　　　　图 7-18　侧槽溢洪道
1—进水渠；2—溢流堰；3—泄槽；4—消力池；　　1—溢流堰；2—侧槽；3—泄水槽；4—出口消能段；
5—泄水渠；6—非常溢洪道；7—土坝　　　　　　　　5—上坝土路；6—土坝

（4）虹吸溢洪道。该型式溢洪道通常包括进口（遮檐）、虹吸管、具有自动加速发生虹吸作用和停止虹吸作用的辅助设备、泄槽及下游消能设备，如图 7-20 所示。这种溢洪道可自动泄水和停止泄水，比较灵活地自动调节上游水位，在较小的堰顶水头下得到较大的泄流量，但结构复杂，施工检修困难，进口易堵塞，管内易空蚀，超泄能力小。一般用于水位变化不大和需随时进行调节的中小型水库中。

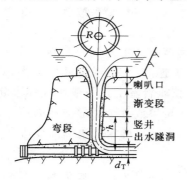

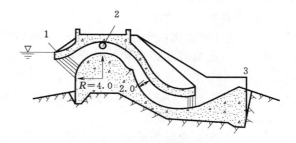

图 7-19　井式溢洪道　　　　　　　　　图 7-20　虹吸溢洪道
　　　　　　　　　　　　　　　　　　　1—遮檐；2—通气孔；3—挑流鼻坎

7.1.7.2　河岸溢洪道位置的选择

河岸溢洪道在枢纽中的位置，取决于枢纽地形、地质、总体布置、施工和运行等因素的综合影响，应通过技术经济比较确定。

布置溢洪道应选择有利的地形，如合适的垭口或岸坡，以减少工程量，并应尽量避免深挖形成的高边坡（特别是对于不利的地质条件），以免造成边坡失稳或处理困难。

溢洪道应布置在稳定的地基上，并应考虑岩层及地质构造的性状，还应充分注意建库后水文地质条件的变化及其对建筑物及边坡稳定的不利影响。土坝则必须进行适宜的地基处理和护砌。

在土石坝枢纽中，溢洪道的进出口不宜距大坝太近，以免冲刷坝体。当溢洪道靠近坝肩时，其与大坝的导墙、接头、泄槽边墙等必须安全可靠。

7.1.7.3　正槽溢洪道

正槽溢洪道包括进水渠、控制段、泄槽、消能防冲设施和出水渠等部分组成。

（1）进水渠。进水渠的作用是将水库的水平顺地引至溢流堰前。其设计原则是：在合理开挖方量的前提下，尽量减小水头损失，以增加溢洪道的泄水能力。

（2）控制段。溢洪道的控制段包括溢流堰（闸）和两侧连接建筑物，是控制溢洪道泄洪能力的关键部位，因此必须合理选择溢流堰段的形式和尺寸。

1）溢流堰的形式。溢流堰通常选用宽顶堰、实用堰，有时也用驼峰堰、折线形堰。溢流堰体形设计的要求是尽量增大流量系数，在泄流时不产生空蚀或诱发危险振动的负压等。

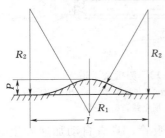

图 7-21 驼峰堰剖面示意图

为了简化施工，国内有些工程采用一种复合圆的溢流堰，堰面由不同半径的圆弧组成，叫驼峰堰，如图 7-21 所示。其水流特点介于宽顶堰与实用堰之间。驼峰堰的堰体低，流量系数约 0.42 左右，对地基要求低，适用于软弱地基。

2）溢流孔口尺寸的拟定。溢洪道的溢流孔口尺寸，主要是指溢流堰顶高程和溢流前缘长度，其设计方法可参阅《混凝土重力坝设计规范》（DL5108—1999）。

（3）泄槽。洪水经溢流堰后，多用泄槽与消能防冲设施连接。由于落差大，纵坡陡，槽内水流流速往往超过 16～20m/s，以致形成高速水流。高速水流有可能带来掺气、空蚀、冲击波和脉动等不利影响，因此设计时必须考虑并在布置和构造上采取相应的措施。

1）平面布置。为使水流平顺，泄槽在平面上沿水流方向，宜尽量采取直线、等宽、对称的布置，力求避免弯道或横断面尺寸的变化。

2）纵剖面布置。泄槽纵剖面设计主要是决定纵坡。为节省开挖方量，泄槽的纵坡通常随地形、地质条件的变化而变化，但为了使水流平顺和便于施工，坡度变化不宜太多。

3）横断面。泄槽横断面形状与地质条件紧密相关。在非岩基上，一般作成梯形断面，边坡坡度大约为 1:1～1:2，在岩石地基上的泄槽多作成矩形或近于矩形的横断面，边坡坡度大约为 1:0.1～1:0.3。泄槽的过水断面尺寸通过水力计算确定，边墙高度应在最大过水断面的水面以上另加超高。

4）泄槽的衬砌。为保护地基不被冲刷，岩石不受风化，以及防止高速水流钻入岩石缝隙后将岩石掀起，泄槽通常都需要衬砌。

对泄槽衬砌的要求是：衬砌材料能抵抗水流冲刷；在各种荷载作用下能够保持稳定；表面光滑平整，不致引起不利的负压和空蚀；做好底板下排水，以减小作用在底板上的扬压力；作好接缝止水，隔绝高速水流浸入底板下面，避免因脉动压力引起的破坏；要考虑温度变化对衬砌的影响；此外，在寒冷地区衬砌材料还应具有一定的抗冻要求。

（4）出口消能段及出水渠。溢洪道泄放洪水，一般是单宽流量大，流速高，能量集中。若消能措施考虑不当，高速水流与下游河道的正常水流不能妥善衔接，下游河床和岸坡就会遭到冲刷，甚至危及大坝和溢洪道自身的安全。

溢洪道出口的消能方式一般采用挑流消能或底流消能。

挑流消能一般适用于较好岩石地基的高、中水头。挑坎的结构形式一般有重力式，如图 7-22（a）所示，衬砌式，如图 7-22（b）所示。后者适用于坚硬完整岩基。

底流消能可适用于各种地基，或设有船闸、筏道等对流态有严格要求的枢纽，但不适用于有排漂和排凌要求的情况。在河岸式溢洪道中底流消能一般适用于土基或破碎软弱的岩基上。

出水渠是将经过消能后的水流，比较平顺地泄入原河道。出水渠应尽量利用天然冲沟或河沟。如无此条件，则需要人工开挖明渠。当溢洪道的消能设施与下游河道距离很近时，也可不设出水渠。

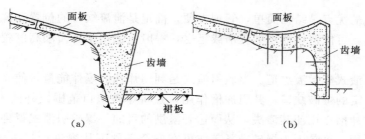

图 7-22 挑流鼻坎

(a) 重力式；(b) 衬砌式

7.1.7.4 非常溢洪道

在建筑物运行期间，出现超过设计标准的洪水，由于这种洪水出现的机会极少，所以可用构造简单的非常溢洪道宣泄。一旦发生超过设计标准的洪水，即启用非常溢洪道泄洪，只要求能保证大坝安全，水库不出现重大事故即可。

非常溢洪道一般分为漫流式、自溃式和爆破引溃式三种：

(1) 漫流式非常溢洪道。这种溢洪道将堰顶建在准备开始溢流的水位附近，且听任起自由溢流。这种溢洪道的溢流水深一般取得较小，因而溢流堰较常，多用于垭口或地势平坦之处，以减少土石方开挖量。

(2) 自溃式非常溢洪道。它是利用低矮的副坝，使其杂水位达到一定高程时自行溃决，以宜泄洪。按溃决方式的不同可分为漫顶溢流自溃式和引冲自溃式，分别如图 7-23 (a)、图 7-23 (b)所示。自溃式非常溢洪道应原离主坝及其他枢纽建筑物，以免一旦溢流失控时，危及枢纽安全。自溃式坝体构造与一般土坝相同。

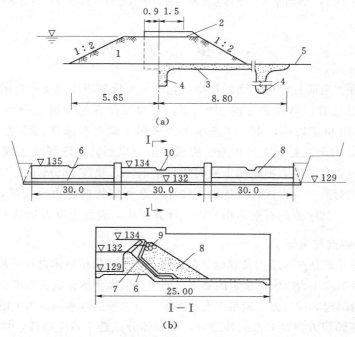

图 7-23 自溃式非常溢洪道（单位：m）

(a) 国外某水库漫顶自溃堤断面图；(b) 浙江南山水库引冲自溃堤布置图

1—土堤；2—隔墙；3—混凝土护面；4—混凝土截水墙；5—草皮护坡；

6—混凝土溢流堰；7—黏土斜墙；8—子堤；9—引冲槽底；10—引冲槽

漫顶自溃式的优点是结构简单，管理方便，确定是泄流缺口的位置和规模有偶然性，取法进行人工控制，可能造成溃坝的提前或延迟，一般只适用于自溃坝高度较低，分担泄洪比重不大的情况。

（3）爆破引溃式非常溢洪道。爆破引溃式是利用炸药的爆炸能量，使非常溢洪道进口的副坝坝体形成一定的爆破缺口，其引冲槽作用，并将爆破缺口范围以外的土体炸松、炸裂，然后通过坝体引冲槽作用使其溃决，从而达到溢洪的目的。爆破引溃式得到我国一些大中型水库的重视和利用。这是因为爆破准备工作可在安全条件下从容进行，一旦出现异常情况，可迅速破坝，坝体溃决有可靠保证。图 7 - 24 为沙河水库副坝药室及导洞布置图。

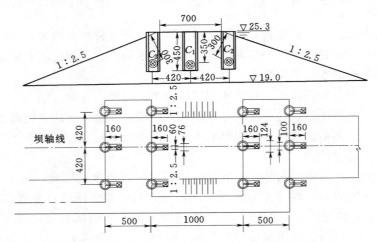

图 7 - 24　沙河水库副坝药室及导洞布置图（单位：高程 m，其他 cm）

7.2　重　力　坝

重力坝是一种古老而且应用广泛的坝型，它因主要依靠坝体自重产生的抗滑力维持稳定而得名。根据历史记载，早在公元前 2900 年，古埃及便在尼罗河上修建了高 15m，顶长 240m 的挡水坝。19 世纪以前，重力坝基本上都采用浆砌毛石修建，19 世纪后期逐渐采用混凝土。20 世纪，由于混凝土工艺和施工机械的迅速发展，逐渐形成了现代的混凝土重力坝。目前，世界上最高的重力坝是瑞士的大狄克桑斯坝，坝高 285m。由于重力坝的结构简单，施工方便，抗御洪水能力强，抵抗战争破坏等意外事故的能力也较强，工作安全可靠，至今仍被广泛采用。其中浆砌石重力坝的设计计算方法与混凝土重力坝基本相同。

7.2.1　重力坝的特点与类型

重力坝的工作原理是在水压力及其他荷载作用下，主要依靠坝体自身重量在滑动面上产生的抗滑力来抵消坝前水压力以满足稳定的要求，同时也依靠坝体自重在水平截面上产生的压应力来抵消水压力所引起的拉应力以满足强度的要求。重力坝的基本剖面为上游近于垂直的三角形剖面，且沿垂直轴线方向设有永久伸缩缝，将坝体分成若干独立坝段，坝体剖面较大。

7.2.1.1　重力坝的特点

与其他坝型相比较，重力坝具有以下主要特点：

（1）泄洪和施工导流比较容易解决。在坝址河谷较窄而洪水流量又大的情况下，重力坝可以较好地适应这种自然条件。

（2）安全可靠，结构简单，施工技术比较容易掌握。

（3）对地形、地质条件适应性强。地形条件对重力坝的影响不大，几乎任何形状的河谷均可修建重力坝。对于无重大缺陷的一般强度的岩基均可满足要求，较低的重力坝可建在软基上。另外，能较好地适应各种非均质地基。

（4）受扬压力影响较大。坝体和坝基在某种程度上都是透水的，渗透水流将对坝体产生扬压力。在坝体内，由于渗透水流引起的水压力称为渗透压力；由于下游水深引起的水压力称为浮托力，渗透压力与浮托力之和称扬压力。

（5）坝体体积大，水泥用量多，温度控制要求严格。一般均需采用温控散热措施。

7.2.1.2　重力坝的类型

（1）按坝的高度分类，可分为高坝、中坝、低坝三类。坝高大于70m的为高坝；坝高在30～70m的为中坝；小于30m的为低坝。

（2）按照筑坝材料分类，可分为混凝土重力坝和浆砌石重力坝，一般情况下，较高的坝和重要的工程经常采用混凝土重力坝；中、低坝则可以采用浆砌石重力坝。

（3）按照坝体是否过水，可分为溢流坝和非溢流坝。坝体内设有底孔的坝段和溢流坝段统称为泄水坝段。非溢流坝段也可称作挡水坝段，如图7-25所示。

（4）按照施工方法分类，混凝土重力坝可分为浇筑式混凝土重力坝和碾压式混凝土重力坝。

（5）按照坝体的结构形式分类，重力坝可分为实体重力坝〔图7-26（a）〕、宽缝重力坝〔图7-26（b）〕和空腹重力坝〔图7-26（c）〕。

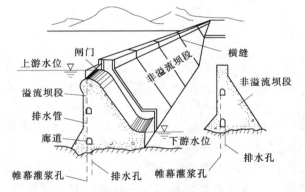

图7-25　混凝土重力坝示意图

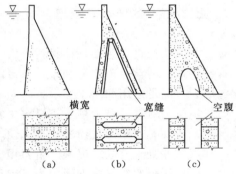

图7-26　重力坝的形式

（a）实体重力坝；（b）宽缝重力坝；（c）空腹重力坝

实体重力坝的结构形式简单，设计施工比较方便，其缺点是扬压力大，工程量较大，而且混凝土材料抗压强度不能充分发挥。空腹重力坝、宽缝重力坝则可以利用空腹和宽缝排除坝基的渗透水流，有效地减少扬压力，较好地利用材料的抗压强度，从而可减少工程量10%～30%。空腹重力坝还可以将水电站厂房设置在空腹内，减少了电站厂房的开挖工程量，也可以从厂房顶部泄水，解决狭窄河谷中布置电站厂房和泄水建筑物的困难。20世纪70年代以前宽缝重力坝在我国应用的比较广。在50m以上的重力坝中大约有40%以上的是宽缝重力坝，其中新安江、丹江口、潘家口均为宽缝重力坝，坝高分别为105m、97m和107m。石泉水电站为空腹重力坝，坝高65m。这些坝型与实体重力坝相比，缺点是施工比较复杂，模板用量大，不适合大型机械化施工。

7.2.2 重力坝的作用及组合

7.2.2.1 作用

重力坝的荷载也称作用。所谓作用是指外界环境对水工建筑物的影响。正确计算重力坝的荷载并进行合理的荷载组合是重力坝设计的基础。

重力坝上的主要荷载有坝体自重、上下游坝面上的水压力、浪压力或冰压力、泥沙压力及坝体内部的扬压力以及地震荷载等。设计重力坝时应根据具体运用条件确定各种荷载及其数值，并选择不同的荷载组合，用以验算坝体的稳定和强度。

7.2.2.2 荷载组合

作用在重力坝上的各种荷载，除坝体自重外，都有一定的变化范围。例如在正常运行、放空水库、设计机或校核洪水等情况，其上下游水位就不相同。当水位发生变化时，相应的水压力、扬压力亦随之变化。又如在短期宣泄最大洪水时，就不一定发生强烈地震。再如当冬季库水面封冰，坝面受静冰压力作用时，浪压力就不存在。因此，在进行坝的设计时，应该把各种荷载根据他们出现的几率，合理地组合成不同的设计情况，根据组合出的概率大小，用不同的安全系数进行核算，以妥善解决安全与经济的矛盾。

作用按其随时间的变异性，可分为永久作用、可变作用和偶然作用；按出现的几率和性质，可分为基本作用和偶然作用；按其作用状况又可分为持久状况、短暂状况和偶然状况。

荷载组合情况分为两大类。一种为基本组合，指水库处于正常运用情况下或在施工期间较长时间内可能发生的荷载组合，又称设计情况，由基本荷载组成；另一类是偶然组合，指水库处于非常运用情况下的荷载组合，又称校核情况，由基本荷载和一种或几种偶然荷载组成。

7.2.3 重力坝的构造与地基处理

7.2.3.1 重力坝的构造

重力坝的构造设计包括坝体材料分区、坝顶构造、坝体分缝止水、排水、廊道系统等内容，这些构造的科学合理选型和布置，可以改善重力坝的工作状态，提高坝体的稳定性，减小坝体应力，满足运用和施工要求。

（1）坝体的材料。重力坝建筑材料主要是指混凝土和浆砌石。重力坝除要求材料有足够的强度外，还要有一定的抗渗性、抗冻性、抗侵蚀性、抗冲耐磨性，以及低热性等。

（2）坝体混凝土分区。混凝土重力坝坝体各部位的工作条件及受力条件不同，对上述混凝土材料性能指标的要求也不同。为了满足坝体各部位的不同要求，节省水泥及工程费用，把安全与经济统一起来，通常将坝体混凝土按不同工作条件进行分区，不同区域的混凝土采用不同的强度等级和性能指标。一般可将混凝土分为 6 个区，如图 7-27 所示。

（3）坝体的分缝与止水。由于地基不均匀沉陷和温度变化，施工时期的温度应力以及施工浇筑能力等因素，一般要对坝体进行分缝。有一些缝是永久性的，它们的存在不影响坝体的整体性，不影响坝的正常运行；有些缝是临时的，只在施工时设置，它们的存在将影响坝的整体性，使坝的正常工作受到影响，因而要对这些缝加以处理，使各个块体结合成整体。

按缝的作用可把缝分为沉降缝、伸缩缝及工作缝。沉降缝是将坝体沿长度分段适应地基的不均匀沉降，避免由此引起坝体裂缝。伸缩缝是将坝体分块，以减少坝体伸缩时地基对坝体的约束而造成的裂缝。工作缝主要是便于分期浇筑、装拆模板以及混凝土的散热而设的临时缝。按缝的位置可分为横缝、纵缝及水平缝。

1）横缝。横缝垂直于坝轴线，将坝体分为若干段。其作用是减小温度应力，适应地基

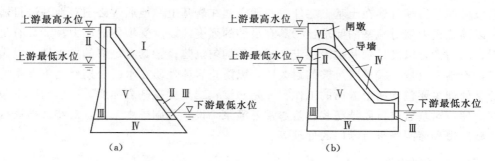

图 7-27 坝体混凝土分区图

(a) 非溢流坝;(b) 溢流坝

Ⅰ—上、下游水位以上坝体表层混凝土,其特点是受大气影响;Ⅱ—上、下游水位
变化区坝体表层混凝土,既受水的作用也受大气的影响;Ⅲ—上、下游最低水位
以下坝体表层混凝土;Ⅳ—坝体基础混凝土;Ⅴ—坝体内部混凝土;
Ⅵ—抗冲刷部位的混凝土(如溢流面、泄水孔、导墙和闸墩等)

不均匀变形,满足施工要求。横缝可兼作伸缩缝和沉降缝,横缝间距(即坝段宽度)一般为
12~20m,在特殊情况下也有达 24m 左右的,主要取决于地基特性、河谷地形、温度变化、
结构布置和浇筑能力等。

2)纵缝。为了适应混凝土的浇筑能力和减少施工期的温度应力,常在平行于坝轴线方
向设纵缝,将一个坝段分成几个坝块,待坝体降到稳定温度后再进行接缝灌浆。纵缝是平行
于坝轴线设置的温度和施工缝,间距一般为 15~30m。常用的纵缝形式用竖直纵缝、泄缝和
错缝等。

3)水平工作缝。水平工作缝是分层施工的新老混凝土之间的接缝,是临时性的。国内
外普遍采用薄层浇筑,浇筑块厚 1.5~3.0m。在基岩表面需用 0.75~1.0m 的薄层浇筑,以
便通过表层散热,降低混凝土温升,防止开裂。

(4)坝体排水。为了减少坝体渗透压力,靠近上游坝面应设排水管,将渗入坝体的水由
排水管排入廊道,再由廊道汇集于集水井,由抽水机排到下游。

(5)廊道系统。为了满足施工运用要求,如灌浆、排水、观测、检查和交通的需要,需
在坝体内设置各种廊道。这些廊道互相连通,构成廊道系统,如图 7-28 所示。

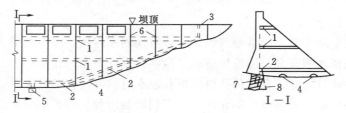

图 7-28 廊道及竖井的布置

1—检查廊道;2—基础灌浆廊道;3—竖井;4—排水廊道;5—集水井;
6—横缝;7—灌浆帷幕;8—排水孔幕

(6)坝顶构造。坝顶构造设计是根据已定的实用剖面,进行坝顶的路面设计、防浪墙设
计,并在坝顶上布置排水系统和照明设备等。

7.2.3.2 重力坝的地基处理

重力坝承受较大的荷载,对地基的要求较高,它对地基的要求介于拱坝和土石坝之间。

除少数较低的重力坝可建在土基上之外，一般需建在岩基上。但通常必须对地基进行适当的处理，以满足重力坝对地基的要求：①具有足够的强度，以承受坝体的压力；②具有足够的整体性、均匀性，以满足坝基抗滑稳定和减少不均匀沉陷；③具有足够的抗渗性，以满足渗透稳定，控制渗流量；④具有足够的耐久性，以防止岩体性质在水的长期作用下发生恶化。

地基处理主要包含两个方面的工作：一是防渗；二是提高基岩强度。一般情况下包括坝基开挖清理，对基岩进行固结灌浆和防渗帷幕灌浆，设置基础排水系统，对特殊地质构造如断层、破碎带和溶洞等进行专门的处理等。

7.2.4 重力坝的泄水孔

位于深水以下、重力坝中部或底部的泄水孔称为重力坝的深式泄水孔，又称深孔，底部的又叫底孔。由于深水压力的影响，对孔口尺寸、边界条件、结构受力、操作运行等要求十分严格，以便保证泄流顺畅，运用安全。

深式泄水孔按其作用分为泄洪孔、冲沙孔、发电孔、放水孔、灌溉孔、导流孔等。泄洪孔用于泄洪和根据洪水预报资料预泄洪水，可加大水库的调洪库容；冲沙孔用于排放库内泥沙，减少水库淤积；发电孔用于发电、供水；放水孔用于放空水库，以便检修大坝；灌溉孔要满足农业灌溉要求的水量和水温，取水库表层或深水长距离输送以达到灌溉所需的水温；导流孔主要用于施工期导流的需要。在不影响正常运用的条件下，应考虑一孔多用，例如：发电与灌溉结合；放空水库与排沙结合；导流孔的后期改造成泄洪、排沙、放空水库等。城市供水可以单独设孔，以便满足供水水质、高程等要求，也可利用发电、灌溉孔的尾水供水。

深式泄水孔按其流态可分为有压泄水孔和无压泄水孔。发电孔必须是有压流，而泄洪、冲沙、放水、灌溉、导流等可以是有压流也可以是无压流。

深式泄水孔按所处的高程不同可分为中孔和底孔；按布置的层数可分为单层泄水孔和多层泄水孔。

7.2.5 溢流重力坝

溢流重力坝简称溢流坝，既是挡水建筑物，又是泄水建筑物。因此，坝体剖面设计除要满足稳定和强度要求外，还要满足泄水的要求，同时要考虑下游的消能问题。当溢流坝段在河床上的位置确定后，先选择合适的泄水方式，并根据洪水标准和运用要求确定孔口尺寸及溢流堰顶高程。

7.2.5.1 溢流坝的设计要求

溢流坝是枢纽中最重要的泄水建筑物之一，将规划库容所不能容纳的大部分洪水经坝顶泄向下游，以便保证大坝安全。溢流坝应满足泄洪的设计要求，包括：

（1）有足够的孔口尺寸、良好的孔口体形和泄水时具有较大的流量系数。

（2）使水流平顺地通过坝体，不允许产生不利的负压和振动，避免发生空蚀现象。

（3）保证下游河床不产生危及坝体安全的冲坑和冲刷。

（4）溢流坝段在枢纽中的位置，应使下游流态平顺，不产生折冲水流，不影响枢纽中其他建筑物的正常运行。

（5）有灵活控制水流下泄的设备，如闸门、启闭机等。

7.2.5.2 溢流坝的泄水方式

溢流坝的泄水方式有堰顶溢流式和孔口溢流式两种：

（1）堰顶开敞溢流式。根据运用要求（图7-29），坝顶可以设闸门，也可以不设闸门。

不设闸门时，堰顶高程等于水库的正常蓄水位，泄水时，靠壅高库内水位增加下泄量，这种情况增加了库内的淹没损失和非溢流坝的坝顶高程和坝体工程量。坝顶溢流不仅可以用于排泄洪水，还可以用于排泄其他漂浮物。它结构简单，可自动泄洪，管理方便。适用于洪水流量较小，淹没损失不大的中、小型水库。当堰顶设有闸门时，堰顶高程较低，可利用闸门不同开启度调节库内水位和下泄流量，减少上游淹没损失和非溢流坝的高度及坝体的工程量。与深孔闸门比较，堰顶闸门承受的水头较小，其孔口尺寸较大。由于闸门安装在堰顶，操作、检修均比深孔闸门方便。当闸门全开时，下泄流量与堰上水头 H_0 的 3/2 次方成正比。随着库水位的升高，下泄流量增加较快，具有较大的超泄能力。在大、中型水库中得到广泛的应用。

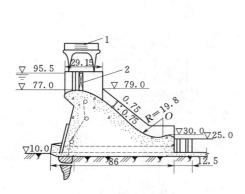

图 7-29 坝顶溢流式（单位：m）

1—门机；2—工作闸门

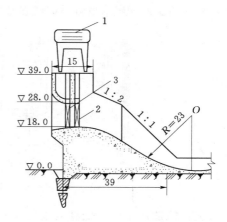

图 7-30 大孔口溢流式（单位：m）

1—门机；2—工作闸门；3—检修闸门

（2）大孔口溢流式。在闸墩上设置胸墙（图 7-30），既可利用胸墙挡水，又可减少闸门的高度和降低堰顶高程。它可以根据洪水预报提前放水，腾出较大的防洪库容，提高水库的调洪能力。当库水位低于胸墙下缘时，下泄水流流态与堰顶溢流式相同；当库水位高于孔口移动高度时，呈大孔口出流。胸墙多为钢筋混凝土结构，常固定在闸墩上，也有作成活动式的。遇特大洪水时可将胸墙吊起，以加大泄洪能力，利于排放漂浮物。

7.2.5.3 溢流坝的孔口布置

溢流坝的孔口设计涉及很多因素，如洪水设计标准、下游防洪要求、库水位壅高的限制、泄水方式、堰面曲线以及枢纽所在地段的地形、地质条件等。设计时，先选定泄水方式，拟定若干个泄水布置方案（除堰面溢流外，还可配合坝身泄水孔或泄洪隧洞泄流），初步确定孔口尺寸，按规定的洪水标准进行调洪演算，求出各方案的防洪库容、设计和校核洪水位及相应的下泄流量，然后估算淹没损失和枢纽造价，进行综合比较，选出最优方案。

7.2.5.4 溢流坝的消能防冲

因为溢流坝下泄的水流具有很大能量，常高达几百万甚至几千万千瓦，如此巨大的能量，若不妥善处理，势必导致下游河床被严重破坏，甚至造成岸坡坍塌和大坝失事。所以，消能措施的合理选择和设计，对枢纽布置、大坝安全及工程造价都有重要意义。

通过溢流坝下泄的水流主要消耗在三个方面：一是水流内部的互相撞击和摩擦；二是下泄水流与空气之间的掺气摩阻；三是下泄水流与固体边界（如坝面、护坦、岸坡、河床）之间的摩擦和撞击。

消能工的设计原则是：①尽量使下泄水流的大部分动能消耗在水流内部的紊动中，以及水流与空气的摩擦上；②不产生危及坝体安全的河床或岸坡的局部冲刷；③下泄水流平稳，不影响枢纽中其他建筑物的正常运行；④结构简单，工作可靠；⑤工程量小，造价低。

常用的消能方式有：底流消能、挑流消能、面流消能、消力戽消能等。消能形式的选择主要取决于水利枢纽的具体条件，根据水头及单宽流量的大小，下游水深及其变幅，坝基地质、地形条件以及枢纽布置情况等，经技术经济比较后选定。

（1）底流消能。底流消能（图7-31）是在坝下设置消力池、消力坎或综合式消力池和其他辅助消能设施，促使下泄水流在限定的范围内产生水跃。主要通过水流内部的旋滚、摩擦、掺气和撞击达到消能的目的，以减轻坝下游河床的冲刷。底流消能具有流态稳定，消能效果好，对地质条件和尾水变幅适应性强及水流雾化小等优点；但工程量大，不宜排漂或排冰。

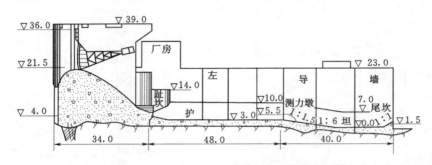

图7-31 陆水水电站溢流坝消能布置（单位：m）

底流消能适用于中、低坝或基岩较软弱的河道，高坝采用需经论证。

（2）挑流消能。挑流消能是利用溢流坝下游反弧段的鼻坎，将下泄的高速水流挑射抛向空中，抛射水流在掺入大量空气时消耗部分能量，而后落到距坝较远的下游河床水垫中产生强烈的旋滚，并冲刷河床形成冲坑，随着冲坑的逐渐加深，大量能量消耗在水流旋滚的摩擦之中，冲坑也逐渐趋于稳定，如图7-32所示。挑流消能具有比较简单，工程量小、投资省、结构简单、施工检修方便等优点，但下游局部冲刷不可避免，一般适用于基岩比较坚固的高坝或中坝，低坝需经论证才能使用。当坝基有延伸至下游的缓倾角软弱结构面，可能被冲刷切断而形成临空面，危及坝基稳定，或岸坡可能被冲塌危及坝肩稳定时，均不宜采用挑流消能。

（3）面流消能。面流消能是在溢流坝下游面设低于下游水位、挑角不大的鼻坎，将主流挑至水面，在主流下面形成旋滚，其流速低于水面。且旋滚水体的底部流动方向指向坝趾，并使主流沿下游水面逐步扩散，减小对河床的冲刷，达到消能防冲的目的，如图7-33所示。

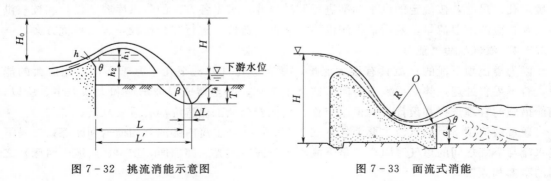

图7-32 挑流消能示意图　　　　　　图7-33 面流式消能

面流消能适用于水头较小的中、低坝，要求下游水位稳定，尾水较浅，河道顺直，河床和河岸在一定范围内有较高看护冲能力，可排漂和排冰。我国富春江、龚嘴等工程采用了这种消能形式。面流消能虽不需要做护坦，但因为高速水流在表面，并伴随着强烈的波动，流态复杂，使下游在很长距离内水流不平顺，可能影响电站的运行和下游通航，且易冲刷两岸，因此也须采取一定的防护措施。

（4）消力戽消能。消力戽消能是在溢流坝趾设置一个半径较大的反弧戽斗，戽斗的挑流鼻坎潜没在水下，形不成自由水舌，水流在戽内产生旋滚，经鼻坎将高速的主流挑至表面，其流态为"三滚一浪"，如图 7-34 所示。戽内、外水流的旋滚可以消耗大量能量，因高速水流挑至表面，减轻了对河床的冲刷。

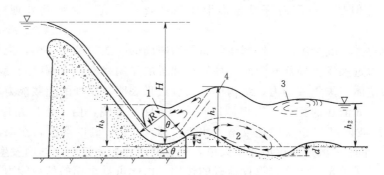

图 7-34 消力戽消能
1—戽内旋滚；2—戽后底部旋滚；3—下游表面旋滚；4—戽后涌浪

消力戽适用于尾水较深（通常大于跃后水深），变幅较小，无航运要求且下游河床和两岸有一定抗冲能力的情况。由于高速水流在表面，水面波动较大。

7.3 拱 坝

7.3.1 拱坝的特点和类型

人类修建拱坝有着悠久的历史。根据现有的资料，最早的圆筒面圬工拱坝可追溯到罗马帝国时代；13 世纪末，伊朗修建了高 60m 的砌石拱坝；到 20 世纪初，美国开始修建较高的拱坝，如 1910 年建成的巴菲罗比尔拱坝，高 99m；1936 年又建成了高达 221m 的胡佛重力拱坝。20 世纪 50 年代以后，西欧各国和日本修建了许多双曲拱坝，在拱坝体形、复杂坝基处理、坝顶溢流和坝内开孔泄洪等重大技术上又有了新的突破。进入 20 世纪 70 年代，随着计算机技术的发展，有限元法和优化设计技术逐步采用，使拱坝设计和计算周期大为缩短，设计方案更为经济合理。水工及结构模型试验技术、混凝土施工技术、大坝安全监控技术的不断提高，也为拱坝的工程技术发展和改进创造了条件。目前世界上已建成的最高拱坝是格鲁吉亚的英古里双曲拱坝，最大坝高 272m，厚高比为 0.19。其次是意大利的瓦依昂拱坝，高 261.1m，厚高比为 0.084。最薄的拱坝是法国的托拉拱坝，高 88m，坝底宽 2.0m，厚高比仅为 0.0227。

7.3.1.1 拱坝的工作原理及其特点

拱坝是固接于基岩的空间壳体结构，在平面上呈凸向上游的拱形，其拱冠剖面呈竖直的或向上游凸出的曲线形，坝体结构既有拱的作用又有梁的作用，其承受的水平荷载大部分通过拱的作用传给两岸岩体，小部分通过梁的作用传至坝底基岩，坝体的稳定主要依靠两岸拱座岩体来支承，并不是靠坝体自重来维持，是一种经济性和安全性均很优越的坝型。与其他坝型比较，具有以下一些特点：

（1）利用拱结构特点，充分利用材料强度。拱坝是一种推力结构，在外荷载作用下，只要设计得当，拱圈截面上主要承受轴向压力，弯矩较小，有利于充分发挥混凝土或浆砌石材料抗压强度高的特点。拱作用发挥得愈大，材料的抗压强度愈能充分发挥，坝体的厚度可减薄。对适宜修建拱坝和重力坝的同一坝址，建拱坝比建重力坝工程量可节省 $1/3 \sim 2/3$。

（2）利用两岸岩体维持稳定。与重力坝利用自身重量维持稳定的特点不同，拱坝将外荷载的大部分通过拱作用传至两岸岩体，主要依靠两岸坝肩岩体维持稳定，坝体自重对拱坝的稳定性影响不大。但是，拱坝对坝趾地形地质条件要求较高，对地基处理的要求也较为严格。

（3）超载能力大，安全度高。拱坝通常属周边嵌固的高次超静定结构，当外荷载增大或某一部位因拉应力过大发生局部开裂时，坝体拱和梁的作用将会自行调整，使坝体应力重新分配，不致使坝整体丧失承载能力。结构模型试验成果表明，拱坝的超载能力可以达到设计荷载的 $5 \sim 11$ 倍。如前述的瓦依昂拱坝，1963 年 10 月 9 日晚，由于水库左岸大面积滑坡，使 2.7 亿 m^3 的滑坡体以 28m/s 的速度滑入水库，掀起 150m 高的涌浪，涌浪溢过坝顶，致使 1925 人丧生，水库被填，但拱坝并未失事，仅在两岸坝肩附近的坝体内发生两三条裂缝。据估算坝体当时承受了相当于 8 倍设计荷载的作用。由此可见拱坝的超载能力是很强的。

（4）抗震性能好。由于拱坝是整体性空间壳体结构，厚度薄，弹性较好，因而其抗震能力较强。例如意大利的柯尔弗落拱坝，高 40m，曾遭受破坏性地震，附近市镇的建筑物大都被毁，但该坝却没有发生裂缝和任何破坏。又如我国河北省邢台地区峡沟水库浆砌石拱坝，高 78m，在满库情况遭受 1966 年 3 月的强烈地震，震后检查坝体未发现裂缝和破坏。

（5）荷载特点。拱坝坝体不设永久性伸缩缝，其周边通常固接于基岩上，因而温度变化、地基变形等对坝体应力有显著影响。此外坝体自重和扬压力对拱坝应力的影响较小，坝体越薄，上述特点越明显。

（6）坝身泄流布置复杂。拱坝坝体单薄，坝身开孔或坝顶溢流会削弱水平拱和顶拱作用，并使孔口应力复杂；坝身下泄水流的向心集中易造成河床及岸坡的冲刷。但随着修建拱坝技术水平的不断提高，通过合理的设计，坝身不仅能安全泄流，而且能开设大孔口泄洪。

7.3.1.2　拱坝的地形地质条件

（1）地形条件。由于拱坝的结构特点，拱坝的地形条件往往是决定坝体结构形式、工程布置和经济性的主要因素，所谓地形条件是针对开挖后的基岩面而言的，常用坝顶高程处的河谷宽度和坝高之比（称为宽高比 L/H）及河谷断面形状两个指标表示。

河谷的宽高比 L/H 值愈小，说明河谷愈窄深。拱坝水平拱圈跨度相对较短，悬臂梁高度相对较大，即拱的刚度大，拱作用容易发挥，可将荷载大部分通过拱作用传给两岸，坝体可设计得薄些。反之，L/H 值愈大，河谷愈宽浅，拱作用不易发挥，荷载大部分通过梁的作用传给地基，坝断面相对较厚。根据经验，当 $L/H<1.5$ 时，可修建薄拱坝；$L/H=1.5 \sim 3.0$，可修建一般拱坝；$L/H=3.0 \sim 4.5$，可修建重力拱坝；$L/H>4.5$ 时，一般认为拱的作用已经很小，不易修建拱坝。但随着拱坝技术水平的不断提高，上述界限已被突破。如我国安徽陈村重力拱坝，坝高 76.3m，$L/H=5.6$，厚高比（坝的底拱厚度与宽度之比）$T_B/H=0.7$。美国的奥本三圆心拱坝，高 220m，$L/H=6.0$，$T_B/H=0.29$。目前河谷宽高比最大的是法国的穆瓦林·里保实验坝（高 13.8m），L/H 已达 12。

　　河谷的断面形状是影响拱坝体型及其经济性的重要素素。不同河谷即使具有同一宽高比，断面形状也可能相差很大。如图 7 - 35 所示的宽高比相同而河谷形状不同的两种情况（V 形和 U 形），在水压荷载作用下拱梁间的荷载分配以及对拱坝体型的影响。对两岸对称的 V 形河谷，靠近底部静水压强虽大，但拱跨较短，所以底拱厚度仍可较薄；对 U 形河谷，由于拱圈跨度自上而下几乎不变，为抵挡随深度而增加的水压力，需增加坝体厚度，故坝体需做得厚些。梯形河谷介于 V 形 U 形两者之间。

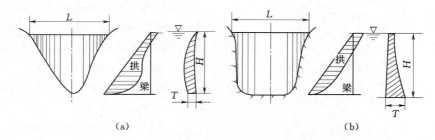

图 7 - 35　河谷形状对荷载分配和坝体剖面的影响

(a) V 形河谷；(b) U 形河谷

　　河谷在平面上呈喇叭口状，以使两岸拱座下游有足够的岩体来维持坝体的稳定。图 7 - 36示出了 $A—A$ 和 $B—B$ 两个坝趾，$B—B$ 坝趾虽然河谷比较狭窄，但位于向下游扩散的喇叭口处，两岸拱座单薄，对稳定不利；而 $A—A$ 坝趾两岸拱座厚实，拱轴线与等高线接近垂直，故选 $A—A$ 坝趾对稳定有利。形状复杂的河谷断面对修建拱坝是不利的。

　　拱跨沿高程急剧变化将引起应力集中，需采取适宜的工程措施来改善河谷的断面形状。

　　（2）地质条件。地质条件好坏直接影响拱坝的安全，这是因为拱坝是高次超静定结构，地基的过大变形对坝体应力有显著影响，甚至会引起坝体破坏。因此，拱坝对地质条件

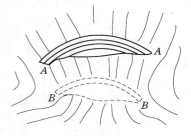

图 7 - 36　坝址地形比较

的要求比其他混凝土坝更严格。较理想的地质条件是岩石均匀单一，有足够的强度，透水性小，耐久性好，两岸拱座基岩坚固完整，边坡稳定，无大的断裂构造和软弱夹层，能承受由两端传来的巨大推力而不致产生过大的变形，尤其要避免两岸边坡存在向河床倾斜的节理裂隙或构造。

　　实际工程中，理想的地质条件是少见的，天然坝趾或多或少会存在某些地质缺陷。建坝前需探明地基地质情况，采取相应有效的工程措施进行严格处理。随着拱坝技术水平的提高和基础处理方法的改进，目前国内外已有不少成功地修建在坝基岩石强度较低或断层、夹层较多或风化破碎带较深的不理想坝趾上。如我国青海省的龙羊峡重力拱坝，坝趾区的岩体经多次构造运动，断裂极为发育，坝区被较大断层或软弱带所切割，经过认真严格的基础处理，工程运行良好。

7.3.1.3　拱坝的类型和布置

　　确定拱坝坝体剖面的主要参数有：拱弧半径、中心角、拱弧圆心沿高程的轨迹及拱圈厚度等。按其厚高比特征可分为薄拱坝、一般拱坝、厚拱坝（或称重力拱坝）。按其坝体形态的特征可分为定圆心等半径拱坝（或称单曲拱坝）、等中心角变半径拱坝、变圆心变半径双

曲拱坝。

（1）定圆心等半径拱坝。圆心的平面位置和外半径都不变，这种拱坝的上游面是垂直的圆弧面，下游面为一倾斜的圆弧面，从坝顶向下拱厚逐渐增加，拱的内弧半径随之相应减小。这种拱坝设计和施工均相对比较简单，但坝体工程量较大，适用于 U 形河谷，如图 7-37 所示。

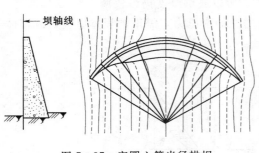

图 7-37　定圆心等半径拱坝

（2）等中心角变半径拱坝。在 V 形河谷，若用等半径布置拱坝，则坝下游拱圈的中心角偏小，对拱坝应力不利。改进的办法是将其改为等中心角变半径布置，即自上而下保持圆弧的中心角基本不变，而半径则相应减小，如图 7-38 所示。这种体型的拱坝应力情况较好，也较为经济，但两岸坝段剖面有倒悬，在施工和库空运行条件下会自行产生拉应力。

（3）变圆心变半径双曲拱坝。这是一种圆心位置、半径和中心角均随高程而变的坝体类型，如图 7-39 所示。这种体型同时具有水平向和垂直向双向曲率，梁的作用减弱，而整个坝仍保持有足够的刚度。各高程拱圈的参数可根据需要进行调整，以尽量改善应力状态和节省坝体的工程量。所以，尽管在设计和施工方面比较复杂，这种体型还是被广泛采用。

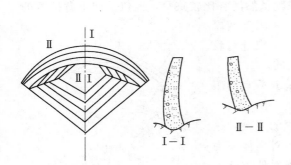

图 7-38　等中心角变半径拱坝

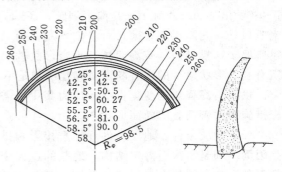

图 7-39　变圆心变半径拱坝

7.3.1.4　拱坝的布置

拱坝的布置需根据具体地形及地质条件，综合考虑枢纽布置、坝基和坝肩稳定、坝体应力等要求，经多方案技术经济比较确定。由于拱坝体型比较复杂，剖面形状又随地形、地质情况而变化。因此，拱坝的布置并无一成不变的固定模式，而是一个从粗到细反复调整和修改的过程。

拱坝坝身的布置原则是：在满足稳定和运用要求的条件下，坝体轮廓力求简单，基岩面、坝面变化平顺，避免有任何突变，使坝体材料得到充分发挥，总工程量最省。

拱坝坝肩的布置原则是：拱端应嵌入开挖后的监视基岩内，拱端与基岩的接触面原则上应作成半径向的，以使拱端推力接近垂直于拱座面，即拱端下游面与可利用岩面线的夹角应大于 30°。

在拱圈布置中，由于上、下层拱圈半径及中心角的变化，而造成坝体上游面不能保持垂直，如上层坝面突出于下层坝面，就形成了坝面的倒悬。上、下层的错动距离与其间高差之比称之倒悬度。这种倒悬不仅增加了施工上的困难，而且在封拱前，由于自重作用很可能使倒悬相对的另一侧坝面产生拉应力甚至开裂。因此，在布置时应尽量减小坝面的倒悬度。砌石拱坝倒悬度可控制在 $1/6 \sim 1/10$，混凝土拱坝可达 $1/3$ 左右。

7.3.2　拱坝的荷载及其组合

7.3.2.1　荷载

作用在拱坝上的荷载有静水压力、动水压力、温度荷载、自重、扬压力、泥沙压力、浪压力、冰压力和地震荷载等。一般荷载的计算方法与重力坝基本相同，这里只着重讨论某些荷载的特点及计算方法。

（1）自重。自重对重力坝十分重要，而对拱坝因其受力特点不同，是由梁承担还是由拱梁共同承担需视封拱程序而定。拱坝施工时常采用分块浇筑，最后进行封拱灌浆，形成整体。在这种情况下，自重应力在施工过程中就已形成，全部由梁承担。若施工至一定高程（不到坝顶）就先灌浆封拱，封拱后再继续浇筑，则自重应力由拱梁共同承担。

（2）水平径向荷载。水平径向荷载是拱坝的主要荷载之一，以静水压力为主，还有泥沙压力、浪压力和冰压力等，由拱梁共同承担，两者分担比例通过荷载分配确定。

（3）扬压力。拱坝坝体一般较薄，作用在坝底的扬压力一般较小，坝体渗透压力和影响也不显著，故对薄拱坝通常可不计扬压力的影响。对厚拱坝或中厚拱坝宜考虑扬压力的作用。另外，在对拱座及地基稳定分析时，需计入渗透水压力对岩体滑动的不利影响。

（4）水重。水重对梁、拱应力均有影响，但在拱梁法计算中，一般都近似假定由梁承担，并将梁的变位计入变形协调方程。

（5）温度荷载。拱坝是高次超静定结构，温度荷载对坝体变形和应力都有较大影响。因此，温度荷载是拱坝设计中的主要荷载之一。温度荷载的大小与封拱温度有关，封拱温度的高低对温度荷载的影响很大。封拱前拱坝的温度应力问题属于单独浇筑块的温度问题，与重力坝相同；封拱后，拱坝形成整体，当坝体温度高于封拱温度时，即温度升高，拱圈伸长并向上游位移，由此产生的弯矩、剪力的方向与库水位产生的相反，但轴力方向相同。当坝体温度低于封拱温度时，即温度降低，拱圈收缩并向下游位移，由此产生的弯矩、剪力的方向与库水位产生的相同，但轴力方向相反。因此一般情况下，温降对坝体应力不利，温升对坝肩稳定不利，为此应确定合理的封拱温度。可选用下游的年平均气温，上游的年平均水温作为边界条件，求出其坝体温度场作为稳定温度场，据此定出坝体各区的封拱温度。实际工程中，一般选在年平均气温或略低于年平均气温时进行封拱。

7.3.2.2　荷载组合

作用荷载种类：

（1）自重。

（2）水压力。

1）正常蓄水位时的上、下游静水压力及相应的扬压力。

2）校核洪水位时的上、下游静水压力及相应的扬压力。

3）水库死水位（或运行最低水位）时的上、下游静水压力及相应的扬压力。

4）施工期遭遇施工洪水时的静水压力。

（3）泥沙压力。

（4）浪压力。

（5）冰压力。

（6）温度荷载。

1）设计正常温降。

2）设计正常温升。

3）接缝灌浆部分坝体设计正常温降。

4）接缝灌浆部分坝体设计正常温升。

（7）地震力。

7.3.3 坝肩岩体稳定要求及条件

拱坝结构本身的安全度很高，但必须保证两岸坝肩基岩的稳定。按照现代设计理论修建的拱坝，只要两岸坝肩基岩稳定，拱坝一般不会从坝内或坝基接触面上发生滑动破坏。因此，在完成拱坝平面布置和应力计算后，需对坝肩两岸岩体进行抗滑稳定分析。坝肩稳定与地形地质构造等因素有关，一般可分为两种情况：一是存在明显的滑裂面的滑动问题；二是不具备滑动条件，但下游存在较大软弱破碎带或断层，受力后产生变形问题。对第一种情况，其滑动体的边界常由若干个滑裂面和临空面组成，滑裂面一般为岩体内的各种结构面，尤其是软弱结构面，临空面则为天然地表面。滑裂面必须在工程地质查勘的基础上经初步研究得出最可能滑动的形式后确定，然后据此进行滑动稳定分析。对于第二种情况，即拱座下游存在较大断层或软弱破碎带时的变形问题，必要时需采取加固措施以控制其变形。加固的必要性和加固方案可通过有限元分析，比较论证后确定。

在拱坝坝肩稳定分析前，应先进行下列几项工作：①深入了解两岸岩体的工程地质和水文地质勘探资料；②了解岩体结构面及其充填物的岩石力学特性和试验参数；③研究和确定作用在拱座上的空间力系；④研究选择合理的分析方法。

7.3.3.1 滑动面分析

（1）滑动体的上游边界。理论计算和实践经验表明：在大坝的上游面基础内，存在着一个水平拉应力区，有产生铅直裂缝的可能，因此滑动体的上游边界，一般都假定从拱座的上游面开始。

（2）可能滑动面的位置。常见的滑移体形式由 2 个或 3 个滑裂面组成，其中一个较缓，构成底裂面；一个较陡，构成侧裂面；另一个可能是上游的开裂面。滑裂面可以是平面，也可以是折面或曲面。滑移体可沿两个滑裂面的交线滑移，也可能沿单一滑裂面滑移。根据滑裂面的产状、规模和性质不同，可能出现下列组合形式：

1）具有单独的陡倾角结构面 F_1 和缓倾角结构面 F_2 组合成滑移体。这种软弱结构面大都属于比较明显的连续断层破碎带、大裂隙、软弱夹层等。如图 7-40 所示。

2）具有成组的陡倾角和成组的缓倾角结构面组合成滑移体。这些软弱结构面大多属于成组的裂隙汇集带与节理等相互切割，构成很多可能的滑移体，其中有一组抗力最小，需通过计算求得。

7.3.3.2 改善拱座稳定的措施

通过拱座稳定分析，如发现不能满足要求，可采取下列改善措施：

（1）加强地基处理，对不利的节理等进行有效的冲洗并进行固结灌浆，必要时可采用预应力锚固措施，以提高其抗剪强度。

（2）加强坝肩岩体的灌浆和排水措施，减少岩体的渗透压力。

（3）将拱端向岸壁深挖嵌进，以扩大下游的抗滑岩体，也可避开不利的划裂面。

（4）改进拱圈设计，如采用三心圆拱、抛物线拱等形式，使拱端推力尽可能趋向正交与岸坡。

（5）如拱端基岩承载能力差，可局部扩大拱端或设置推力墩等。

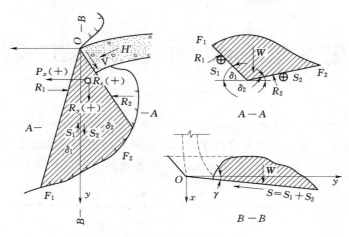

图 7-40　单一的破裂面

思　考　题

7.1　土石坝有哪些特点？

7.2　为什么防渗体不设置在坝体断面偏下游处？均质坝为什么常用于较低的坝而很少用于高坝？

7.3　不同坝体排水设备形式对坝体浸润线位置影响有何不同？

7.4　土料设计的目的是什么？土石坝各组成部分对土料要求有何不同？

7.5　土石坝渗流分析的目的是什么？什么叫渗透变形？防止渗透变形的工程措施有哪些？

7.6　反滤层的作用是什么？均质坝、心墙坝以及斜墙坝在哪些部位需设置反滤层？

7.7　土石坝失稳的原因有哪些？为何其稳定分析只进行局部稳定验算，而不进行整体稳定验算？

7.8　土石坝地基处理要解决哪些问题？

7.9　河岸溢洪道的作用是什么？常用的形式有哪几种？

7.10　简述正槽溢洪道的组成部分及其各组成部分的作用。

7.11　泄槽平面布置的原则是什么？

7.12　非常溢洪道的作用是什么？有哪几种类型？哪种类型最可靠？

7.13　重力坝工作的原理是什么？重力坝的工作特点有哪些？

7.14　作用于重力坝上的荷载有哪些？为什么要进行荷载组合？

7.15　为什么要对混凝土重力坝进行分区？

7.16　常用的溢流坝的消能方式有哪些？适用条件如何？

7.17　坝身泄水孔的作用是什么？

7.18　有压、无压泄水孔的工作闸门布置的要求有何不同？

7.19　拱坝的特点有哪些？

7.20　拱坝的形式有哪些？

7.21　温度荷载对拱坝的应力有何影响？改善拱座稳定的措施有哪些？

第8章 水力发电工程

【学习目标】 学生通过本章的学习，了解世界特别是我国水电资源及其开发利用情况，熟悉水能开发利用的基本方式，了解水电站主要机电设备和水工建筑物的组成及作用。

8.1 水能利用概况

8.1.1 水能资源及开发条件

世界上任何一条河流，无论是从支流发源地汇流至干流，还是从发源地汇流至海洋，从河流源头到河流末端，具有一定的高差。如果将一条河流分为若干段，将每段河流的高差（以 m 为单位）乘以该段河流多年平均流量（以 m^3/s 为单位），再乘以单位换算系数 9.81，便得出该段河流的理论平均出力，将全河各河段理论平均出力相加，便是该河流水能资源的理论蕴藏量。

但蕴藏的水能资源开发利用会受到自然条件、技术条件和经济条件的制约，不是所有有落差水流量都能得到利用，也不是在任何时间内都能发电，其中可能被利用的部分一般只占 40%～60%，我们称为该河流可开发利用的水能资源。

在开发水能资源时，要充分利用已有条件进行开发，以便获得较大水头，如天然瀑布，河流中的急滩，河流的弯道，两条相邻不同高程河流的水位差，潮汐的潮差，现有水库和闸坝，渠道跌水和陡坡等。

8.1.2 中国水能资源分布及特点

我国位于亚洲大陆东部，太平洋西岸，国土面积 960 万 km^2，在这广袤的国土上，河流众多，径流丰沛，落差巨大，蕴藏着非常丰富的水能资源。据统计，中国河流水能资源蕴藏量为 6.76 亿 kW，年发电量 59222 亿 kW·h，可开发利用的水能资源的装机容量为 3.785 亿 kW，年发电量为 19233 亿 kW·h。我国水能资源按流域划分为 10 个流域片，即长江、黄河、珠江、海滦河、淮河、东北诸河、东南沿海诸河、西南国际诸河、雅鲁藏布江及西藏其他河流、北方内陆及新疆诸河，各流域片水能资源蕴藏量及可开发利用水能资源量见表 8-1、表 8-2。

表 8-1　　　　　　　　　　　全国水能蕴藏量

流　域	理论出力（万 kW）	年发电量（亿 kW·h）	占全国（%）
全　国	67604.71	59221.8	100.0
长　江	26801.77	23478.4	39.6
黄　河	4054.80	3552.0	6.0
珠　江	3348.37	2933.2	5.0
海滦河	294.40	257.9	0.4

续表

流域	理论出力（万 kW）	年发电量（亿 kW·h）	占全国（%）
淮河	144.96	127.0	0.2
东北诸河	1530.60	1340.8	2.3
东南沿海诸河	2066.78	1810.5	3.1
西南国际诸河	9690.15	8488.6	14.3
雅鲁藏布江及西藏其他河流	15974.33	13993.5	23.6
北方内陆及新疆诸河	3698.55	3239.9	5.5

表 8-2　　　　　　　　　　　　中国可开发的水能资源

流域	理论出力（万 kW）	年发电量（亿 kW·h）	占全国（%）
全国	37853.24	19233.04	100.0
长江	19724.33	10274.98	53.4
黄河	2800.39	1169.91	6.1
珠江	2485.02	1124.78	5.8
海滦河	213.48	51.68	0.3
淮河	66.01	18.94	0.1
东北诸河	1370.75	439.42	2.3
东南沿海诸河	1389.68	547.41	2.9
西南国际诸河	3768.41	2098.68	10.9
雅鲁藏布江及西藏其他河流	5038.23	2968.58	15.4
北方内陆及新疆诸河	996.94	538.66	2.8

中国水能资源和其他国家水能资源比较，具有以下特点：

（1）水能资源总量丰富，人均占有量不高。中国水能资源无论是理论蕴藏量还是可开发利用量，均居世界第一位。但水能资源人均占有量偏低，只有世界平均值的 70% 左右。

（2）中国水能资源靠落差获取。一个国家水能资源蕴藏量之大小，与其国土面积，河川径流量和地形高差有关。中国国土面积小于俄罗斯和加拿大，年径流总量又小于巴西、俄罗斯、加拿大和美国，中国水能资源能超过这些国家居世界首位，在于中国河流落差巨大。中国许多河流的总落差都在 1000m 以上，发源于"世界屋脊"青藏高原的长江、黄河、雅鲁藏布江、澜沧江、怒江等，天然落差都高达 5000m 左右。

（3）中国水能资源分布与电力负荷分布不相对应。中国的水能资源主要集中在西南地区，仅四川、云南、贵州三省的水能资源蕴藏量就占全国总量的 50.7%，而我国的电力负荷主要集中在东部沿海地区。这种水能资源分布与电力负荷分布的不均衡，客观上制约了我国水能资源的开发利用。

（4）中国水能资源开发利用偏低，目前，国际上发达国家的水能资源开发利用率均在 60% 以上，而我国截至 2003 年底，水能资源开发量仅占可开发量的 24% 左右。

8.1.3　中国水能资源开发利用现状

电力作为能源战略的中心，是经济社会发展的重要条件，具有举足轻重的地位。水电建设由于技术相对比较成熟，环境污染小，运行成本低，在中国得以大力发展，特别是改革开放以来，水电发展更为迅速，一大批骨干水电站迅速建成投产，如鲁布革、小浪底、二滩、龙滩、三峡等。截至 2003 年，全国水电总装机达到 9490 万 kW，总发电量为 2813 亿 kWh。其中小水电由于具有分散开发，就地成网，供电成本低的特点，也得到了快速发展，到 2003 年底，全国已建成小型水电站 4.2 万座，总装机容量 3083 万 kW，年发电量 979 亿 kW·h。

尽管中国水能资源开发取得了举世瞩目的伟大成就，但也还存在一些不容忽视的问题：一是水能资源开发利用程度远低于发达国家水平；二是水电建设中对生态环境的保护重视不够，河道、河势改变和泥沙淤积，水质变化，局部气候改变，河流原生生态系统遭受破坏等问题都不同程度的存在；三是水能资源开发利用管理体制不顺，如水能资源开发不服从流域总体规划，部分电站不按流域水资源综合调度要求运行，政府对水能资源开发监督、管理有待进一步规范和加强。

　　根据我国水能资源开发利用的实践经验和落实科学发展观的总体要求，今后我国水能资源开发利用应遵循以下原则：

　　（1）人与自然和谐相处的原则。水能资源开发利用，要正确处理好经济社会发展与自然生态保护、开发利用的经济社会效益与生态环境承载能力、当前利益和长远利益等关系，确保人与自然和谐相处。

　　（2）规划优先的原则。在进行水能资源开发利用时，一定要遵循专项规划，区域规划服从流域规划，没有规划不开发的原则。确保水资源的合理开发，高效利用，优化配置和有效保护。

　　（3）加强监管，依法审批的原则。水能资源开发利用涉及到流域上、下游之间的利益，当前利益与长远利益，兴利与除害，水电与其他功能发挥的矛盾，政府必须加强宏观监管，对水能开发项目依法进行审批。

　　（4）以人为本的原则。水能资源的开发利用涉及大量移民，要切实做好移民安置工作，使移民的生活水平高于原有生活水平，确保移民能自觉搬迁，安居乐业，不断致富。

8.2　水能开发方式与水电站基本类型

　　利用水能资源发电，除了径流量外，水流要有一定的落差，即发电水头。在通常情况下，发电水头是通过一定的工程措施将分散在一定河段上的河流自然落差集中起来而形成的。河段水能资源的开发，按照集中落差方法的不同有三种基本方式，即堤坝式、引水式、混合式，称其为水能开发方式。不同水能开发方式修建起来的水电站，其建筑物的组成和布局也不相同，故水电站也随之分为堤坝式、引水式和混合式三种基本类型。水电站除按开发方式分类外，还可以按其是否有调节天然径流的能力而分为无调节水电站和有调节水电站两种类型。有些河流可将它分为若干个河段来开发利用水能资源，这样自上而下，一个接着一个进行开发的方式称为河流的梯级开发，相应的水电站叫梯级水电站。

8.2.1　堤坝式开发及堤坝式水电站

　　在河道上拦河建坝抬高上游水位，造成坝上、下游水位落差，这种开发方式称为堤坝式开发。

　　采用堤坝式开发修建起来的水电站，统称为堤坝式水电站。在堤坝式水电站中，根据当地地形、地质条件，常常需要对坝和水电站厂房的相对位置作不同的布置，按照坝和水电站厂房相对位置的不同，堤坝式水电站厂房可分为河床式、坝后式、坝内式、溢流式等多种型式。在小型水电站中，最常见的是河床式和坝后式这两种类型。

8.2.1.1　河床式水电站

　　河床式水电站一般修建在河流中、下游河道纵向坡度平缓的河段上。在这里，由于地形限制，为避免造成大量淹没，只能建造高度不大的坝（或闸）来适当抬高上游水位。其适用的水头范围，在大中型水电站上一般约在 25m 以下；在小型水电站上约 8~10m 以下。

　　由于水头不大，河床式水电站的厂房就直接和坝（或闸）并排建造在河床中，厂房本身承受上游的水压力而成为挡水建筑物的一部分，如图 8-1 所示。

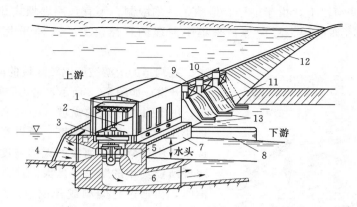

图 8-1 河床式水电站布置示意图

1—起重机；2—主机房；3—发电机；4—水轮机；5—蜗壳；6—尾水管；7—水电站厂房；

8—尾水导墙；9—闸门；10—桥；11—混凝土溢流坝；12—土坝；13—闸墩

另一方面，由于河床式水电站多建筑在中、下游河段上，因而其引用的流量一般较大，故河床式水电站通常是一种低水头大流量水电站。

8.2.1.2 坝后式水电站

当由拦河坝集中起来的水头较大时，如果电站采用河床式布置，则由于上游水压力很大，厂房本身的重量已不足以维持其稳定，因此不得不将厂房移到坝后（坝的下游），使上游水压力完全或主要由坝来承担，这样布置的水电站称为坝后式水电站，如图 8-2 所示。

坝后式水电站一般修建在河流中、上游。由于在这种河段上允许一定程度的淹没，所以与河床式水电站比较起来，它的坝可以建造得较高，这不但使电站获得了较大的水头，更重要的是，在坝的上游形成了可以调节天然径流的水库，有利于发挥防洪、灌溉、发电、通航及水产等多方面的综合效益，并给水电站的运行创造了十分有利的条件。

图 8-2 所示的韶山灌区水府庙水电站就是一座坝后式水电站。电站厂房布置在最大坝高 35.04m 的圬工重力坝后面，厂房内装设了四台水轮发电机组，发电用水由坝体内的钢筋混凝土压力管道引入厂房，自厂房流出的发电尾水供下游灌溉。

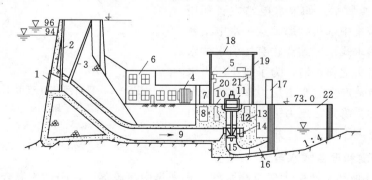

图 8-2 韶山灌区水府庙水电站

1—拦污栅；2—快速闸门；3—通气管；4—主变压器；5—桥式吊车；6—副厂房；7—母线道；8—电缆道；

9—压力水管；10—发电机层楼板；11—发电机；12—圆筒式机墩；13—水轮机层地面；14—混凝土蜗壳；

15—水轮机；16—尾水管；17—尾水闸门起吊架；18—平屋顶；19—墙（柱）；

20—立柱；21—吊车梁；22—尾水导墙

8.2.2　引水式开发和引水式水电站

在河流的某些河段上，由于地形、地质条件的限制，不宜采用堤坝式开发时，可以修建人工引水建筑物（如明渠、隧洞等）来集中河段的自然落差。这种开发方式称为引水式开发。

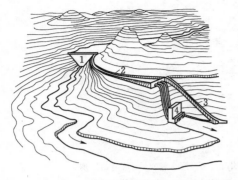

图 8 - 3　无压引水式水电站总体布置示意图
1—坝；2—引水渠；3—溢水道；4—水电站厂房

在河道的上游坡度比较陡峻的河段上，常采用引水式开发。如图 8 - 3 所示，沿山腰开挖了一条引水渠道，由于引水渠道的纵坡（一般取 1/1000—1/3000）远小于该河段的天然坡度，所以在引水渠道末端形成了集中的落差。河段的天然坡度愈大，每公里引水渠所能集中的落差也愈大。此外，当遇到大的河湾时，可通过打隧洞或开挖引水渠道将河湾裁直，这样也能够集中一定的落差。

引水式水电站按引水建筑物中水流状态的不同而分为两个基本类型，即无压引水式水电站和有压引水式水电站。

8.2.2.1　无压引水式水电站

无压引水式水电站的引水建筑物是无压的，如明渠、无压隧洞等。图 8 - 3 即为典型的山区小型无压引水式水电站的布置示意图。由该图可以看到，在引水渠道末端，有一扩大加深的水池，称为压力前池。发电用水由压力前池经压力水管引入电站厂房。在电站骤然减少引用流量时，引水渠中多余的水量可自压力前池的溢水道泄往下游。灌溉渠道上的跌水，一般也可用来建造水电站，称为灌渠跌水式水电站。它也是一种无压引水式水电站。

灌渠跌水式水电站的布置有两种方式。当水头较小时，发电用水直接自灌渠引入厂房（相当于河床式）；当水头较大时，发电用水经引水渠和压力前池、压力水管进入厂房。

8.2.2.2　有压引水式水电站

有压引水式水电站的引水建筑物是压力隧洞或水管，如图 8 - 4 所示。如果水电站主要利用有压引水建筑物来集中水头，那么这个水电站就可以看成是有压引水式水电站。在有压引水式水电站中，当压力引水道很长时，为了减小压力水管中因突然丢弃负荷产生的水击压力和改善水电站的运行条件，常常需要在压力引水道和压力引水管的连接处设置调压塔或调压井。

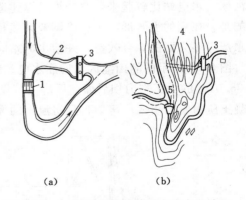

(a)　　　　　　　　　(b)

图 8 - 4　利用河湾修建引水式水电站
(a) 丘陵、平原地区；(b) 山区
1—溢流坝；2—引水渠；3—厂房；4—引水管；5—坝

8.2.3　混合式开发和混合式水电站

同时用拦河筑坝和修建引水建筑物两种方式来集中河段落差，则称为混合式开发，相应的水电站称为混合式水电站。

混合式水电站常常建造在上游有优良库址，适宜建库，而紧接水库以下河道坡度突然变陡，或是有一个大的河湾的河段上。它的水头一部分由坝集中，另一部分由引水建筑物集中，因而具有堤坝式电站和引水式电站两方面的特点。图 8 - 5 所示的安徽省毛尖山水电站就是一座混合式水电站。该站通过拦河建坝（土石混合坝）取得 20m 左右水头，又通过开挖压力引水隧洞，取得 120 多 m 水头，电站总静水头达 138m，装机 25000kW。由于压力隧洞很长，故在隧洞末端设置了调压井。

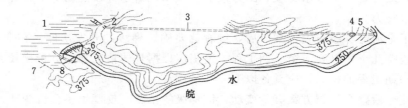

图 8-5 安徽省毛尖山水电站总体布置图

1—水库；2—进水口；3—发电引水洞；4—调压井；5—地面厂房；

6—大坝；7—溢洪道；8—导流洞

8.2.4 无调节水电站和有调节水电站

无调节水电站没有水库，或虽有水库却不用来调节天然径流，在天然流量小于电站能够引用的最大流量时，电站的引用流量就等于或小于该时刻的天然流量；当天然流量超过电站能够引用的最大流量时，电站至多也只能利用它所能引用的最大流量，超出的那部分天然流量只好废弃。

凡是具有水库，能在一定限度内按照负荷的需要对天然径流进行调节的水电站，统称为有调节水电站。根据调节周期的长短，有调节水电站又可以分为日调节水电站、年调节水电站及多年调节水电站，视水库的有效库容与河流多年平均来水量的比值（称为库容系数）而定。无调节和日调节水电站又称径流式水电站，具有比日调节能力大的水库的水电站又称为蓄水式水电站。

在前面所讲过的水电站中，坝后式水电站和混合式电站一般都是有调节的；河床式电站和引水式电站则常是无调节的，或者只具有较小的调节能力，例如日调节。

8.2.5 梯级开发、梯级水电站

当一条河流的全长（从河源到河口）超过一个开发段所能达到的最大长度时，就必须将全河流分成若干个河段来开发利用。这些河段，自上而下，一个接着一个，犹如一级级的阶梯，所以这种开发方式称为梯级开发。梯级开发中的水电站称为梯级水电站，如图 8-6 所示。

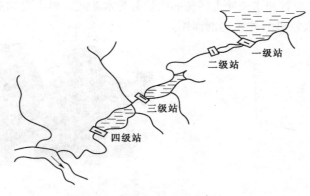

图 8-6 梯级水电站布置示意图

在河流梯级开发规划中，最重要的问题是梯级的布置和第一期工程的选择。在相邻蓄水梯级不相衔接的河段上，则视自然条件考虑布置引水梯级（或混合梯级，或低水头河床式梯级），使所有梯级上下衔接、首尾相连，以最大限度地利用河流的自然落差。全部梯级的最上一个梯级，最好是一个蓄水梯级，因为最上一级布置蓄水梯级能调节下游各级径流、增大梯级总的发电能力。

当确定了全河流梯级布置方案以后，接着就要确定梯级的开发次序。在众多的梯级中，选择哪一个或哪几个梯级列入第一期工程，这仍应根据具体情况加以分析比较后确定。一般说，作为第一期工程的梯级，应具备以下一些条件：

（1）即使今后整个梯级方案有所变动，该梯级的位置、规模也不会再变。

（2）该梯级在全部梯级中比较关键，早日建成投入运行，能较好地满足当前该地区社会经济发展对河流综合利用的要求，并为以后其他梯级的施工带来方便。

（3）该梯级投入施工所需的人力、物力可以解决，且具有较其他梯级为优越的施工条件。这最后一个条件，有时可能成为选择第一期工程的控制条件。

8.3 水电站的主要机电设备

水力发电的基本原理就是利用水流落差所具有的势能带动水轮机的转轮旋转。使水能变为机械能，而水轮机与发动机直接相连，水轮机转轮旋转又带动发电机转子旋转，从而使机械能转变为电能，再通过变压器等设备与外电路连接而进入电力系统。水电站的任务就是实现水能向电能的转换，要实现这种转换，就需要一些水工建筑物和机电设备。水电站的主要机电设备有水轮机、发电机、变压器等。

8.3.1 水轮机及调速设备

水轮机是把水流能量转变为机械能的一种动力机械，是水电站的主要动力设备之一。调速设备是用来调节水轮机的流量和出力来改变发电机的出力，以适应负荷变化，保持转速稳定。

8.3.1.1 水轮机的类型

水轮机按水流对转轮的水力作用不同，可分为反击式水轮机和冲击式水轮机两大类。反击式水轮机工作时，所有水流通道内部都充满水。反击式水轮机按水流流入转轮的方向不同又分为混流式、轴流式、斜流式和贯流式等。冲击式水轮机是利用喷嘴把具有高压能的水流变为具有动能的自由射流，射流冲击转轮，使水流动能转化为机械能。冲击式水轮机按其转轮的结构，喷嘴的装置位置和水流冲击转轮的次数分为水斗式、斜击式和双击式等。图8-7~图8-13分别为各种水轮机的外貌和剖面图。

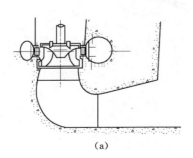

(a)   (b)

图 8-7 混流式水轮机
(a) 竖轴；(b) 卧轴

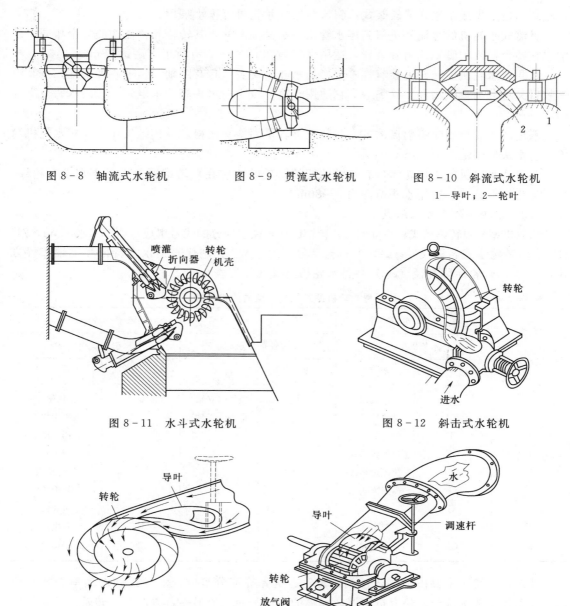

图 8-8 轴流式水轮机　　　　图 8-9 贯流式水轮机　　　　图 8-10 斜流式水轮机

1—导叶；2—轮叶

图 8-11 水斗式水轮机　　　　　　　　　图 8-12 斜击式水轮机

图 8-13 双击式水轮机

　　混流式水轮机因水流辐向进入转轮，轴向流出转轮故又称辐轴流式水轮机。它适应的水头范围为 2~670m，单机出力自几十千瓦到几十万千瓦。

　　轴流式水轮机水流进出转轮的方向始终为轴向。根据转轮结构特点，轴流式水轮机又可分为定桨式和转桨式两种。定桨式转轮的叶片是固定的，不适用水头变化较大的电站，水头适用范围为 3~50m。转桨式水轮机转轮的叶片可以转动，适用于低水头和负荷变化大的水电站，使用水头范围为 2~88m，单机出力自几十千瓦到几十万千瓦。

　　斜流式水轮机的轮叶轴线与主轴线斜交，进出转轮的水流和主轴线斜交。兼有轴流式水轮机运行效率高，混流式水轮机强度高和气蚀性能较好等优点。水头适用范围为 40~200m。

转轮结构也可做成定桨式或转桨式，斜流转桨式水轮机可作水泵用。

贯流式水轮机的水流从进口到尾水管出口都是轴向的，其转轮与轴流式的完全相同，区别在它整个机组为卧轴式斜轴装置，适用水头为 25m 以下，有时也可高达 48m。

水斗式水轮机因转轮上装有许多勺形的水斗而得名，它有卧轴和竖轴两种型式，按其喷嘴数目又可分为单喷嘴和多喷嘴等。它适用于流量较小而水头高的水电站，适用水头范围为 100～1700m。

斜击式水轮机因喷嘴射流的方向与转轮旋转平而斜交而得名，其结构比水斗式水轮机简单。它水头适用范围为 25～300m。

双击式水轮机的工作轮为带有轮叶的圆筒，轮叶固定在两端的圆盘上，下端没有轮缘，其喷嘴为矩形孔口。适用水头范围为 5～80m。

8.3.1.2 水轮机的型号及组成

水轮机型号由转轮型式、装置型式，转轮标称直径三部分的代号组成。如 HL220 - WJ - 71。HL 表示转轮型式名称代号。220 为转轮型号代号，WJ 分别代表引水室特征和主轴布置方式，71 表示转轮标称直径（cm）各种水轮机型式代号见表 8 - 3。

表 8 - 3　　　　　　　各种水轮机型式及装置型式的代号表

序 号	第 一 部 分 符 号		第 二 部 分 符 号			
	水轮机型式		主轴布置方式		引水室特征	
	代 号	意 义	代 号	意 义	代 号	意 义
1	HL	混流式	L	竖轴（立轴）	J	金属蜗壳
2	ZZ	轴流转桨式	W	卧轴（横轴）	H	混凝土蜗壳
3	ZD	轴流定桨式			M	明　槽
4	GZ	贯流转桨式			G	罐　式
5	GD	贯流定桨式			MY	压力槽式
6	XL	斜流式			P	灯泡式
7	XJ	斜击式			S	竖井式
8	SJ	双击式			X	虹吸式
9	CJ	水斗式			Z	轴伸式

冲击式水轮机主要由喷嘴，针阀、转轮、机壳等部分组成，水斗式和大型斜击式水轮机，除上述组成部件外，还有折向器。喷嘴的作用是使水流沿一定方向射向转轮；针阀用来控制射流流量。转轮是水轮机的核心部分，它直接使水能转化为机械能。机壳的作用是使离开转轮后的水流通畅地流向下游尾水渠，防止水流向四周飞溅。折向器的作用是机组丢弃负荷时，改变水流射向避免水流继续射向斗叶。

反击式水轮机主要由引水机构、导水机构、转动机构和泄水机构 4 大部分组成。引水机构就是将水流对称地引导并集中到转轮，通常指引水室或蜗壳。导水机构的作用是使水流沿着有利的方向进入转轮，并调节流入转轮的流量，常指导水叶。转动机构包括转轮、主轴和飞轮，其作用就是将水能转变为机械能。泄水机构是指尾水管，其作用是将转轮出口的水流引向下游，并充分利用水头和转轮出口部分水流动能，提高水轮机效率。

8.3.1.3 水轮机的调速设备

为保证供电质量，根据电力用户的要求，发电机的频率应保持不变。要保持频率不变，必须使转速保持不变。调速设备的作用就是根据发电机负荷的增减，调节进入水轮机的流量，使水轮机的出力与外界的负荷相适应，使转速保持在额定值，从而保持频率不变。

调速设备的分类方法有几种，按操作方式可分为手动和自动两大类。按调整流量的方式可分单调和双调两类，自动调速器按工作机构动作方式的不同，又可分为机械液压式和电气液压式两大类。机械液压式调速器又可分为压力油槽式和川流式两种。

以自动调速设备为例，它通常由敏感、放大、执行和稳定四种主要元件组成。敏感元件负责测量机组输出电流的频率，并与频率给定值进行比较，当测得的频率偏离给定值时，发出调节信号。放大元件负责把调节信号放大，执行元件根据放大的信号改变导水机构的开度，使频率恢复到给定值；稳定元件的作用是使调节系统的工作稳定，如图 8 - 14 所示。

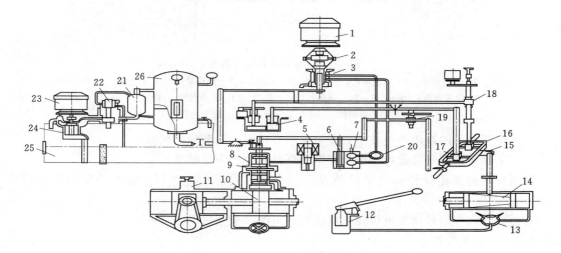

图 8 - 14 XT - 1000 型调速器系统图

1—离心飞摆电动机；2—离心飞摆；3—引导阀；4—缓冲器；5—紧急停机电磁阀；6—开度限制阀；7—切换阀；
8—辅助接力器；9—主配压阀；10—接力器；11—锁锭装置；12—手动油泵；13—手动切换旋塞；
14—反馈锥体活塞；15—框架；16—残留不均衡度机构；17—缓冲强度调整机构；18—变速机构；
19—开度限制机构；20—滤油器；21—中间油箱；22—补气阀；23—油泵电动机；
24—油泵；25—油箱；26—压力油箱

8.3.2 水轮发电机及主要电气设备

8.3.2.1 水轮发电机

水轮发电机按其轴的装置方式可分为卧式和立式。卧式水轮发电机常用于中小型水电站。立式水轮发电机按其推力轴承的位置又可分为悬式和伞式，悬式由于转子重心在推力轴承下面，机组运转的稳定性较好，安装维护方便，但增大了定子机座直径和机组长度，使厂房高度和材料消耗增加。伞式水轮发电机的转子位于推力轴承之上，其优缺点正好与悬式水轮发电机相反。

水轮发电机一般由定子、转子、推力轴承、上导轴承、下导轴承、上部机架、下部机架、通风冷却装置、制动装置及励磁装置等部件构成，如图 8 - 15 所示。

定子是产生电能的主要部件，由机座、定子铁芯、定子绕组等组成。

转子是产生磁场的转动部分，包括有转轴、转子中心体、转子支臂、磁轭等。

推力轴承用来承受机组转动部分的总重和作用在水轮机上的轴向水压力。

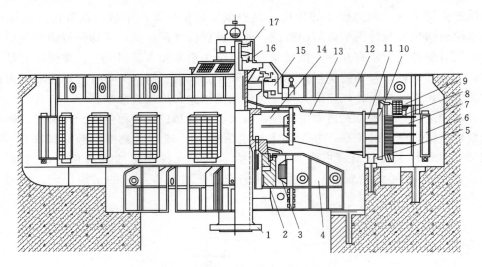

图 8-15　伞式水轮发电机组

1—转轴；2—推力轴承；3—导轴承；4—下机架；5—制动器；6—冷却器；7—定子机座；8—定子铁芯；
9—定子绕组；10—磁极；11—磁轭；12—上机架；13—转子支臂；14—转子中心体；
15—励磁机；16—副励磁机；17—永磁发电机

上、下导轴承的作用是使转子置于定子中心位置，限制辐向摆动。

上、下部机架用来装置推力轴承和励磁部件及上、下导轴承。

通风冷却的作用是控制发电机的温升。冷却方式有空气冷却、氢气冷却和导线内部冷却。

励磁装置的作用是向发电机转子提供直流电源，建立磁场。

8.3.2.2　主要电气设备

水电站的主要电气设备有变压器，配电装置及各种电气控制设备。

变压器的作用是将交流电源由一种电压及电流、转变成频率相同的另一种或几种数值不等的电压和电流，以满足电网或用户的需求。它一般由铁芯，低压绕组、高压绕组、管式油箱、高压套管、低压套管、分接开关、膨胀器等组成。变压器种类繁多，可按不同情况进行分类，如按相数可分为单相变压器和三相变压器；按绕组可分为自耦变压器，双圈变压器、三圈变压器等。

配电装置是用来接受和分配电能的电工建筑，它包括开关设备、保护电器、测量仪表、连接母线及其他辅助设备。一般分为三类，屋内配电装置，屋外配电装置和成套配电装置。

电气控制设备的作用是保证发电机、变压器、输电线路等的正常运行。它包括中央控制室、机旁盘及各种互感器、表计、继电器、控制电缆、自动及远动装置等。

8.3.3　辅助设备系统

为了便于水电站的安装、检修、维护、运行，必须设置各种电气及机械辅助设备，如厂房起重设备、油、气、水系统及各种机修设备。现将水电站的油、气、水系统作简要介绍。

8.3.3.1　油系统

水电站厂房的油系统可概括为透平油和绝缘油两大类。透平油包括有机组轴承润滑、散热、空压机润滑、调速系统油压操作与蝶阀等的用油。绝缘油供电气设备散热，绝缘和灭弧用，包括变压器、油开关、电容器和电缆用油。

8.3.3.2 气系统

水电站用气通常采用压缩空气，因为它易于储存和运输，使用方便。主要用于水轮机调速系统及闸阀等操作系统油压装置的压油槽用气，机组的制动、调相、风动工具和吹扫设备用气。

压缩空气系统由空压机、储气筒、供排气管网和量测控制元件等组成，通常采用高低压联合系统，高压可减成低压使用，低压可作为高压的预先充气。空压机、储气筒及一些辅助设备一般放在同一专用室内，地点应远离中央控制室，不宜布置在过于潮湿的地方，同时应考虑防爆要求。

8.3.3.3 水系统

水电站厂房水系统分为供水系统和排水系统两部分。

供水系统包括各种设备的冷却和润滑用水，厂内生活和生态用水，消防用水等。供水方式有自流供水、水泵加压供水和联合供水等。当水头在12～60m范围内时采用从水库或压力水管自流供水比较经济。

当水头低于12m或高于60m时，则采用水泵加压供水方式。当电站水头变幅较大时，可采用联合供水方式。供水系统由水源、供水设备、水处理设备、管网和量测控制元件等组成。供水管路应尽可能短，供水泵房应布置在水轮机层或以下的洞室内。

排水系统包括渗漏排水和检修排水两大类。排渗漏集水井井底高程低于全厂所有设备和房间的最低高程。检修排水集水井的底部高程应比尾水管底面低。

供排水管路在水轮机层，可与油、气管路并列布置，但应尽可能和电气设备及线路分隔开。

8.4 水 电 站 建 筑 物

水电站一般由下列建筑物组成：①挡水建筑物，如坝闸等；②泄水建筑物，如溢洪道，泄洪洞等；③进水建筑物；④引水建筑物，如引水渠，压力管道等；⑤平水建筑物，如调压井，压力前池等；⑥发、变和配电建筑物，如主、副厂房等；⑦其他建筑物，如防洪墙、导水渠等。随着水能开发方式的不同。组成水电站的建筑物种类也不同，本节主要介绍水电站所独有的建筑物，其中主、副厂房等将在水电站厂区工程中介绍。

8.4.1 水电站进水建筑物

为了从天然河道或水库中引取水量而建造的专门建筑物称为进水建筑物，简称进水口，水电站进水口的功能就是引入符合发电要求的用水，它对进水口有如下要求：①有足够的进水能力；②水质要符合要求；③水头损失要小；④控制流量；⑤满足对水工建筑物的强度、稳定等要求；⑥有利于综合利用。

水电站取水有无坝和有坝两种，而有坝取水又分高坝和低坝两种情况。当坝较低时，坝仅仅起到拦水的作用，不能进行调节，水流流入进水口时仍然具有自由水面而处于无压状态，无压引水式电站进水口就是这种类型，通常将它称为开敞式进水口。当坝较高时，上游形成水库，水电站进水口位于死水位以下，在一定的水压力之下工作，这种进水口称为深式进水口。深式进水口的类型有：①坝式进水口；②隧洞竖井式进水口；③隧洞斜坡式进水口；④塔式进水口；⑤压力墙式进水口。各种进水口剖面图如图8-16～图8-21所示。

深式进水口的主要设备有：①闸门及启闭设备，其作用是控制取水流量；②拦污栅，其作用是防止漂浮物进入管内、保持水质；③通气孔、旁通管，其作用是防止闸门气蚀或振动；④检查孔及各种量测设备。

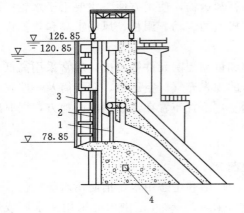

图 8-16　坝式进水口

1—事故闸门；2—检修闸门；3—拦污栅；4—廊道

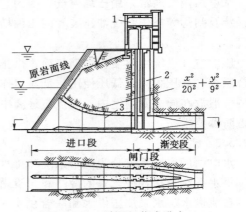

图 8-17　隧洞竖井式进水口

1—启闭机房；2—闸门井；3—伸缩缝

$$\frac{x^2}{20^2}+\frac{y^2}{9^2}=1$$

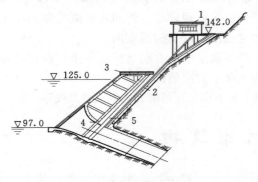

图 8-18　隧洞斜坡式进水口

1—闸门启闭室；2—通气管；3—拦污栅及闸门的检修平台；

4—检修门槽；5—事故门槽

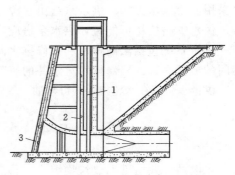

图 8-19　塔式进水口

1—工作门槽；2—检修门槽；3—拦污栅

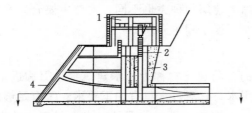

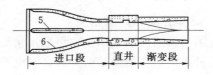

图 8-20　压力墙式进水口

1—闸门操纵室；2—定轮闸门；3—通气孔；4—拦污栅；5—支墩；6—侧墙

8.4.2　水电站压力前池及调压井

压力前池位于引水渠道或无压引水隧洞的末端，是水电站引水建筑物与压力水管的连接建筑物。压力前池的作用是：①平稳水压，平衡水量；②将引水渠中的水流均匀地给水电站每台机组的压力水管；③拦阻杂物和泥沙；④保护压力水管进水口在冬季不受冰凌的阻塞或破坏；⑤宣泄多余水量，防止水位抬高超出渠堤。

压力前池一般包括：前室、进水室、溢流堰、排冰道、排水道和冲沙孔等建筑物，设计时根据需要而设立，为检修放空前池用的排水道与冲沙孔，排冰道与溢流堰等可以考虑综合使用。压力前池各组成部分结构如图 8-21 所示。

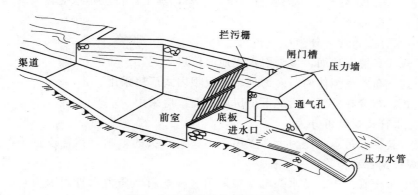

图 8-21 前池结构剖面示意图

压力前池的布置应与渠线、压力水管、厂房等统一考虑，通常有直线布置、曲线布置、直角布置等形式，如图 8-22 所示。

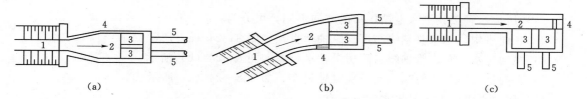

图 8-22 前池平面布置方式

(a) 直线布置；(b) 曲线布置；(c) 直角布置

1—渠道；2—前室；3—进水室；4—溢流堰；5—压力水管

在有压输水系统中，当电力负荷瞬时变化时，压力隧洞（或水管）中出现压力迅速波动，并沿管道传递，这种现象称为水击现象。为降低水击压力，常在压力水管（隧洞）中设置调压井截断水击波的传播通道，利用扩大的断面和自由水面反射水击波。根据调压井的作用，调压井设置应满足以下要求：①尽量靠近厂房以缩短压力水管长度；②能充分反射水击波；③工作稳定；④水头损失小；⑤工作安全可靠、施工方便、造价经济。调压井的型式有圆筒式、阻抗式、双室式、溢流式、差动式等 5 种，如图 8-23 所示。

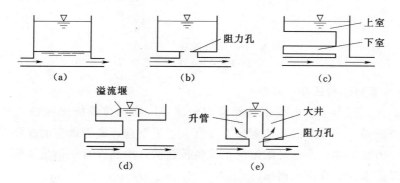

图 8-23 调压井的型式

(a) 圆筒式；(b) 阻抗式；(c) 双室式；(d) 溢流式；(e) 差动式

8.4.3 水电站压力水管

由前池或水库向水轮机输水的管道叫压力水管,其工作特点是承受较大的内水压力。

8.4.3.1 压力水管的分类

(1)压力水管按布置可分为:

1)露天式。布置在地面,多为引水式地面厂房采用。

2)坝内式。布置在坝体内,多为坝后式及坝内式厂房采用。

3)地下式。布置在地下,为地下厂房或地面厂房采用。

(2)压力水管按材料可分为:

1)钢管。其特点是承受压力大,多用于中、高水头的电站,钢管按自身构造又可分为无缝钢管,焊接钢管和箍管。

2)钢筋混凝土管。中、低水头电站多采用这种材料做压力水管,因为它即能承受较大内水压力,造价比钢管便宜很多。钢筋混凝土管按施工方式又可分为现浇钢筋混凝土管和预制钢筋混凝土管。预制管根据钢筋处理情况又可分为普通钢筋混凝土管和预应力钢筋混凝土管。

8.4.3.2 压力水管的布置方式

(1)压力水管按其进入电站厂房的方向不同,可分为:

1)正向进水。总水管轴线与厂房纵轴垂直,如图8-24(a)所示。

2)纵向进水。总水管轴线与厂房纵轴平行,如图8-24(b)所示。

3)斜向进水。总水管轴线与厂房纵轴斜交,如图8-24(c)所示。

(2)压力水管向水轮机供水的方式有:

1)单独供水:即每台机组由一根水管供水。

2)联合供水:多台机组共用一根总水管供水。

3)分组供水。

各种供水方式如图8-24所示。

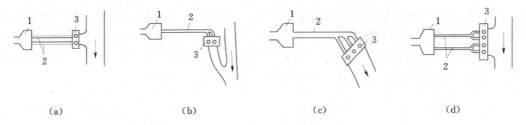

| (a) | (b) | (c) | (d) |

图8-24 压力水管布置方式
1—前池;2—压力水管;3—厂房

8.4.3.3 压力水管的线路选择与敷设

(1)线路选择。压力水管的线路选择应和前池,厂房的位置统一考虑,坚持安全、经济、便于维护的原则。一般来讲要注意如下几点:①尽量选择最短最直的线路;②管路沿线地质条件良好,山坡平顺;③尽可能减少水管转折起伏,不允许管中出现负压;④管线最好沿山脊布置,保证水管沿线排水通畅。

(2)压力水管敷设。露天钢管一般敷设在一系列支墩上,水管离地面一定距离以便于养护,在转弯处或过长的直管段设有镇墩固定水管。露天钢管的敷设方式有连续式和分段式两种，如图 8-25 所示。

连续式管身在两镇墩之间不设伸缩节，此种方式在实际工程中使用较少。分段式管身在两镇墩之间设有伸缩节，以适应温度变化引起的轴向变形。

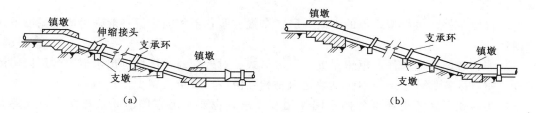

图 8-25　露天式钢管的支承方式
（a）有伸缩接头的支承方式；（b）无伸缩接头的支承方式

8.5　水电站厂区工程

8.5.1　厂区建筑物的组成和厂房的基本类型

为便于运行管理和方便维修，在水电站设计时，尽可能将水电站的发电、变电和配电建筑物集中布置一起，称为水电站厂区。它主要由主厂房、副厂房、主变压器和高压开关站组成。主厂房是安装水轮发电机组及其控制设备的房间，并设有检修间，是厂区的核心建筑物。副厂房由布置控制设备，电气设备、辅助设备的房间及必要的工作和生活用房组成，它是为主厂房服务的，一般紧靠主厂房。主变压器场和高压开关站是分别安放主变压器和高压配电装置的场所，其作用是将发电机出线端电压升高至电网要求的电压，并经调度分配后送向电网，一般均布置在露天线并靠近厂房，以便于与系统电网连接。除上述建筑物外，厂区内还有用于防洪、交通等的建筑物。图 8-26 为玉山水电站厂区布置图。

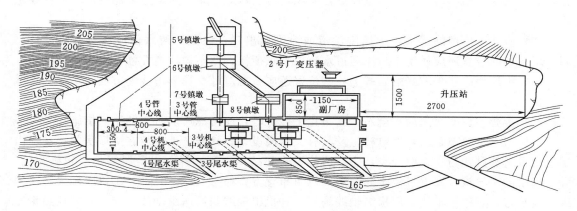

图 8-26　玉山水电站厂区布置图

由于水电站的开发方式，枢纽布置方案，机组型式等的不同，水电站厂房的型式也多种多样。通常按厂房的结构及布置上的特点，可分为地面式厂房（包括河床式、坝后式、岸边式），地下式厂房（包括地下式、窑洞式等），坝内式厂房，厂顶溢流厂房和厂前挑流式厂房。

8.5.2 厂区布置的任务和原则

厂区布置的任务是以水电站主厂房为核心，根据厂区地形地貌，合理安排主厂房、副厂房、变压器场、高压开关站、引水道、尾水渠、交通道路等的相互位置，确保水电站工程经济安全运行。

由于自然条件，机组型式等的不同，厂区布置方案各不相同，但一般来讲应遵循以下几条原则：

（1）综合考虑自然条件，枢纽布置、厂房形式、对外交通，厂房进出水情况和厂区防洪要求等，使厂区各部分建筑与枢纽其他建筑物相互协调，避免或减少干扰。

（2）要照顾厂区各组成部分的不同作用和要求，也要考虑它们的联系与配合，统筹兼顾，共同发挥作用。主厂房、副厂房、变压器场等建筑物应距离短、高差小、满足电站出线方便、电能损失小，并便于设备的运输、安装、运行和检修。

（3）应充分考虑施工条件、施工程序、施工导流方式的影响，并尽量为施工期间利用已有铁路、公路、水运及建筑物等创造条件。还应考虑电站要分期施工和提前发电，宜尽量将本期工程的建筑物布置适当集中，以利分期建设，分期安装、为后期工程或边发电边施工创造有利的施工和运行条件。

（4）应保证厂区所有设备和建筑物都是安全可靠的。必须避免在危岩、滑坡及构造破碎地带布置建筑物。对于陡坡则应采取必要的加固措施，并做好排水，以确保施工期和投产后都能安全可靠。

（5）应尽量少破坏天然植被，造成水土流失的应实施水土保持方案。在满足运行管理的条件下应尽量少占农田。

8.5.3 主、副厂房布置

在厂区总体布置中，最重要的是主厂房的布置，它在很大程度上决定着副厂房、主变压器及高压开关站等的布置。在确定主厂房的位置时应注意如下几点：

（1）为了缩短压力管道，以节约投资，减少水锤压力，改善机组运行条件，主厂房位置，对坝后式电站厂房位置应尽管靠近拦河坝，对引水式电站厂房应尽量靠近压力前池或调压室。

（2）应使主厂房的尾水渠远离溢洪道或泄洪洞出口，以免下游水位波动对机组运行不利，尾水渠的位置还应使尾水与原河道水流能平顺衔接，并不被河道泥沙淤塞。

（3）主厂房应建于较好的岩基上，其位置还应考虑对外交通与出线的方便，不受施工导流干扰。

（4）下游水位变化大的水电站，在布置主厂房时，应考虑厂房必要的防洪措施。

主厂房内主要布置水轮发电机组及其有关附属设备，检修场地也放在主厂房的一端。由于水轮机组有卧式与立式两大类，主厂房的形式和结构也不一样。以金属蜗壳水轮机为例，卧式机组的水轮机与发电机位于同一层，机组布置方式通常有以下几种：①机组轴线与厂房纵轴线平行；②机组轴线与厂房纵轴线垂直；③机组轴线与厂房纵轴线斜交。立式机组水轮机与发电机不在同一层，主厂房划分为水轮机层和发电机层，水轮机位于水轮机层，发电机位于发电机层，其他设备的布置根据工程具体情况而定。

副厂房按其作用可划分为：①直接生产副厂房，它主要布置与电能生产直接有关的辅助设备；②检修试验副厂房，主要用于机电修理和试验；③生产管理副厂房，主要指运行管理人员办公和生活用房。副厂房要紧靠主厂房布置，根据地形可布置在主厂房的上游侧，下游侧或一端。当地形条件允许时应尽量布置在主厂房上游侧，这样不仅有利于主厂房通风采光，而且可降低工程造价。

8.5.4 其他厂区工程的布置

厂区建筑物除主、副厂房外，还有主变压器场，高压开关站、交通道路及防洪排水设施等。

主变压器的布置方式与电站型式有关。坝后式电站往往将主变压器布置在厂坝之间，河床式电站将主变放在尾水平台上，引水式电站则将主变放在厂房边的公路旁。不论什么型式的电站，布置主变压器场时应考虑以下原则：①主变压器尽可能靠近主厂房，以节省低压母线或电缆；②要便于交通、安装和检修；③主变压器基础要牢靠，要高于最高洪水位，四周要设置排水设施，以防雨水汇集造成危害；④四周要便于通风，冷却和散热，并符合保安和防火要求；⑤变压器四周要留有空隙，便于巡视维修和排除故障；⑥与高压开关站联系方便。

高压开关站的布置原则与主变压器相似。它一般为露天式，当地形陡峻时，可采用阶梯布置方案或高架方案。当高压出线电压不是一个等级时，可以根据出线回路和方向，分设两个以上的高压开关站。高压开关站要远离泄水建筑物，高压架空线尽量不要跨越溢流坝。

厂区内公路直接进入安装间，要有往外倾斜的坡度，避免雨水流进厂内。公路宽度单车道不小于 3m，双车道不小于 6.5m，厂门口要有回车场，厂内公路转弯半径不小于 35m。

有些电站，由于厂房地面高程受到水轮机安装高程的限制，发电机层楼板高程低于下游最高洪水位，为避免发电机组被淹，应采取有效措施防洪，可采用尾水挡墙、防洪墙堤，防洪闸门，全封闭厂房，抬高进厂公路或安装间高程等措施加以解决。与此同时，主、副厂房周围应采取有效的排水和保护措施，以防止暴雨山洪侵袭。

思　考　题

8.1　中国水能资源的特点有哪些？怎样加快中国水能资源的开发利用？

8.2　怎样确定水能开发利用方式？

8.3　水电站专有建筑物有哪些？

8.4　如何进行主厂房的布置？

第9章 给排水工程

9.1 给水工程系统布置

给水工程的任务是从水源取水，按照用户对水质的要求进行处理，再将净化后的水输送到用水区，并向用户配水，供应各类建筑所需的生活、生产和消防等用水。

给水系统一般由取水、净水和输配水工程设施构成。

9.1.1 给水工程的任务及给水系统的组成

9.1.1.1 取水工程设施

取水工程设施包括取水构筑物和一级泵站，其作用是从选定的水源（包括地表水和地下水）抽取原水，加压后送入水处理构筑物。

9.1.1.2 净水工程设施

净水工程设施包括水处理构筑物和清水池。水处理构筑物的作用是根据原水水质和用户对水质的要求，将原水适当加以处理，以满足用户对水质的要求。水处理的方法有沉淀、过滤、消毒等。清水池的作用是贮存和调节一、二级泵站抽水量之间的差额水量。水处理构筑物和清水池常集中布置在自来水厂内。

9.1.1.3 输配水工程设施

输配水工程设施包括二级泵站、输水管、配水管网、水塔和高地水池等。二级泵站将管网所需水量提升到要求的高度，以便进行输送。输水管包括将原水送至水厂的原水输水管和将净化后的水送到配水管网的清水输水管，其特点是沿线无出流。配水管网则是将清水输水管送来的水送到各个用水区的全部管道。水塔和高地水池等调节构筑物设在输配水管网中，用以贮存和调节二级泵站送水量与用户用水量之间的差值。管网中的调节构筑物并非一定要设置。二级泵站一般设在自来水厂内。

9.1.2 给水系统的分类和城镇给水系统的形式

9.1.2.1 给水系统的分类

给水系统可按下列方式分类：

（1）按使用目的不同，可分为生活给水、生产给水和消防给水系统。

（2）按服务对象不同，可分为城镇给水和工业给水系统。

（3）按水源种类不同，可分为地下水和地表水给水系统。

（4）按供水方式不同，可分为重力供水（自流供水）、压力供水（水泵供水）和混合供水系统。

9.1.2.2 城镇给水系统的形式

城镇给水系统因城镇地形、城镇大小、水源状况、用户对水质的要求以及发展规划等因素，可采用不同的给水系统形式，常用形式如下。

（1）统一给水系统。即用同一给水系统供应生活、生产和消防等各种用水，水质应符合国家生活饮用水卫生标准，绝大多数城镇采用这种系统。如图 9-1（环状网与树状网相结合）和图 9-2（环状网）所示，均为统一给水系统。

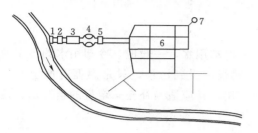

图 9-1　环状网与树状网相结合统一给水系统
1—取水构筑物；2—一级泵站；3—水处理构筑物；4—清水池；
5—二级泵站；6—管网；7—调节构筑物

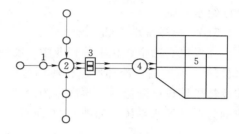

图 9-2　环状网统一给水系统
1—管井群；2—集水井；3—泵站；
4—水塔；5—管网

（2）分质给水系统。在城镇给水中，工业用水所占比例较大，各种工业用水对水质的要求往往不同，此时可采用分质给水系统，图 9-3 所示为一简单的分质给水系统，图中生活用水采用水质较好的地下水，工业用水采用地表水。分质给水系统也可采用同一水源，经过不同的水处理过程后，送入不同的给水管网。对水质要求较高的工业用水，可在城市生活给水的基础上，再自行采取一些处理措施。

（3）分压给水系统。当城市地形高差较大或用户对水压要求有很大差异时，可采用分压给水系统，由同一泵站内的不同水泵分别供水到低压管网和高压管网，如图 9-4 所示。

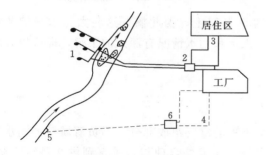

图 9-3　分质给水系统
1—管井；2—泵站；3—生活用水管网；4—生产用水管网；
5—取水构筑物；6—工业用水处理构筑物

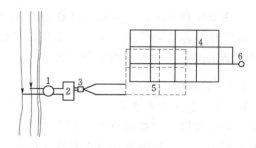

图 9-4　分压给水系统
1—取水构筑物；2—水处理构筑物；3—泵站；
4—高压管网；5—低压管网；6—水塔

（4）分区给水系统。当城市面积比较大，分期进行建设时，可根据城市规划状况，将给水管网分成若干个区，分批建成通水，各分区之间应有管道连通。

无论采用何种给水系统，在有条件的地方应尽量采用多水源供水，以确保供水安全。

9.1.3　工业给水系统

前面讨论的给水系统的组成和城镇给水系统的形式同样适用于工业企业。常用的工业给水系统有如下几种。

9.1.3.1 直流给水系统

直流给水系统是指工业企业从就近水源（包括城镇管网、河流和地下水源）取水，根据所需水质情况，直接或经适当处理后工业生产用，水经使用后，全部排除，不再利用。这种系统虽然管理较简单，但对水的浪费严重，一般不宜采用，尤其是水资源短缺的地区。

9.1.3.2 循序给水系统

循序给水系统是根据各车间对水质要求的不同，将水按一定顺序重复利用。图 9-5 为循序给水系统。

9.1.3.3 循环给水系统

在发电、冶金、化工等行业中，要用大量的冷却用水，一般地，冷却用水约占工业总用水量的 70% 左右。冷却用水在使用过程中，一般很少受到污染，只是温度有所上升，可在被冷却塔等设施降温后，再次作为冷却水重复使用，并应适当补充一定量的新鲜水。这种系统称为循环给水系统，如图 9-6 所示。

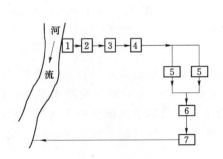

图 9-5 循序给水系统

1—取水构筑物；2——级泵站；3—水处理构筑物；4—二级泵站；
5—车间；6—车间；7—废水处理构筑物

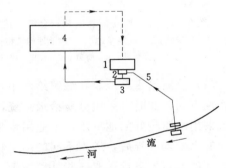

图 9-6 循环给水系统

1—冷却塔；2—吸水井；3—泵站；
4—车间；5—新鲜补充水

在城镇供水中，工业用水往往占总用水量的 50% 以上，因此搞好这些大用水户的节约用水工作是非常必要的，而其前提是要对企业的来水和用水情况有深入的了解，即应搞好水量平衡工作，掌握各处用水量和渗漏点。

9.1.4 给水管网的布置

9.1.4.1 管网的布置原则

给水管网（包括输水管和配水管网）是给水工程的重要组成部分，担负着城镇的输水和配水任务，其工程投资比例也最高。因此，给水管网布置的合理与否关系到供水是否安全、工程投资和管网运行费用是否经济。给水管网在进行规划和布置时应遵循下列基本原则：

（1）根据城市规划布置管网，给水系统可分期建设，并留有充分的发展余地。

（2）布置在整个供水区内，并满足用户对水量和水压的要求。

（3）管网供水应安全可靠，当局部管线发生故障时，应尽量减小断水范围。

（4）管线布置力求简短，并尽量减少特殊工程，以降低管网工程投资和日常供水费用。

9.1.4.2 配水管网的布置形式

配水管网有两种基本布置形式：树状网和环状网。

（1）树状网。如图 9-7 所示，这种管网从水厂泵站到用户的管线呈树枝状布置，干线

向供水区延伸，管径沿供水方向减小。这种管网的供水
可靠性差，而且管线末端水流缓慢甚至停滞，水质容易
变坏，但管网造价较低，一般用于小城镇和小型工矿
企业。

（2）环状网。图9-2为环状网。在环状网中，管
线间连接成环状，每条管至少可从3个方向来水，断水
的可能性大大减小，供水安全性好。环状网还可减轻水
锤作用带来的危害。但环状网的造价明显高于树状网。
在不允许断水的地区必须采用环状网。

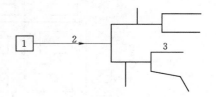

图9-7 树状网布置
1—水厂；2—输水管；3—管网

目前，城镇给水管网多采用图9-1所示的环状网与树状网相结合的管网布置形式。

9.1.4.3 输水管和配水管网定线

管网定线是指在地形平面图上确定管线的走向和位置。管网定线应综合考虑各种影响因
素，使管网定线科学合理，符合实际。

（1）输水管定线。输水管包括从水源到水厂的原水输水管和从水厂到配水管网的清水输
水管。原水输送可以采用重力输水管（渠），也可以采用压力输水管；当长距离输水时，可
采用重力输水管和压力输水管相结合的输水方式。清水输送一般应采用压力输水管。输水管
定线的一般原则如下：

1）必须与城市规划相结合，尽量沿现有道路或规划道路敷设，以便于进行施工和管道
维修。

2）管线尽量简短，以减小工程量，减少工程投资。

3）少占农田并应尽量减少建筑物的拆迁量。

4）管线应尽量避免穿越铁路、河流、沼泽、滑坡、洪水淹没地区、腐蚀性土壤地区等；
若无法避免时，必须采取有效措施，以保证管道能够安全输水。

5）在不允许断水的地区，输水管不宜少于两条。当输水量小、输水管长或多水源供水
时，可以采用一条输水管，同时在用水区附近设调节水池。此外，还可在双线输水管间设置
连通管，并装设阀门（图9-2）。一般地，当输水管的某段发生故障时，城镇输水管仍应提
供70％以上的设计流量。连通管间距参见表9-1。

6）输水管应设置坡度，最小坡度应大于
$1:5D$，D为管径，以mm计。当管线坡度小
于1‰时，应每隔1km左右，在管线高处装设
排气阀，在低处装设泄水阀，以使输水通畅并
便于检修。

表9-1 连通管间距

输水管长度（km）	<3	3~10	10~20
连通管间距（km）	1.0~1.5	2.0~2.5	3.0~4.0

7）管线埋深应考虑地面荷载情况和当地冰冻线，防止管道被压坏或冻坏。

输水管定线时，有时上述原则难以兼顾，此时应进行技术经济比较，以确定最佳的输水
管定线方案。

（2）配水管网定线。配水管网包括干管、连接管、分配管和接户管，如图9-8所示。

1）干管。干管是敷设在各供水区的主要管线，其任务是向各分配管供水。干管定线应
考虑以下几个问题：

a. 干管的平面布置和竖向标高，应符合城镇或工业企业的管道综合设计要求。干管应
沿规划道路敷设。

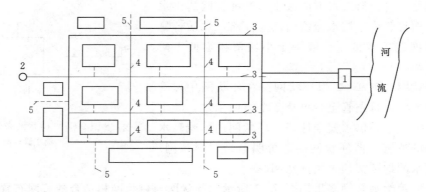

图 9-8　配水管网的组成

1—水厂；2—水塔；3—干管；4—连接管；5—分配管

b. 干管应向水塔、水池、大用水户的方向延伸。在供水区内，应沿水流方向，以最短的距离敷设一条或数条并行的干管，并应从用水量大的街区通过。干管间的距离视供水区的大小和供水情况而定，一般为 500～800m。并行的干管数越少，投资越节省，但供水的安全性越差。

c. 干管的布置要考虑城镇未来的发展，可分期建设，留有充分发展的余地。

2）连接管。将干管和干管连接起来的管段为连接管。设置连接管可使管网形成环状网。连接管的作用是在于管局部损坏时，关闭部分管段，通过连接管重新分配流量，以缩小断水区域，保证安全供水。连接管的间距一般为 800～1000m。

3）分配管。分配管是把干管输送来的水分送到接户管和消火栓上的管道。分配管敷设在供水区域内的每一条街道下。分配管的直径往往由消防流量决定。

4）接户管。接户管是将分配管送来的水引入用户的管道。一般的建筑物采用一条接户管；重要建筑物可采用两条接户管，并应从不同的方向接入建筑物，以提高供水的安全性。接户管的直径应经计算确定。

9.2　给水工程构筑物

9.2.1　给水管道材料、管网附件和附属构筑物

给水管网是给水工程的重要组成部分，它由众多水管和管网附件等连接而成，其投资约占给水工程总投资的 60%～80%。因此合理选用给水管材和管网附件是降低工程造价、保证安全供水的重要措施。

9.2.1.1　给水管道材料和配件

给水管材可分为金属管材和非金属管材两大类。水管材料的选择，取决于水管承受的内外荷载、埋管的地质条件、管材的供应情况及价格等因素。

（1）金属管。给水工程中使用的金属管主要为铸铁管和钢管。其他如铜管、合金管等多用于建筑给水的小口径管道。

1）铸铁管。铸铁管按材质可分为灰铸铁管和球墨铸铁管。

灰铸铁管有较强的耐腐蚀性，价格低廉，过去在我国被广泛应用于埋地管道。灰铸铁管的缺点是质地较脆，抗冲击和抗震能力较差。

球墨铸铁管的机械性能比灰铸铁管有很大提高，其强度是灰铸铁管的数倍，抗腐蚀性能

远高于钢管，且重量较轻，价格低于钢管。在日本、德国等国家，球墨铸铁管被广泛应用，是最主要的给水管材。目前在实际工程中应用的球墨铸铁管的较大口径是 1600mm 左右，如呼和浩特市引黄供水工程中的一段原水输水管采用了口径 1600mm 的球墨铸铁管。

球墨铸铁管代替灰铸铁管已成为必然趋势，但从价格因素考虑，小口径管道仍可采用柔性接口的灰铸铁管，或选用较大一级壁厚的管道。

铸铁管有两种接口形式，承插式（图 9-9）和法兰式（图 9-10）。承插式接口适用于埋地管线。安装时将插口插入承口，两口间的空隙用接口材料充填。法兰式接口在管口间垫上橡胶垫片。然后用螺栓上紧。这种接口接头严密、便于拆装。法兰式接口一般用于泵站或水处理车间等明装管线的连接。

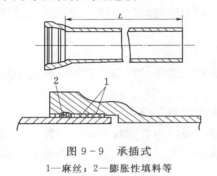

图 9-9 承插式
1—麻丝；2—膨胀性填料等

图 9-10 法兰式
1—螺栓；2—垫片

2）钢管。钢管可分为焊接钢管和无缝钢管两种，无缝钢管一般用于高压管道。钢管强度高、承受水压大、抗震性能好、重量比铸铁管轻、单管长度大、接头少，易于加工安装；但其抗腐蚀性差，内外壁均须做防腐处理，造价较高。

钢管接口一般采用焊接或法兰接口。管线上的各种配件一般由钢板卷焊而成，也可选用标准铸铁配件。

（2）非金属管。为节省工程造价，在给水管网中，条件允许时应以非金属管代替金属管。常用的非金属管材有以下几种。

1）预应力钢筋混凝土管和预应力钢筒钢筋混凝土。预应力钢筋混凝土管的特点是耐腐蚀、不结垢，管壁光滑，水力条件好，采用柔性接口，抗震性能强。爆管率低，价格较便宜，但重量大，运输不方便。目前在我国应用较广泛，主要用于大口径的输水管线，口径可达 2000mm 左右。

预应力钢筒钢筋混凝土管是在预应力钢筋混凝土管内放入钢筒，这种管材集中了钢管和预应力钢筋混凝土管的优点，但钢含量只有钢管的 1/3，价格与灰铸铁管相近。在美国、法国等国家这种管材被广泛应用于大口径管道上。在我国的实际工程中，预应力钢筋混凝土管的口径已达 2000mm。

预应力钢筋混凝土管采用承插接口，接口材料采用特式的橡胶圈。预应力钢筒钢筋混凝土管的接口形式也为承插式，只是承口环和插口环均用扁钢压式成型，与钢筒焊成一体。这两种管道在设置阀门、转弯、排气、放水等处，须采用钢式配件。

2）玻璃钢管。玻璃钢管全称为玻璃纤维增强热固性塑料管，是一种新型管材。玻璃钢管耐腐蚀、不结垢。管内非常光滑，水头损失小，重量轻，只有同规格钢管的 1/4、钢筋混凝土管的 1/5～1/10 左右，因此便于运输和安装；但其价格高，几乎和钢管相同，可在强腐蚀性土壤中采用。目前我国实际工程中应用的玻璃钢管口径已达 1600mm 左右。

3) 塑料管。塑料管耐腐蚀、不易结垢，管壁光滑、水头损失小。重量轻，加工和接口方便，价格较便宜；但其强度较低，且膨胀系数较大、易受温度影响。目前在小区给水中，塑料管的应用已越来越多，且较大口径的塑料给水管也在不断推出。

塑料管的种类很多。如硬聚氯乙烯塑料管（UPVC）、聚乙烯管（PE）、聚丙烯管（PP）、共聚丙烯管（PPR）以及铝塑复合管、钢塑复合管、铜塑复合管等。作为城市给水管材，硬聚氯乙烯塑料管的应用历史最长，但其他管材的发展速度也很快。如聚乙烯管由于其优异的环保性能，近年来在欧洲的应用得到了快速发展，有些地区应用 PE 管的数量已超过 UPVC 管。此外，为加强塑料管的耐压和抗冲击能力，各种金属、塑料复合管的开发和应用也越来越多，如不锈钢内衬增强 PPR 管等。

塑料管可采用胶粘剂粘接、热熔连接、接口材料为橡胶圈的承插连接，法兰连接等。各种连接配件为塑料制品。

9.2.1.2 给水管网附件

为保证管网的正常运行、消防和维修管理，管网上必须设置各种管钢附件，如阀门、消火栓、排气阀和泄水阀等。

（1）阀门。阀门是用来调节控式管网水流及水压的重要设备。

阀门的口径一般和管道直径相同，因阀门价格较高，当管径较大时，为降低造价，可安装口径为 0.8 倍水管直径的阀门，但这将使水头损失增大。因而，应从管网造价和运转费用等方面综合考虑，确定阀门口径。

阀门的种类很多，选用时，应从安装目的、使用要求、水管直径、水温水质情况、工作压力、阀门造价及维修保养等方面认真考虑。

（2）止回阀。止回阀也叫单向阀或逆止阀，用来限制给水管道中水流的流动方向，水只能通过它向一个方向流动。

（3）排气阀和泄水阀。在输水管道和配水管网隆起点和平直管段的适当位置上，应装设排气阀，以便在管线投产时和检修后通水时，放出管内空气。排气阀阀体应垂直安装在管线上。

排气阀阀口有单口及双口之分。单口排气阀一般安装在管径不大于 350mm 的给水管上；双口排气阀一般安装在管径不小于 400mm 的给水管上。排气阀口径与管道直径之比一般采用 1∶8～1∶12。

（4）消火栓。消火栓有地上式和地下式两种。地上式目标明显，易于寻找，但有时妨碍交通，一般用于气温较高的地区。地下式消火栓装设于消火栓井内，使用不如地面式方便，一般用于气温较低的地区及不适宜安装地面式消火栓的地方。

消火栓一般布置在交通路口、绿地、人行道旁等消防车可以靠近且便于寻找的地方，与建筑物距离 5m 以上。相同规格的两个消火栓的间距一般不大于 150m。

9.2.2 给水管网附属构筑物及管道敷设

除管网附件外，给水管网上还有很多附属构筑物，如保护阀门和消火栓的各种地下阀井、管线穿越障碍的构筑物、贮存和调节水量的调节构筑物等。

9.2.2.1 阀门井等地下井类构筑物

管网中的附件一般安装在地下井内，这样可以使附件得到保护，并便于操作和维修。各种井的形式及尺寸可参见标准图集。

地下井井壁和井底应不透水，管道穿越井壁处应进行密封处理。地下井一般用砖砌，也可用石砌或钢筋混凝土建造。

9.2.2.2 管道穿越障碍的构筑物

给水管道穿越铁路、河谷及山谷时，必须采取相关的技术措施。

管线穿越铁路时，其穿越地点、方式和施工方法必须取得铁路有关部门的同意，并遵循有关穿越铁路的技术规范。穿越铁路的水管应采用钢管或铸铁管。管道穿越非主要铁路或临时铁路时，一般可不设套管。防护套管管顶（无防护套管时为水管管顶）至铁路轨底的深度不得小于 1.2m。

管线跨越河谷及山谷时，可利用现有桥梁架设水管，或建造水管桥，或敷设倒虹吸管。选择跨越形式时，应考虑河道特性、通航情况、河岸地质条件、过河管道的水压及直径等，并经技术经济比较后确定。

给水管如能借助现有桥梁穿越河流是最为经济的方法，但应注意振动和冰冻的可能性。给水管通常敷设在桥边人行道下的管沟内或悬吊在桥下。

倒虹吸管从河底穿过，具有隐蔽、不影响航运等优点，但施工和检修不方便。

当无桥梁可利用或水管直径过大架设在桥下有困难时，可建造水管桥，架空穿越河道，但不能影响航运。水管桥有多种形式，可参见有关书籍。

9.2.2.3 管道的埋设及支墩

（1）管道的埋设。敷设在地下的给水管道的埋设深度，应根据外部荷载（包括静荷载和汽车等动荷载）、冰冻情况、管材强度及与其他管道交叉等因素确定。各种给水管道均应敷设在污水管道上方。给水管定线和敷设中的其他规定可参见《室外给水设计规范》（GB50013—2006）。

管道明设时，要避开滚石、滑坡地带；为减小温度影响，管道中应设置伸缩器；并应根据当地情况，采取一定的防冻保温措施。

为防止管道下沉引起管道破裂，管道应有适当的基础。

（2）管道的支墩。承插式接口的管道在水平或垂直方向转弯处、三通处、管端盖板等处均会产生外推力，有可能使接口松动漏水，因此应设置支墩，以保证输水安全。支墩材料一般采用混凝土。

9.2.2.4 调节构筑物

管网内的调节构筑物有水塔和水池等，主要用来调节管网内的流量，水塔和高地水池还可保证和稳定管网的水压。

（1）水塔。水塔的构造如图 9-11 所示，主要由水柜（即水箱）、管道、塔架及基础组成。进、出水管可以分开设置，也可以合用一条管道，到上部再分开（见图 9-11）。水塔顶应设避雷装置。塔体的作用为支承水柜。常用钢筋混凝土、砖石或钢材建造，以钢筋混凝土水塔较多。近年来，也有采用装配式水塔的。塔体形状有圆筒式和支柱式。

水塔设在寒冷地区时，不但要对管道进行保温，对水柜也应采取防冻保温措施，以防止水柜出现裂缝漏水。

（2）水池。水池可以建在地下或高地上。地下水池的

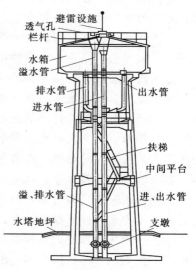

图 9-11 水塔的构造示意图

作用为调节水量，高地水池的作用与水塔相同。近年来也有采用装配式钢筋混凝土水池的。

水池的平面形状为圆形或矩形。水池上的管路设置要求基本同水塔。

9.3 排水工程系统布置

排水工程总体上包括农业田间生产排水工程和工业生产、城镇生活等排水工程。本节主要介绍城镇生活及工业生产等排水工程，农田生产排水工程可参见本教材第 6 章内容。

9.3.1 城镇排水工程、任务及其意义

9.3.1.1 排水工程及其任务

人们生产和生活中产生的大量污水，如不加控制，任意直接排入水体或土壤，使水体和土壤受到污染，将破坏原有的生态环境，而引起各种环境问题。为保护环境，现代城镇需要建设一整套工程设施来收集、输送、处理和处置污水，这种工程设施称为排水工程。

排水工程的基本任务是保护环境免受污染，以促进工农业生产的发展和保障人民的健康与正常生活。其主要内容包括：①收集各种污水并及时输送至适当地点；②将污水妥善处理后排放或再利用。

9.3.1.2 污水及分类

人类的生活和生产活动都要使用大量的水。水在使用过程中如果受到不同程度的污染，改变了原有的化学成分和物理性质，则称为污水或废水。污水也包括雨水和冰雪融化水。

按其来源的不同，污水可分为生活污水、工业废水和降水等 3 类。

（1）生活污水。是指人们在日常生活中用过的水，包括从厕所、浴室、盥洗室、厨房、食堂和洗衣房等处排出的水。它来自住宅、公共场所、机关、学校、医院、商店以及工厂中的生活区部分。

生活污水需要经过处理后才能排入水体、灌溉农田或再利用。

（2）工业废水。是指在工业生产中排出的废水，来自车间或矿场。工业废水按照污染程度的不同，可分为生产废水和生产污水两类。

生产废水是指在使用过程中受到轻度污染或水温稍有增高的水。如冷却水便属于这一类，通常经简单处理后即可在生产中重复使用，或直接排放水体。

生产污水是指在使用过程中受到较严重污染的水。这类水多具有危害性，大都需经适当处理后才能排放，或再生产中使用。

工业废水按所含污染物的主要成分分类，如酸性废水、碱性废水、含氰废水、含铬废水、含汞废水、含油废水、含有机磷废水和放射性废水等。在不同的工业企业，由于产品、原料和加工过程不同，排出的是不同性质的工业废水。

（3）降水。即大气降水，包括雨水和冰雪融化水。降落雨水一般比较清洁，但其形成的径流量大，若不及时排泄，则将积水为害，妨碍交通，甚至危及人们的生产和日常生活。目前，在我国的排水模式中，认为雨水较为洁净，一般不需处理，直接就近排入水体。

天然雨水一般比较清洁，但初期降雨时所形成的雨水径流会挟带大气中、地面和屋面上的各种污染物质，使其受到污染，所以初期径流的雨水，往往污染严重，应予以控制排放。近年来由于水污染加剧，水资源日益紧张，雨水的作用被重新认识。长期以来雨水直接径流排放，不仅加剧水体污染和河道洪涝灾害，同时也是对水资源的一种浪费。

在城镇的排水管道中接纳的既有生活污水也有工业废水。这种混合污水称之为城市污

水。在合流制排水系统中，还包括生产废水和截流的雨水。城市污水由于是一种混合污水，其性质变化很大，随着各种污水的混合比例和工业废水中污染物质的特性不同而异。这类污水需经过处理后才能排入水体、灌溉农田或再利用。

生活污水量和用水量相当，而且所含污染物质的数量和成分也比较稳定。工业废水的水量和污染物质浓度差别很大，取决于工业生产过程和工艺过程。

9.3.1.3 废水、污水的处理

排放水的收集、输送、处理和排放等工程设施以一定的方式组合成的总体称为排水系统。排水系统通常是由管道系统（或称排水管网）和污水处理系统（即污水处理厂）两大部分组成。管道系统是收集和输送废水的设施，把废水从产生处输送至污水厂或出水口，它包括排水设备、检查井、管渠、泵站等工程设施。污水处理系统是处理和利用废水的设施，它包括城市及工业企业污水处理厂（站）中的各种处理构筑物及利用设施等。

根据不同的要求，经处理后的污水的最终去向包括：①排放水体（达标排放）；②灌溉农田；③重复利用。

工业废水的循序使用和循环使用也是直接复用。某工序的废水用于其他工序，某生产过程的废水用于其他生产过程，称作循序使用。某生产工序或过程的废水，经回收处理后仍作原用，称作循环使用。不断提高水的重复利用率是可持续发展的必然趋势。

9.3.1.4 排水工程意义

排水工程是城市基础设施之一，在城市建设、居民生活中起着十分重要的作用。

首先，排水工程的合理建设有助于保护和改善环境，消除污水的危害，对保障人民的健康起着重要的作用。随着现代工业的发展和城市规模的扩大，污水量日益增加，污水成分也日趋复杂，城镇建设必须随时注意经济发展过程中造成的环境污染问题，并协调解决好污水的污染控制、处理及利用问题，以确保环境不受污染。

其次，排水工程作为国民经济的一个组成部分也具有重要意义。水是非常宝贵的自然资源，它在人民日常生活和工农业生产中都是不可缺少的。虽然地球表面的 70% 以上被水覆盖，但其中便于取用的淡水量仅为地球总水量的 0.2% 左右。许多河川的水都不同程度地被其上下游的城市重复使用着。如果水体受到污染，势必降低淡水水源的使用价值。排水工程正是保护水体免受污染，以充分发挥其经济效益的基本手段之一。同时，城市污水资源化后，可重复用于城市和工业，这是节约用水和解决淡水资源短缺的一种重要途径。

第三，污水的妥善处置和雨雪水的及时排除与合理利用，是保证工农业生产正常运行的必要条件之一。此外，污水利用本身也有很大的经济价值，如有控制地利用污水灌溉农田，会提高产量，节约农肥，促进农业生产；工业废水中有价值原料的回收，不仅消除了污染，而且为国家创造了财富，降低产品成本；将含有机物的污泥发酵，不仅可以获得高效能源，而且能更好地利用污泥做农肥、建筑材料或铺路材料等。

总之，在城市建设中，排水工程对保护环境、促进工农业生产和保障人民的健康，具有巨大的现实意义和深远的影响。应当充分发挥排水工程在我国经济建设中的积极作用，使经济建设、城乡建设与环境建设同步规划、同步实施、同步发展，以达到经济效益、社会效益和环境效益的统一。

9.3.2 排水系统的模式及其选择

9.3.2.1 排水系统的模式

如前所述，在城镇和工业企业中通常有生活污水、工业废水和雨水。这些污水既可采用

一个管渠系统来排除，又可采用两个或两个以上各自独立的管渠系统来排除。污水的这种不同排除方式所形成的排水系统，称作排水系统的模式（简称排水模式）。排水系统的模式，一般分为合流制和分流制两种。

（1）合流制排水系统。合流制排水系统是将生活污水、工业废水和雨水混合在同一个管渠内排除的系统，又分为直排式和截流式。现在常采用的是截流式合流制排水系统（图9-12）。

这种系统是在临河岸边建造一条截流干管，同时在合流干管与截流干管相交前或相交处设置溢流井，并在截流干管下游设置污水厂。截流式合流排水系统比直排式大大前进了一步，但仍有部分混合污水未经处理就直接排放，从而使水体遭受污染，这是它的不足之处。国内外在改造老城市的合流制排水系统时，通常采用这种方式。

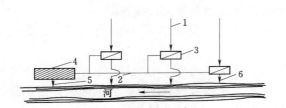

图9-12 截流式合流制排水系统

1—河流干管；2—截流主干管；3—溢流井；4—污水处理厂；
5—出水口；6—溢流出水口

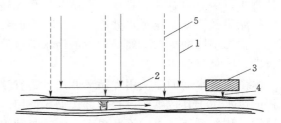

图9-13 分流制排水系统

1—污水干管；2—污水主干管；3—污水处理厂；
4—出水口；5—雨水干管

（2）分流制排水系统。分流制排水系统是将生活污水、工业废水和雨水分别在2个或2个以上各自独立的管渠内排除的系统（图9-13）。排除生活污水、城市污水或工业废水的系统称为污水排水系统；排除雨水的系统称为雨水排水系统。

由于排除雨水方式的不同，分流制排水系统又分为完全分流制和不完全分流制两种排水系统（图9-14）。

在工业企业中，一般采用分流制排水系统。然而，由于工业废水的成分和性质往往很复杂，不但与生活污水不宜混合，而且彼此之间也不宜混合，否则将造成污水和污泥处理复杂化，并给废水重复利用和回收有用物质造成很大困难。冷却废水经冷却后在生产中循环使用。

9.3.2.2 排水系统模式的选择

合理地选择排水系统的模式，是城市和工业企业排水系统规划和设计的重要问题。通常，在满足环境保护需要的同时，应根据当地条件，通过技术经济比较确定。

（1）环境保护方面。如果采用合流制将城市生活

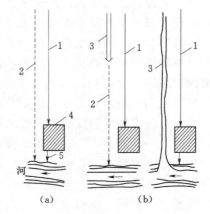

图9-14 完全分流制和不完全分流制

（a）完全分流制；（b）不完全分流制
1—污水管；2—雨水管；3—原渠道；
4—污水厂；5—出水口

污水、工业废水和雨水全部截流送往污水厂进行处理，然后再排放，从控制和防止水体的污染来看，是较理想的。

（2）工程造价方面。国外有的经验认为合流制排水管道的造价比完全分流制一般要低

20%～40%，但合流制的泵站和污水厂的造价却比分流制高。从总造价来看完全分流制比合流制可能要高；从初期投资来看，不完全分流制因初期只建污水排水系统，初期投资费用低。

（3）维护管理方面。在合流制管渠内，晴天时污水只是部分充满管道，雨天时才形成满流，因而晴天时合流制管内流速较低，易于产生沉淀。而分流制排水系统可以保持管内的流速，不致发生沉淀；同时，流入污水厂的水量和水质比合流制变化小得多，污水厂的运行易于控制。

混合式排水系统的优缺点，介于合流制和分流制排水系统两者之间。

9.3.3 排水系统的主要组成部分

城市污水、工业废水和雨水等排水系统的主要组成部分分述如下。

9.3.3.1 城市污水排水系统的主要组成部分

城市污水包括排入城镇污水管道的生活污水和工业废水。将工业废水排入城市生活污水排水系统，就组成城市污水排水系统。它由以下几个主要部分组成：①室内污水管道系统及设备；②室外污水管道系统；③污水泵站及压力管道；④污水处理厂；⑤出水口。

9.3.3.2 工业废水排水系统的主要组成部分

在工业企业中用管道将厂内各车间所排出的不同性质的废水收集起来，送至废水回收利用和处理构筑物。经回收处理后的水可再利用、排入水体或排入城市排水系统。

工业废水排水系统，由下列几个主要部分组成：①车间内部管道系统和设备；②厂区管道系统；③污水泵站及压力管道；④废水处理站。一般来说，对于工业废水，由于工业门类繁多，水质水量变化较大。原则上，应先从改革生产工艺和技术革新入手，尽量把有害物质消除在生产过程之中，做到不排或少排废水。同时应重视废水中有用物质的回收。

9.3.3.3 雨水排水系统的主要组成部分

雨水排水系统由下列几个主要部分组成：①建筑物的雨水管道系统和设备；②街坊或厂区雨水管渠系统；③街道雨水管渠系统；④排洪沟；⑤出水口。

合流制排水系统的组成与分流制相似，同样有室内排水设备、室外居住小区以及街道管道系统。雨水经雨水口进入合流管道，在合流管道系统的截流干管处设有溢流井。

9.3.4 排水系统的布置形式

排水系统的布置形式应结合地形、竖向规划、污水厂的位置、土壤条件、河流位置以及污水的种类和污染程度而定。在实际情况下，较少单独采用一种布置形式，通常是根据当地条件，因地制宜地采用综合布置形式。以下介绍的几种布置形式主要考虑地形因素。

9.3.4.1 正交式

在地势适当向水体倾斜的地区，各排水流域的干管以最短距离沿与水体垂直相交的方向布置，称正交式布置，如图9-15（a）所示。正交布置的干管长度短、管径小，因而较经济，污水排出也迅速。若沿河岸再敷设主干管，并将各干管的污水截流送至污水厂，这种布置形式称截流式布置，如图9-15（b）所示，所以截流式是正交式发展的结果。

9.3.4.2 平行式

在地势向河流方向有较大倾斜的地区，为避免因干管坡度及管内流速过大，使管道受到严重冲刷，可使干管与等高线及河道基本上平行、主干管与等高线及河道成一定角度敷设，称为平行式布置，如图9-15（c）所示。

9.3.4.3　分区式

在地势高差相差很大的地区，当污水不能靠重力流流至污水厂时，可采用分区布置形式如图 9-15（d）所示。这时，可分别在高区和低区敷设独立的管道系统。高区的污水靠重力流直接流入污水厂，而低区的污水用水泵抽送至高区干管或污水厂。这种布置只能用于个别阶梯地形或起伏很大的地区，它的优点是充分利用地形排水，节省电力。

9.3.4.4　环绕式及分散式

当城市周围有河流，或城市中心部分地势高并向周围倾斜的地区，排水流域的干管常采用辐射状分散布置，如图 9-15（e）所示，各排水流域具有独立的排水系统。但考虑到规模效益，不宜建造数量多、规模小的污水厂，而宜建造规模大的污水厂，所以由分散式发展成环绕式布置，如图 9-15（f）所示。这种形式是沿四周布置主干管，将各干管的污水截流送往污水厂。

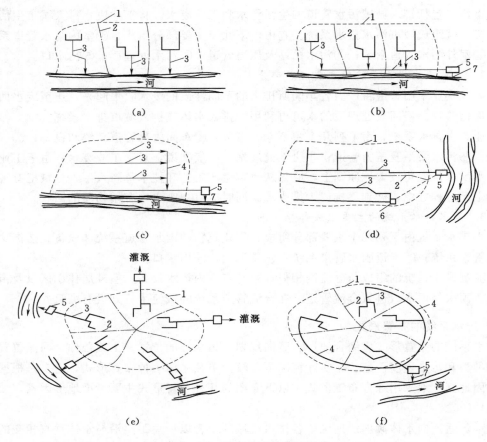

图 9-15　排水系统的布置形式

（a）正交式；（b）截流式；（c）平行式；（d）分区式；（e）分散式；（f）环绕式

1—城市边界；2—排水流域分界线；3—干管；4—主干管；5—污水厂；6—污水泵站；7—出水口

9.3.4.5　区域集中式

为了提高污水处理厂的规模效益，并改善其处理效果，可以把几个区域的排水系统连接合并起来，汇集输送到一个大型污水处理厂集中处理，如图 9-16 所示。将这种两个以上城镇地区的污水统一处理和排出的系统称作区域排水系统。

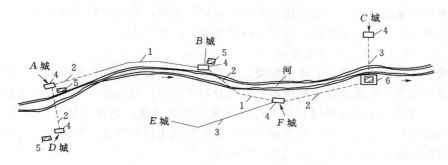

图 9-16　区域排水系统的平面布置图

1—区域主干管；2—压力管道；3—新建城市污水干管；4—泵站；5—废除的城镇污水厂；6—区域污水厂

9.3.5　排水系统的设计原则和任务

排水工程是城市和工业企业基本建设的一个重要组成部分，同时也是控制水污染、改善和保护环境的重要措施。排水系统设计的主要任务是规划设计收集、输送、处理和利用污水的一整套工程设施和构筑物，即排水管道系统和污水厂的规划设计。

当然，排水工程的规划设计作为总体规划的组成部分，应在区域规划以及城市和工业企业的总体规划基础上进行，应符合总体规划所遵循的原则，并和其他工程建设密切配合。

9.3.5.1　排水工程规划设计的原则

排水工程规划设计一般应遵循下列原则：

（1）符合城市以及工业企业的总体规划，并应与城市和工业企业中其他单项工程建设密切配合，互相协调。

（2）城市污水应以点源治理与集中处理相结合，以城市集中处理为主。

（3）城市污水是重要的水资源，应考虑再生回用。

（4）所设计排水区域的水资源应考虑综合处置与利用，如排水工程与给水工程、雨水利用与中水工程等协调，以节省总投资。

（5）排水工程的设计应全面规划，按近期设计，同时为远期发展留出扩建的可能。

（6）在规划和设计排水工程时，应按照国家和地方制定的有关规范和标准进行。

9.3.5.2　排水工程建设和设计的基本建设程序

排水工程基建程序可归纳为下列几个阶段：

（1）可行性研究阶段。论证基建项目在经济、技术等方面是否可行。

（2）计划任务书阶段。计划任务书是确定基建项目、编制设计文件的主要依据。

（3）设计阶段。设计单位根据上级有关部门批准的计划任务书进行设计工作，并编制概（预）算。

（4）组织施工阶段。建设单位采用施工招标或其他形式落实施工工作。

（5）竣工验收交付使用阶段。建设项目建成后，竣工验收交付生产使用是工程施工的最后阶段。

排水工程设计应全面规划，按近期设计，考虑远期发展的可能性。并根据使用要求和技术经济的合理性等因素，对工程作出合理的布局。

9.3.6　雨水管渠系统及防洪工程的设计

为防止暴雨径流的危害，需要修建雨水排除系统，以便有组织地及时将暴雨径流排入水体。将雨水作为水资源加以合理利用应是雨水更好的出路，如可以利用城市建筑的屋顶、道路、庭院等收集雨水，用于冲厕、洗车、浇绿地或回补地下水。

9.3.6.1 雨水管渠系统及其布置原则

雨水管渠系统是由雨水口、雨水管渠、检查井、出水口等构筑物所组成的一整套工程设施。雨水管渠布置一般应遵循下列原则：①充分利用地形，就近排入水体；②尽量避免设置雨水泵站；③结合街区及道路规划，按排除地面径流的要求，道路纵坡最好在 0.3%～6%范围内；④结合城市竖向规划；⑤合理开辟水体；⑥雨水口的设置。街道交汇处雨水口设置的位置与路面的倾斜方向有关，如图 9-17 所示。

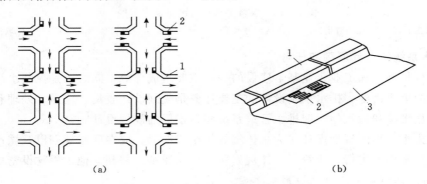

(a)　　　　　　　　　　　　　　　　(b)

图 9-17　道路交叉路口雨水口布置

(a) 雨水口布置；(b) 雨水口位置

1—路沿；2—雨水口；3—路面

9.3.6.2 雨水管渠设计流量的确定

雨水设计流量是确定雨水管渠断面尺寸的重要依据。城镇和工厂中排除雨水的管渠，由于汇集雨水径流的面积较小，可以采用小汇水面积上其他排水构筑物计算设计流量的推理公式来计算雨水管渠的设计流量。

雨水设计流量按下式计算

$$Q = \Psi q F \qquad\qquad (9-1)$$

式中　Q——雨水设计流量，L/s；

　　　Ψ——径流系数，其数值小于1；

　　　F——汇水面积，万 m^2 或 hm^2；

　　　q——设计暴雨强度，L/(s·万 m^2) 或 L/(s·hm^2)。

这一公式是根据假设条件，由雨水径流成因加以推导得出的半经验半理论的公式，称为推理公式。该公式适用于小流域面积，也是我国室外排水设计规范规定采用的公式。

9.3.7　雨水管渠系统设计

9.3.7.1 雨水管渠设计参数规定

雨水管渠水力计算公式同污水管道一样，采用均匀流公式。同样在实际工程中，为简化计算，可直接查水力计算图表。

为使雨水管渠正常工作，对雨水管渠水力计算基本参数作如下技术规定。

(1) 设计充满度。雨水管渠的充满度按满流考虑，即 $h/D=1$，明渠则应有等于或大于 0.20m 的超高，街道边沟应有等于或大于 0.03m 的超高。

(2) 设计流速。

1）为避免雨水所挟带的泥沙等无机物质在管渠内沉淀下来而堵塞管道，雨水管道的最小设计流速为 0.75m/s；明渠内最小设计流速为 0.4m/s。

2）为防止管壁受到冲刷而损坏，雨水管道的最大设计流速为：金属管道 10m/s，非金属管道 5m/s；明渠内水流深度为 0.4～1.0m，最大设计流速按表 9-2 选择。

表 9-2　　　　　　　　　　　　　　　明渠最大设计流速

明渠类别	最大设计流速（m/s）	明渠类别	最大设计流速（m/s）
粗砂或低塑性粉质黏土	0.80	草皮护面	1.60
粉质黏土	1.00	干砌块石	2.00
黏　土	1.20	浆砌块石或浆砌砖	3.00
石灰岩及中砂岩	4.00	混凝土	4.00

注　当水流深度 h 在 0.4～1.0m 范围以外时，表列流速应乘以下列系数：$h<0.4$m，系数 0.85；$h>1$m，系数 1.25；$h\geq2$m，系数 1.40。

（3）最小管径和最小设计坡度：雨水管道最小管径为 300mm，相应的最小坡度为 0.003；雨水口连接管最小管径为 200mm，最小坡度为 0.01。

（4）最小埋深与最大埋深：具体规定同污水管道。

9.3.7.2　雨水管渠设计计算步骤：

①划分排水流域与管渠定线；②划分设计管段及沿线汇水面积；③确定设计计算基本数据，计算设计流量；④水力计算；⑤绘制管道平面图和纵剖面图。

9.3.8　雨水径流量的调节

由于雨水管渠系统设计流量包含了洪峰时段的降雨径流量，设计流量大，造成管渠断面大，工程造价高。因此可将天然洼地、池塘等用作调节池，其位置取决于自然条件。若考虑人工建造调节池，则要选择合理的位置，一般可在雨水干管中游或有大流量管道的交汇处、正在进行大规模住宅建设和新城开发的区域、在拟建雨水泵站前的适当位置处设置人工的地面式或地下式调节池。

9.3.8.1　调节水池的常用布置形式

一般常用溢流堰式或底部流槽式的调节池。

（1）溢流堰式调节水池。调节池通常设置在干管一侧，有进水管和出水管。进水管较高，其管顶一般与池内最高水位相平；出水管较低，其管底一般与池内最低水位相平，如图 9-18 所示，Q_1 为调节池上游雨水干管中流量，Q_2 为不进入调节池的泄水量，Q_3 为调节池下游雨水干管的流量。Q_4 为调节池进水流量，Q_5 为调节池出水流量。

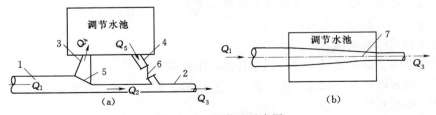

图 9-18　调节池示意图

（a）溢流堰式；（b）底部流槽

1—上游干管；2—下游干管；3—进池水管；4—出池水管；

5—溢流堰；6—逆制阀；7—流槽

(2) 底部流槽式调节水池，如图 9 - 18 所示，图中 Q_1 及 Q_3 意义同上。

雨水从池上游干管进入调节池后，当 $Q_1 \leqslant Q_3$ 时，雨水经设在池最底部的渐缩断面流槽全部流入下游干管而排走。池内流槽深度等于池下游干管的直径。当 $Q_1 > Q_3$ 时，池内逐渐被高峰时的多余水量（$Q_1 - Q_3$）所充满，池内水位逐渐上升，直到 Q，不断减少至小于池下游干管的通过能力 Q 时，池内水位才逐渐下降，至排空为止。

9.3.8.2 调节池容积 V 的计算

调节池内最高水位与最低水位之间的容积为有效调节容积。关于调节池容积的计算方法，国内外均有不少研究，但尚未得到圆满解决。各种计算方法可查阅有关文献资料。

9.3.8.3 调节池下游干管设计流量计算

由于调节池下游蓄洪和滞洪作用的存在，因此调节池下游雨水干管的设计流量以调节池下游的汇水面积为起点计算，与调节池上游汇水面积无关。

若调节池下游干管无本段汇水面积的雨水进入时，显然，其设计流量为

$$Q = \alpha Q_{max} \tag{9 - 2}$$

若调节池下游干管接受本段汇水面积的雨水进入时，则其设计流量为

$$Q = \alpha Q_{max} + Q' \tag{9 - 3}$$

对于溢流堰式调节池

$$\alpha = (Q_2 + Q_5)/Q_{max} \tag{9 - 4}$$

对于底部流槽式调节池

$$\alpha = Q_3/Q_{max} \tag{9 - 5}$$

式中 Q_{max}——调节池上游干管的设计流量，m^3/s；

      α——下游干管设计流量的降低程度；

      Q'——调节池下游干管汇水面积上雨水设计流量，即按下游干管汇水面积的集水时间计算，与上游干管的汇水面积无关，m^3/s。

9.3.9 排洪沟设计

一般城市多临近江河、山溪、湖泊或海洋等修建。江河、山溪、湖泊或海洋，为城市的发展提供了必要的水源条件；但也可能给城市带来洪水灾害。因此，为解除或减轻洪水对城市的危害，保证城市安全，往往需要进行城市防洪工程规划。城市或城市防洪规划的主要任务是防止由暴雨形成的巨大地面径流所造成的严重灾害。

9.3.9.1 城市防洪规划的原则

(1) 城市防洪规划应符合城市和工业企业的总体规划要求，防洪工程规划设计的规模、范围和布局都必须根据城市和工业企业总体规划来安排。

(2) 合理安排，远近期结合。

(3) 充分利用原有设施。

(4) 尽量采用分洪、截洪、排洪相结合的防洪措施。

(5) 不宜临近城市上游修建水库，若必须修建时，须严格按照有关法规进行规划设计。

(6) 尽可能具有综合功能。

9.3.9.2 城市防洪标准

防洪工程的规模是以所抗御洪水的大小为依据的，洪水的大小在定量上通常以某一重现期（或某一频率）的洪水流量表示。确定城市防洪标准的依据一般有以下几点：城市或工业

区的规模；城市或工业区的地理位置、地形、历次洪水灾害情况；当地当时的经济技术条件等。对于上游有大中型水库的城市，防洪标准应适当提高。表9-3，表9-4为我国目前常采用的排洪工程设计标准。

表9-3   山洪防治工程设计标准

级别	工程情况及企业性质	频率（%）	重现期（a）
Ⅰ	大型企业、对防洪有特殊要求的中型企业	1	100
Ⅱ	中型工业企业受淹后损失较大，但能够在短时期内修复的对防洪有特殊要求的小型企业	2	50
Ⅲ	中、小型企业	5	20
Ⅳ	辅助性建筑物、临时性建筑物	10	10

表9-4   城市防洪工程设计标准

工程级别	保护对象			防洪标准	
	城市等级	人口（万人）	重要性	频率（%）	重现期（a）
一	大城市、重要城市	＞50	重要的政治、经济、国防中心及交通枢纽，特别重要的大型企业	1	100
二	中等城市	20～50	比较重要的政治、经济中心，大型工业企业，重要的中塑企业	2～1	50～100
三	小城市	＜20	一般性小城市、中、小型企业	5～2	20～50

9.3.9.3 设计洪水流量计算

相应于防洪设计标准的洪水流量，称为设计洪水流量。洪水流量的推算一般有3种方法（详见第2章相关内容）。

9.3.9.4 排洪沟的设计要点

排洪沟的设计涉及面广，影响因素复杂，应综合考虑，合理布置排洪沟。

（1）工业或居住区依山建设时，建筑区选址时应对当地洪水的历史及现状作充分的调研研究，摸清洪水汇流面积及流动方向。

（2）排洪沟的布置应与建筑区的总体规划密切配合，统一考虑。

（3）排洪工程设计采用的标准，应根据建筑区的性质、规模的大小、受淹后损失的大小等因素来确定。一般常用设计重现期为10～100年，可参考表9-3、表9-4。

（4）排洪沟的断面形式，常采用梯形断面明渠。排洪沟的超高一般采用0.3～0.5m，截洪沟的超高0.2m。

（5）排洪沟转弯时，其半径一般不小于沟内水面宽度的5～10倍；用有浆砌块石铺面时，应不小于沟内水面宽度的2.5倍。排洪沟底宽变化时，应设置渐变段连接，渐变段的长度一般为5～20倍底宽之差。

（6）排洪沟出口处，宜逐渐放大底宽，减小单宽流量。

（7）排洪沟通过坡度较大的地段时，应根据具体地形情况，设置铺砌坚实的跌水或流（陡）槽。

（8）排洪沟的最大流速。为了防止山洪冲刷，应按流速的大小选用不同的铺砌加固沟底池壁的强度。表9-5为不同铺砌的排洪沟对最大流速的规定。

表 9-5 常用铺砌及防护渠道的最大设计流速

序号	铺砌及防护类型	水流平均深度（m）			
		0.4	1.0	2.0	3.0
		平均流速（m/s）			
1	单层铺石（石块尺寸 15cm）	2.5	3.0	3.5	3.8
2	单层铺石（石块尺寸 20cm）	2.9	3.5	4.0	4.3
3	双层铺石（石块尺寸 15cm）	3.1	3.7	4.3	4.6
4	双层铺石（石块尺寸 20cm）	3.6	4.3	5.0	5.4
5	水泥砂浆砌软弱沉积岩块石砌体，石材强度等级不低于 Mu10	2.9	3.5	4.0	4.4

9.3.9.5 排洪沟水力计算

（1）直线段排洪沟水力计算。可采用均匀流计算公式（详见第 2 章相关内容）。

对于新建排洪沟，如已知设计洪峰流量，排洪沟过水断面尺寸的计算方法是：首先假定排洪沟水深、底宽、纵坡及边坡系数，计算出排洪沟的流速（应满足表 9-5 的最大流速的规定），再求出排洪沟通过的流量，若计算流量与设计流量误差大于 5%，则重新修改水深值，重复上述计算步骤，直到求得两者误差小于 5% 为止。

若是复核已建排洪沟的排洪能力，则排洪沟水深、底宽、纵坡、边坡系数等均为已知，可求出排洪沟通过的流量。

（2）弯曲段水力计算。由于弯曲段水流因离心力作用而产生的外侧与内侧的水位差，故设计时外侧沟高大于内侧沟高，即弯道外侧沟高除考虑沟内水深及安全超高外，尚应增加水位差 h 的 1/2，h 单位为 m，其计算式为

$$h = \frac{v^2 B}{Rg} \tag{9-6}$$

式中　v——排洪沟平均流速，m/s；

　　　B——弯道宽度，m；

　　　R——弯道半径，m；

　　　g——重力加速度，m/s²。

9.4 雨 水 利 用

9.4.1 概述

由于水资源的主要储存形式——地表水和地下水都是由雨水转化而来的，所以从广义上讲，一切对水资源的开发利用活动，都是对雨水的利用活动。狭义的雨水利用是指雨水的直接利用活动，不包括对雨水转化形式的利用。

在我国一直将雨水作为污水的一种形式，并将其尽快排至水体。由于雨水量相对集中，特别是我国北方地区虽然全年降雨量并不大，但雨水集中在 7～9 月，因此所修建的雨水管渠庞大，造价也很高。同时这种方法不仅造成雨水资源的流失，而且在暴雨季节常会引起河水上涨，河道受到侵蚀，使城市的防洪工作面临巨大的压力，特别是遇到特大洪水时，人民群众的生命财产受到巨大威胁，政府不得不投入大量人力、物力和财力到抗洪抢险工作中，从而影响了我国经济的持续快速发展。此外，雨水排至水体，也造成对水体的污染和对生态

环境的破坏。

因此雨水利用对减轻市政雨水管网的压力、减轻雨水对河流的污染，减轻河流下游的洪涝灾害具有重要的意义。同时通过雨水利用还可以缓解水资源的短缺，是开源节流的有效途径。尤其是随着我国城市化进程的加快，不透水面积不断增加，雨水的径流量进一步增加，地下水的补给随之减少。因此，城市雨水的合理利用有助于涵养地下水源，改善水资源状况，也有助于抑制水体污染。

其实雨水利用是世界各国沿用已久的传统技术，尤其在严重缺水的地区，如我国黄土高原地区蓄水窖仍是一些山区农业生产和家庭供水的主要方式。自20世纪80年代以来，雨水利用的技术和方法不断发展，许多西方国家如日本、德国、澳大利亚、美国等也很关注雨水的利用，日本雨水利用工程逐步规范化和标准化；德国在20世纪80年代末就把雨水的管理与利用列为20世纪90年代水污染控制的3大课题之一；英国伦敦世纪圆顶的雨水收集利用系统每天回收100m³/a雨水作冲洗厕所用水；美国加州富雷斯诺市10年间的地下水回灌总量为1.338亿m³，年回灌量占该市年用水量的20%。

我国也逐步转变了观念，认识到雨水作为一种水资源对城市发展的重要性，并已展开雨水利用工程的尝试。如甘肃、河北、北京等省市自20世纪80年代以来，积极开展了屋顶和庭院雨水集蓄利用的系统研究；北京市城区雨洪最大可利用量多年平均为1.93亿t，2000年北京市与德国开展了雨洪利用合作项目，并建设3个示范小区，同时雨水利用技术设备也在研究之中。当然在我国推广雨水利用技术，尚需制定相关法规，加以引导和鼓励。

9.4.2 雨水利用的方法

根据雨水利用的目的不同，雨水利用方法有以下几种。

9.4.2.1 作饮用水水源

对于一些干旱地区，由于地表、地下水资源匮乏，雨水成了重要的饮用水水源，如在非洲的肯尼亚，就有大量的雨水收集系统。在我国的西北部也有这样的情况，当然主要以屋面和庭院雨水收集与利用为主。

9.4.2.2 雨水渗透以回灌地下水

大气降水、地表水、土壤水和地下水，都是地球水循环的重要组成部分，它们相互转化，相互影响。大气降水是地表水、土壤水和地下水的主要补给来源，对满足植被和农作物生长需要来说，由大气降水补给的土壤水具有不可低估的作用。同时通过雨水渗透可直接回灌地下，补充地下水。

9.4.2.3 作为中水补充水源

将雨水作为中水补充水源，用于城市清洁、绿地浇灌和维持城市水体景观等，可有效地缓解城市供水压力。

9.4.3 雨水水质分析

雨水水质取决于各城市的发展状况、工业构成情况、卫生状况等。根据对北京地区的屋面及道路雨水水质的分析表明：

（1）屋面径流水质的变化比较复杂，受气温、屋面材料、降雨时间间隔和降雨强度等多种因素影响。其中初期雨水径流污染最为严重。

（2）道路径流水质特别是城市道路水质较差，初期雨水径流中的许多成分如石油类、总氰、部分重金属都是超标的。

9.4.4 雨水利用设计要点

9.4.4.1 可利用雨量的确定

可利用雨量小于雨水资源总量，雨水的收集利用要受到许多因素的制约。雨水利用主要是根据利用的目的，通过合理的规划，在技术合理和经济可行的条件下对可利用雨量加以收集利用。

由于降雨相对集中的特点，应以汛期雨量收集为主，考虑气候、季节等因素引入季节折减系数 α。同时根据雨水水质分析可知，初期降雨雨水水质较差，污染严重，应考虑弃流与污水合并收集处理，因此需引入初期弃流折减系数 β。考虑以上雨量和水质的影响因素后，可利用雨量计算公式如下

$$Q = HA\psi\alpha\beta \qquad (9-7)$$

式中 Q——年平均可利用雨量，m^3；

       H——年平均降雨量，mm；

       A——汇水面积，m^2；若计算屋面年平均可利用雨量，A 为屋顶水平投影面积；

       ψ——平均径流系数；

       α——季节折减系数；北京地区建议取 0.85；

       β——初期弃流系数；北京地区，对屋面雨水建议取 0.87。

9.4.4.2 雨水利用的高程控制

进行雨水利用时尤其是以渗透利用为主的地区，应将高程设计和平面设计、绿化、停车场、水景布置等统一考虑。在有条件的地区，通过水量平衡计算也可结合水景设计综合考虑。

对任何种类的渗透装置，均要求地下水最高水位或地下不透水岩层至少低于渗透表面 1.2m，土壤渗透系数不小于 2×10^{-5}，地面坡度不大于 15%，离房屋基础至少 3m 以外，同时还应综合考虑表层以下土壤结构、土壤含水率、道路上行人及车辆交通密度等。

9.4.4.3 渗透设施的计算方法

雨水渗透设施有多种计算方法。目前美洲多用瑞典 Sjoberg 和 Martensson 提出的计算法，欧洲多用德国 Geiger 提出的计算法。具体计算方法可参考有关文献。

我国城区雨水渗透利用处于研究和快速发展阶段，由于我国雨水径流中带有较多悬浮颗粒，易于造成渗透装置的堵塞，故推荐选用计算偏于安全的 Sjoberg-Martensson 法，并在应用时视具体情况作适当修正，如在渗透设施进水量计算时扣除初期弃流量及其上游渗透设施的渗透量。

9.4.4.4 雨水渗透装置

雨水渗透是通过一定的渗透装置来完成的，目前常用处理装置有如下几种：渗透浅沟、渗透渠、渗透池、渗透管沟、渗透路面等，每种渗透装置可单独使用也可联合使用。

（1）渗透浅沟即为用植被覆盖的低洼地，如图 9-19 所示，较适用于建筑庭院内。

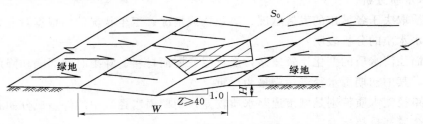

图 9-19 渗透浅沟示意图

（2）渗透渠为用不同渗透材料建成的渠，如图9-20所示。常布置于道路、高速公路两旁或停车场附近。图9-21为雨水渗透浅沟、渗透渠联合使用示意图。

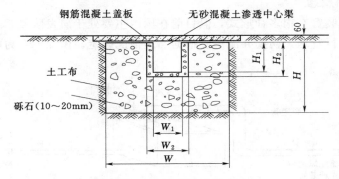

图9-20　渗透渠断面示意图

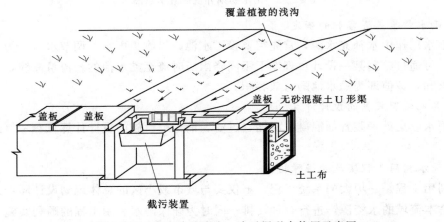

图9-21　雨水渗透浅沟、渗透渠联合使用示意图

（3）渗透池为用于雨水滞留并进行渗透的池子，在有良好天然池塘的地区，可以直接利用，以减少投资。也可人工挖掘一个池子，池中填满砂砾和碎石，再覆以回填土，碎石间空隙可贮存雨水，被储藏的雨水可以在一段时间内慢慢入渗，比较适合于小区使用。

（4）渗透管沟为渗透装置的一种特殊形式，它不仅可以在碎石填料中贮存雨水而且可以在渗透管中贮存雨水。图9-22为渗透管断面示意图。

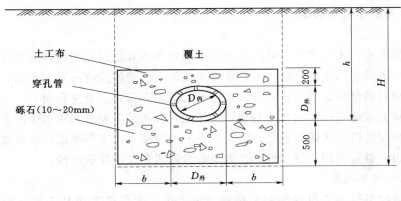

图9-22　渗透管断面示意图

（5）渗透路面有3种，一是渗透性柏油路面，二是渗透性混凝土路面，三是框格状镂空地砖铺砌的地面。

9.4.4.5 初期弃流装置

雨水初期弃流装置有很多种形式，但目前在国内主要处于研发阶段，在实施时要考虑其可操作性，便于运行管理。初期弃流量应根据当地情况确定。图9-23为雨水初期弃流装置的示意图。

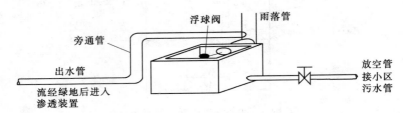

图9-23 雨水初期弃流装置示意图

9.4.4.6 雨水收集装置容积的确定

如果雨水用作中水补充水源，首先需要设贮水池，以收集雨水并调节水量。为求出该贮水池容积，可通过绘制某一设计重现期下不同降雨历时流至贮水池的径流量曲线，并对曲线下的面积求和，该值即为贮水池的有效容积。

9.4.4.7 其他处理装置的设计计算

其他雨水收集处理装置如混凝、沉淀、过滤、消毒等设施的设计计算可参考《给水排水设计手册》。

9.4.4.8 雨水利用工程实施的保障措施

雨水利用工程是一项大的系统工程，不仅要与城市或小区的总体规划设计同步进行，也要综合考虑本流域的水资源，进行合理安排；同时为确保雨水利用工程的顺利实施，还要采取积极措施，如协调安排小区建筑、道路、景观及绿地的高程，透水地面的推广使用，地面的清洁维护，环保屋面材料的开发和使用，雨水利用工程附属构筑物的研制开发等。此外，也应积极制定相关政策以促进城市雨水的收集利用，进一步改善城市生态环境。

9.5 污水处理方法

9.5.1 污水污染指标与水质标准

9.5.1.1 污水

污水是生活污水、工业废水、被污染的雨雪融化水和其他排入城市排水系统的污染水体的统称。其中排入城市污水管网的生活污水和工业废水形成的混合污水称为城市污水。

污水经处理后的最终去向有：①排入水体；②灌溉农田；③重复利用。

长期以来排放水体是污水的主要归宿，这样做一方面可以充分利用水体的稀释与净化能力，但另一方面却恰恰是水体普遍受到污染并丧失自净能力的主要原因；农田灌溉同样利用土壤的净化能力；重复利用是污水最为合理也最具现实意义的排放途径。

9.5.1.2 污水的污染指标

污水的污染物可分为无机性的和有机性的两大类。无机性的包括矿粒、酸、碱、无机盐、氮磷营养物、氰化物、砷化物和重金属离子等。有机性的包括碳水化合物、蛋白质、脂肪、芳香族化合物、高分子合成聚合物等。污水的污染指标用来衡量水在使用过程中被污染的程度，也称为污水的水质指标。常用指标分述如下。

（1）反映有机污染物的指标。城市污水中含有大量有机物质，其中一部分在水体中因微生物的作用而进行好氧分解。由于有机物种类繁多，用现有的分析技术难以区分与定量，所以在实际工程中采用间接、综合的污染指标表示。

1）生物化学需氧量（BOD）。BOD 是一个反映水中可生物降解的含碳有机物的含量的指标。一般以 20℃以下经过 5 天时间，有机物在好氧微生物作用下分解前后水中溶解氧的差值称为 5 天 20℃的生物需氧量，即 BOD_5，单位通常用 mg/L 表示。BOD 越高，表示污水中可生物降解的有机物越多。

2）化学需氧量（COD）。为了更精确地表示污水中有机物的量，常采用 COD，即在高温、有催化剂及酸性条件下，用强氧化剂（$K_2Cr_2O_7$）氧化有机物所消耗的氧量，单位为 mg/L。化学需氧量一般高于生化需氧量，两者的差值即表示污水中难生物降解的有机物量。对于成分较为稳定的污水，BOD_5 值与 COD 值之间保持一定的相关关系，其比值可作为污水是否适宜于采用生物处理法的一个衡量指标，所以也把该指标称为可生化性指标。该比值越大，污水越容易被生化处理。一般认为该比值大于 0.3 的污水才适于生化处理。

3）总需氧量（TOD）。TOD 是利用高温燃烧原理，将水样注入含氧量已知的氧气流中，在 900℃高温下燃烧，使水样中的有机物燃烧氧化，然后测定消耗掉的氧气量，此即总需氧量。由于在高温下燃烧，有机物氧化彻底，故有 TOD>COD>BOD。

4）总有机碳（TOC）。TOC 也是目前广泛使用的一个表示有机物浓度的综合指标。

（2）悬浮固体。水中固体物质按其存在形态的不同可分为三种：悬浮的、胶体的、溶解的。悬浮固体是水中呈颗粒状的固体物质，在条件适宜时可以沉淀。把水样用滤纸过滤后，被滤纸截留的残渣，在 105～110℃下烘干至恒重，所得重量称为悬浮固体（SS），单位为 mg/L。悬浮固体分为有机物和无机物两类，反映出污水进入水体后将发生的淤积情况。

（3）pH 值。酸度和碱度是污水的重要污染指标，用 pH 值来表示。pH 值对保护环境、污水处理及水工构筑物都有影响。生活污水和城市污水呈中性或弱碱性，工业废水则依工厂生产产品及工艺的不同而变化。

（4）氮和磷。氮和磷是植物性营养物质，过量的氮、磷排放入水体会导致湖泊、海湾、水库等缓流水体富营养化，从而使水体加速老化。生活污水中含有丰富的氮、磷，某些工业废水中也含有大量氮、磷。表示氮含量指标有总氮（TN）、凯氏氮（TKN）、氨氮（$NH_4^+ - N$）、硝态氮（$NO_x^- - N$）等，其中：

$$TN = TKN + (NO_x^- - N)$$

$$TKN = 有机氮 + (NH_4^+ - N)$$

即总氮包括污水中各种形式的氮，凯氏氮则指有机氮和氨氮。表示磷含量的指标有总磷（TP），总磷包括有机磷和无机磷，无机磷通常以磷酸盐磷（$PO_4^{3-} - P$）来表示。

目前，为防止水体富营养化，无机营养物氮、磷的去除已成为污水处理的主要目标。

（5）有毒化合物和重金属。这类物质对人体和污水处理中的生物都有一定的毒害作用。如氰化物、砷化物、酚以及重金属汞、镉、铬、铅等。

《污水综合排放标准》（GB8978—1996）中给出了这类有毒有害物质的最高允许排放浓度的限制。

9.5.1.3 水体污染与水体自净

水体污染是指排入水体的污染物在数量上超过了该污染物在水体中的本底含量和水体的环境容量，从而使水体发生物理和化学变化，破坏了水体固有的生态系统和水体功能，降低了水体的使用价值。

当污水排入水体后，通过物理、化学和生物因素的共同作用，使污染物的总量减少或浓度降低，使水体部分或完全恢复原状，这一现象称为水体自净。水体自净的过程很复杂经过水体的物理、化学和生物作用，使排入污染物质的浓度，随着时间的推移在向下游流动的过程中自然降低。但水体自净有一定的限度，即水环境对污染物质都有一定的承受重力，即环境容量。污染物的排放超过水体相应的环境容量，即会破坏水体的自净能力。

若是有机污染物，会使水体溶解氧急剧减少，水体变黑变臭。同时，随着城镇区域化的发展，要充分考虑水体的环境容量，并从整个区域的角度考虑水污染控制问题。

9.5.1.4 水环境标准

(1) 水环境质量标准。我国已有的水环境质量标准有《地面水环境质量标准》(GB3838—88)，《渔业水质标准》(GB11607—89)，《景观娱乐用水水质标准》(GB12941—91)，《农田灌溉水质标准》(GB5084—92) 等。这些标准详细说明了各类水体中污染物的最高允许含量，以便保证水环境质量。

(2) 污水排放标准。为保护水体免受污染，当污水需要排入水体时，应处理到允许排入水体的程度。我国根据生态、社会、经济三方面的情况综合平衡，全面规划，制订了污水的各种排放标准。可分为一般排放标准和行业排放标准两类。一般标准有《污水综合排放标准》(GB8978—96)，《污水排入城市下水道水质标准》(CJ18—86)，《城市水处理厂污水污泥排放标准》(CJ3025—93) 等；行业标准有《医院污水排放标准》(GBJ48—83)，《造纸工业污染物排放标准》(GB3544—83)，《合成洗涤剂工业污染物排放标准》(GB3548—83)，《制革工业污染物排放标准》(GB3549—83)，《石油炼制工业污染物排放标准》(GB3551—83)，《石油化工工业污染物排放标准》 (GB4281—84)，《纺织印染工业污染物排放标准》(GB4287—84)，《重有色金属工业污染物排放标准》(GB4913—85) 等。

9.5.2 城市污水处理与利用

污水的处理利用方法的选择应根据整个城市经济发展情况、水环境状况、污水水量水质并认真研究污水利用的可能性，合理选择处理方法与工艺流程。

9.5.2.1 概述

污水处理技术，就是采用各种方法将污水中含有的污染物分离出来，或将其转化为无害和稳定的物质，从而使污水得到净化。

污水处理技术按其作用原理，可分为物理法、化学法和生物法三类：

(1) 物理法。污水的物理处理法就是利用物理作用分离污水中主要呈悬浮状态的污染物质，在处理过程中不改变其化学性质。常用的处理技术有以下几种。

1) 沉淀（重力分离）。沉淀是利用污水中的悬浮物和水比重不同的原理，借助重力沉降（或上浮）作用，使悬浮物从水中分离出来。沉淀处理设备有沉沙池、沉淀池、气浮池、隔油池等。

2) 筛滤（截留）。筛滤是利用筛滤介质截留污水中的悬浮物。筛滤介质有钢条、筛网、砂、滤布、塑料、微孔管等。用于筛滤处理的设备有格栅、微滤机、砂滤池、真空过滤机、压滤机（后两种多用于污泥脱水）等。

3）气浮。气浮是将空气打入污水中，并使其以微小气泡的形式从水中析出，污水中比重接近于水的微小颗粒状的污染物质（如乳化油等）黏附到空气泡上，并随气泡上升至水面形成泡沫浮渣而被去除。根据微气泡产生方式的不同，气浮法分为溶气气浮法、电解气浮法、散气气浮法等。为了提高气浮效果，有时需向污水中投加混凝剂。

4）离心分离。离心分离是当废水高速旋转时，利用悬浮固体和水质量不同而造成的离心力不同，质量大的悬浮固体被抛到外侧，质量小的水被推向内侧，使悬浮固体与废水分别通过不同排出口加以分离，从而使废水得到处理。常用的离心分离设备有离心机和旋流分离器两种。

（2）化学法。污水的化学处理法，是通过投加化学物质，利用化学反应来分离、回收污水中的污染物，或使其转化为无害的物质。属于化学处理法的有以下几种：

1）混凝法。水中的呈胶体状态的污染物质通常都带有负电荷，胶体颗粒之间互相排斥形成稳定的混合液，若向水中投加带有相反电荷的电解质（即混凝剂），可使污水中的胶体颗粒变为电中性而失去稳定性，并在分子引力作用下，凝聚成大颗粒而下沉。这种方法用于处理含油废水、染色废水、洗毛废水等，可以独立使用也可以和其他方法配合，可用作预处理、中间处理、深度处理工艺等。常用的混凝剂则有硫酸铝、聚合氯化铝、硫酸亚铁、三氯化铁等。

2）中和法。向酸性废水中投加碱性物质如石灰、氢氧化钠、石灰石等，使废水变为中性。用于处理酸性废水或碱性废水。对碱性废水可通入含有 CO_2 的烟道气进行中和，也可用其他酸性物质进行中和。

3）化学沉淀法。向废水中投加化学药剂，使之与要除去的某些溶解物质发生反应，生成难溶盐而沉淀分离。多用于处理含重金属离子的工业废水。

4）氧化还原法。废水中呈溶解状态的有机或无机污染物，在投加氧化剂或还原剂后，由于电子的迁移而发生氧化或还原作用，使其转变为无害的物质。

5）电解法。在废水中插入电极，并通以电流，则在阴极板上接受电子，在阳极板放出电子。目前，电解法主要用于处理含铬及含氰的废水。

6）吸附法。将污水通过固体吸附剂，使废水中的溶解性有机污染物吸附到吸附剂上，另外，此法还有脱色、脱臭等作用，一般也用于深度处理。

7）离子交换法。使用离子交换剂，它在吸附一个离子的同时也释放一个等当量的离子，水处理中常用的离子交换剂有离子交换树脂和磺化煤两类。离子交换法目前在工业废水处理中得到了广泛应用。

8）电渗析法。通过一种离子交换膜，在直流电作用下，废水中的离子朝相反电荷的极板方向迁移，阳离子能穿透阳离子交换膜，而被阴离子交换膜所阻；同样，阴离子能穿透阴离子交换膜，而被阳离子交换膜所阻。此法可用于酸性废水回收、含氰废水处理等。

属于化学处理技术的还有汽提法、吹脱法、萃取法等。这些化学处理方法广泛用于工业废水的处理，以及城市污水的深度处理中。

（3）生物法。污水的生物处理法，就是利用微生物的新陈代谢功能，使污水中呈溶解和胶体状态的有机污染物被降解并转化为无害的物质，使污水得以净化。属于生物处理法的工艺有以下几种。

1）活性污泥法。这是目前使用很广泛的一种生物处理法，将空气连续鼓入曝气池的污水中，经过一段时间，水中即形成含有大量好氧性微生物的絮凝体——活性污泥，由于活性

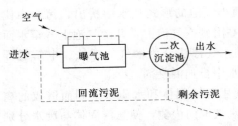

图 9-24　活性污泥系统流程示意图

污泥具有巨大的比表面积，能吸附污水中的有机物；同时活性污泥中的具有活性的微生物以有机物为食料，获得能量并不断生长繁殖，所以能去除有机物，使污水得到净化，从曝气池流出的混合液，经沉淀分离后，水被净化排放，沉淀分离后的污泥作为种泥，部分地回流到曝气池。活性污泥系统流程示意图如图 9-24 所示。活性污泥法自出现以来，经过 80 多年的发展，出现了各种活性污泥法的变型工艺。

a. 传统活性污泥法：这种方法被广泛使用，是许多污水厂的主流工艺。传统活性污泥法是将污水和回流污泥从池首端引入，呈推流式至池末端流出。此法适于处理要求高、水质较稳定的污水但对负荷的变动适应性较弱。在此基础上，发展出一些改良形式。

b. 阶段曝气法：把废水从池子的几个不同部位分开流入，有利于解决冲击负荷的问题。这样既能降低能耗，又能充分发挥活性污泥的降解功能。

c. 吸附再生法：使活性污泥的吸附和降解功能分别在两个不同的水池或一个水池的两个不同部分中进行。

d. 延时曝气法：又称完全氧化活性污泥法。该法延长曝气时间，使活性污泥处于完全氧化状态。

2）生物膜法。使污水连续流经填料或某种载体（如碎石、炉渣或塑料蜂窝等），在填料上就能够形成膜状生物污泥，该膜状生物污泥称为生物膜。生物膜法有多种运行形式，如生物滤池、生物转盘、生物接触氧化池、生物流化床以及曝气生物滤池等。

a. 生物滤池：生物滤池是以土壤自净原理为依据发展起来的。滤池内设固定填料，污水流过与滤料相接触，微生物在滤料表面形成生物膜，能净化污水。

b. 生物转盘：通过传动装置驱动生物转盘以一定的速度在反应池内转动，交替地与空气和污水接触，每一周期完成吸附—吸氧—氧化分解的过程，通过不断转动，使污水中的污染物不断分解氧化。

c. 生物接触氧化：在池内设置填料，已经充氧的污水浸没全部填料、并以一定的速度流经填料。从填料上脱落的生物膜，随水流到二沉池后被去除，污水得到净化。

d. 生物流化床：采用比重大于 1 的细小惰性颗粒如砂、焦炭、活性炭、陶粒等作为载体，微生物在载体表面附着生长，形成生物膜。充氧污水自下而上流动使载体处于流化状态，使生物膜与污水充分接触。

e. 曝气生物滤池：曝气生物滤池是近年来新开发的一种污水生物处理技术。它是集生物降解、固液分离于一体的污水处理设备。

3）自然生物处理法。本法是利用在自然条件下生长、繁殖的微生物处理污水，形成水体（土壤）、微生物、植物组成的生态系统对污染物进行一系列的物理、化学和生物净化。

本法工艺简单、费用低、效率高，是一种符合生态原理的污水处理方式。缺点是容易受自然条件影响，占地较大。主要有稳定塘、湿地、土地处理系统及上述工艺的组合系统。

4）厌氧生物处理法。利用兼性或专性厌氧菌在无氧的条件下降解有机污染物。主要用于处理污泥及高浓度、难降解的有机工业废水。

9.5.2.2　污水处理程度及处理流程

（1）污水处理程度。现代污水处理技术，按处理程度划分，可分为一级、二级和三级处理和深度处理。

一级处理：采用物理处理方法，如筛滤、沉淀等，主要去除污水中呈悬浮状态的固体污染物质。一级处理出水由于 BOD 去除率只有 30％左右，所以不能直接排放。

二级处理：采用生物处理方法，如活性污泥法、生物膜法等，主要去除污水中呈胶体和溶解状态的有机污染物质。二级处理出水 BOD 去除率达 90％以上，从有机物的角度来说，可以达到排放标准的要求。但传统活性污泥法和生物膜法对氮、磷的去除尚不能满足相应的要求。

三级处理：是在一、二级处理的基础上，进一步处理难降解的有机物、氮和磷等无机营养物等，主要方法有生物脱氮除磷法、混凝沉淀、活性炭吸附、离子交换、电渗析等。

深度处理：是指以污水回用为目的，在一级或二级处理的基础上增加的处理工艺。目前由于水资源匮乏，水污染不断加剧，深度处理正日益引起人们的重视。

任何污水处理工艺都会产生污泥。污泥中不仅含有大量有机物，也含有大量细菌、寄生虫卵以及有毒害作用的重金属离子等，因此污泥需进一步进行稳定化和无害化处理。

（2）处理流程。根据污水的水质、水量以及处理后去向采用不同处理方法组成相应的处理流程。传统城市污水处理的典型流程如图 9-25 所示。

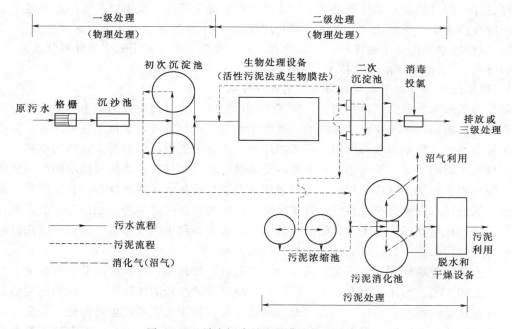

图 9-25　城市污水处理的典型流程示意图

9.5.2.3　污染控制与污水利用

（1）严格控制污水源，减少污废水的排放量和污染物浓度，从"源头"上控制水污染。工业上通过改革生产工艺，调整产品结构，发展清洁生产，变末端处理为全过程控制，使排污量减到最小程度。工厂采用循环用水和重复用水系统，充分利用厂际的废水、废气、废渣，以废治废，回用有用的产品，可以减少或杜绝污水、污染物的排放。

（2）合理进行项目的选址。根据城市各分区的不同功能，合理进行重大工业项目和重要市政工程项目的选址，既有利于自然资源的充分利用，又能减少污水排放。

将生产大量污水的工厂和单位尽量布置在城市水源□□□□□景旅游地区慎重考虑工业区

的发展和布置。

（3）大力发展区域排水系统，考虑水污染的综合整治。一个城市污水系统的处理水平和处理方案，可能影响邻近区域，特别是下游地区的环境质量，故需要从较大区域范围内综合考虑。

（4）开源节流，提高城市污水的回收利用率。在水资源紧张、水污染加剧的情况下，可将污水回用作为开源的主要途径之一，并用它来有效地缓解水资源紧张的局面。

农业上，利用经处理的城市污水进行农田灌溉或鱼类、水生植物的养殖，既可以利用污水中的营养成分又可以使污水进一步得到净化，起到保护天然水体的作用。

在工业方面，美国电厂冷却水是仅次于农业的主要用水户。在美国西南地区的几个主要发电厂，包括核发电厂，普遍使用处理后城市污水作为冷却水。在工业上处理后的污水除可用作冷却水外，也可作生产工艺用水和洗涤水、锅炉用水等。在工业生产中，应努力发展循环或循序用水的方法，或几个企业联合依次使用排放的废水。

经过深度处理的污水也可就近作为城市用水水源，如用作城市杂用水，作为洗车、浇洒绿化、冲厕、消防、空调补充用水以及景观用水等，小区域如大型公共建筑或住宅小区的水资源循环回用，又称为中水工程。

经过深度处理的污水也可回灌地下，使污水得到完全净化，城市可再取用这种地下水。目前我国正在广泛开展"污水资源化利用技术"，主要包括以下几个方面的内容：

1）城市污水回用于工业冷却、市政景观、农田灌溉、生活杂用的水质处理技术。

2）雨、污水地下回灌水质技术。

3）油田废水及其他工业废水再生回用处理技术。

但我国污废水的总回用量相当低。我国 20 世纪 90 年代以前设计的城市污水处理厂基本上没有考虑回用问题。现在设计建造的一些污水处理厂，尽管考虑了污水回用问题，但不少缺乏从整个系统上规划污水的回用。污水回用是一个系统工程，包括污水管网的收集、污水再生、再生水的回用等。输配用水对象等需要从整个城市布局和整个给水排水的统一规划来考虑。如再生水回用于城市杂用水，可在居住区截留生活污水，就地处理后直接回用，而不一定要与工业污水混合处理或将污水处理厂建于城市郊区或河道下游；如用于工业，则可取生活污水进行再生处理，在工业区附近设污水厂；若主要用于农业灌溉，则仍可采用目前工业废水与生活污水集中后，建大型污水处理厂的方案。

（5）合理妥善地处理处置污泥，避免对环境造成二次污染。污泥的成分主要取决于污水处理的工艺和方法。污泥主要有以下几种：初沉池沉淀的悬浮固体污泥、二沉池沉淀的剩余污泥、投加化学药剂产生的化学污泥以及深度处理时过滤等工艺所产生的污泥。初沉污泥的成分以无机物为主，二沉污泥主要含有生物固体。污泥中含有大量水分，沉淀池污泥含水率一般在 96％以上。含水率能大大影响污泥的体积，若将含水率为 99％的剩余污泥降低 96％，则污泥体积可缩减到原来的 1/4。所以在污水处理厂污泥处理工艺中首先进行浓缩，然后经稳定化处理并脱水。污泥稳定化技术主要有好氧和厌氧生物技术两类，各有利弊。实际工程中以中温两级厌氧消化为主，但消化技术也存在运行条件严格、基建投资费用较高等问题。

此外，污泥的最终处置方法主要是根据一定的环境要求和经济条件来确定的。目前主要的处置方法有农用、填埋、焚烧、排海等。我国是发展中国家，又是一个农业大国，基本以农用为主。国际上，农用和填埋□□□多数国家处置污泥的两种最主要方法。

但这些处置方法都有不足之处。如焚烧法虽然能大幅度减容，但投资和运行费用相当高，难以采用焚烧法处理量大面广的城市污水处理厂的污泥。但在欧美国家，在污泥中重金属或其他有毒物质含量高，不适于农业利用的情况下，常采用焚烧法。污泥焚烧后产生无菌、无臭的无机残渣，并最大限度地减小体积。但焚烧法所需设备及运行费用昂贵，易造成大气污染。深海投放在近年来受到日益严格的防治海洋污染的国际公约等限制，如 1988 年美国开始禁止向海洋倾倒污泥，并于 1991 年全面禁止。欧共体 1991 年 5 月颁布的《城市污水处理指南》中规定：从 1998 年 12 月 31 日起，不得在水体中处置污泥；由于场地有限及可能造成二次污染，填埋也有一定的困难，现在许多国家和地区坚决反对新建填埋场，如德国从 2000 年起，要求填埋污泥的有机物含量小于 5%，美国环保局估计美国 6500 个填埋场将有 5000 个被关闭。污泥农用也因为污泥成分日趋复杂而受到限制，并且随着农用污泥中重金属排放标准以及卫生要求的提高，污泥农用量将日益受到限制。

思　考　题

9.1　城市给水系统的主要形式有哪几种？

9.2　对城市供水水源有何要求？

9.3　供水系统的管网布置形式有哪几种？各有何区别？

9.4　供水管网如何穿越障碍物？具体有哪几种方式？

9.5　如何保证管网系统安全运行？

9.6　谈谈城市排水的实际意义？

9.7　城市排水系统的工作机制有哪些？各有何不同？

9.8　现代化城市建设对城市防洪工作有哪些具体要求？

9.9　如何确保城市防洪工程发挥应有的作用？

9.10　城市雨水利用的基本形式有哪几种？

9.11　如何提高城市雨水利用率？

9.12　你认为城市节水的具体方法有哪些？

9.13　城市污水排放的要求有哪些？

9.14　城市污水处理的基本原则是什么？

9.15　如何提高污水的无害化利用率？

第 10 章　水利工程的勘测设计

【学习目标】　通过本章的学习，使学生了解水利工程建设的基本程序，掌握水利工程勘测设计的基本内容，基本要求，基本方法。

10.1　水利工程基本建设程序

工程基本建设程序是指工程从项目建议、工程规划、设计、施工到投入使用的整个建设过程中，各项工作必须遵循的先后顺序。按照水利部颁发的《水利工程建设项目管理规定》中的规定，水利工程基本建设程序分别为：项目建议书、可行性研究报告，初步设计、施工准备（包括招投标设计）、建设实施、生产准备、竣工验收、后评价等阶段。

10.1.1　项目建议书

项目建议书是投资决策前对拟建项目的轮廓设想，是要求建设某一具体工程项目的建议文件。项目建设书应根据国民经济和社会发展长远规划、流域综合规划、区域综合规划、专业规划，按国家产业政策和国家有关投资建设方针进行编制。项目建议书编制一般由政府委托有相应资格的设计单位承担，并按国家现行规定权限向主管部门申报审批。项目建议书如果被批准，由政府向社会公布，若有投资建设意向，应及时组建项目法人筹备机构，开展下一建设程序的工作。

项目建议书内容如下：

（1）项目建设的必要性和任务。

（2）项目的建设条件，如水文地质条件，社会经济条件等。

（3）项目建设规模。

（4）主要建筑物的布置。

（5）工程施工组织及计划。

（6）淹没、占地及处理方案。

（7）环境影响说明。

（8）工程管理方案。

（9）投资估算及资金筹措。

（10）项目经济评价。

（11）综合评价结论和今后工作建议。

10.1.2　可行性研究报告

可行性研究是指在投资之前，对拟议中的项目，从技术、经济、社会、环境等方面，进行系统、全面、综合的经济技术分析和科学的论证，从而为项目投资决策提供可靠的科学依据。

可行性研究报告由项目法人（或筹备机构）组织编制，并按国家现行规定的审批权限报批。申报项目可行性研究报告，必须同时提出项目法人组建方案及运行机制、资金筹措方案、资金结构及回收资金的办法，并依照有关规定附具有管辖权的水行政主管部门或流域机构签署的规划同意书，对取水许可预申请的书面审查意见。

审批部门在审批可研报告前，要委托有项目相应资格的工程咨询机构对可行性报告进行评估，并综合行业归口主管部门，投资机构，项目法人等方面的意见进行审批。可行性研究报告批准后应正式成立项目法人，并按项目法人责任制实行项目管理。

10.1.3　初步设计

初步设计是根据批准的可行性研究报告和必要而准确的设计资料，对设计对象进行通盘研究，阐明拟建工程在技术上的可行性和经济上的合理性、规定项目的各项基本技术参数，编制项目的总概算。初步设计任务应择优选择有项目相应资格的设计单位承担，依照有关初步设计编制规程进行编制。

初步设计文件报批前，一般须由项目法人委托有相应资格的工程咨询机构或组织行业各方面的专家，对初步设计中的重大问题，进行咨询论证。设计单位根据咨询论证意见，对初步设计文件进行修改和优化。初步设计文件由项目法人组织审查后，按国家现行规定权限向主管部门申报审批。初步设计文件经批准后，主要内容不得随意修改、变更，并作为项目实施的技术文件基础。如有重大修改、变更，须由原设计单位负责修改、变更，并报原审批机关复审同意。

10.1.4　施工准备

（1）项目在主体工程开工之前，必须完成各项施工准备工作，其主要内容包括：

1）施工现场的征地、拆迁。

2）完成施工用水、电、通信、路和场地平整等工程。

3）必须的生产、生活临时建筑工程。

4）组织招标设计、咨询、设备和物资采购等服务。

5）组织建设监理和主体工程招标投标，并择优选定建设监理单位和施工承包队伍。

（2）施工准备工作开始前，项目法人或其代理机构，须依照《水利工程建设项目管理规定（试行）》（水利部水建〔1995〕128号）中"管理体制和职责"明确的分级管理权限，向水行政主管部门办理报建手续，项目报建须交验工程建设项目的有关批准文件。工程项目进行项目报建登记后，方可组织施工准备工作。

（3）工程建设项目施工，除某些不适应招标的特殊工程项目外（须经水行政主管部门批准），均须实行招标投标。水利工程建设项目的招标投标，按《水利工程建设项目施工招标投标管理规定》（水利部水建〔1995〕130号）执行。

（4）水利工程项目必须满足如下条件，施工准备方可进行：

1）初步设计已经批准。

2）项目法人已经建立。

3）项目已列入国家或地方水利建设投资计划，筹资方案已经确定。

4）有关土地使用权已经批准。

10.1.5　建设实施

（1）建设实施阶段是指主体工程的建设实施，项目法人按照批准的建设文件，组织工程建设，保证项目建设目标的实现。

（2）项目法人或其代理机构必须按审批权限，向主管部门提出主体工程开工申请报告，经批准后，主体工程方能正式开工。主体工程开工须具备《水利工程建设项目管理规定（试行）》（水利部水建［1995］128 号）明确的条件，即：

1）前期工程各阶段文件已按规定批准，施工详图设计可以满足初期主体工程施工需要。

2）建设项目已列入国家或地方水利建设投资年度计划，年度建设资金已落实。

3）主体工程招标已经决标，工程承包合同已经签订，并得到主管部门同意。

4）现场施工准备和征地移民等建设外部条件能够满足主体工程开工需要。

（3）随着社会主义市场经济机制的建立，实行项目法人责任制，主体工程开工前还须具备以下条件：

1）建设管理模式已经确定，投资主体与项目主体的管理关系已经理顺。

2）项目建设所需全部投资来源已经明确，且投资结构合理。

3）项目产品的销售，已有用户承诺，并确定了定价原则。

（4）项目法人要充分发挥建设管理的主导作用，为施工创造良好的建设条件。项目法人要充分授权工程监理，使之能独立负责项目的建设工期、质量、投资的控制和现场施工的组织协调。监理单位选择必须符合《水利工程建设监理规定》（水利部水建［1996］396 号）的要求。

（5）要按照"政府监督、项目法人负责、社会监理、企业保证"的要求，建立健全质量管理体系，重要建设项目，须设立质量监督项目站，行使政府对项目建设的监督职能。

10.1.6　生产准备

（1）生产准备是项目投产前所要进行的一项重要工作，是建设阶段转入生产经营的必要条件。项目法人应按照建管结合和项目法人责任制的要求，适时做好有关生产准备工作。

（2）生产准备应根据不同类型的工程要求确定，一般应包括如下主要内容：

1）生产组织准备。建立生产经营的管理机构及相应管理制度。

2）招收和培训人员。按照生产运营的要求，配备生产管理人员，并通过多种形式的培训，提高人员素质，使之能满足运营要求。生产管理人员要尽早介入工程的施工建设，参加设备的安装调试，熟悉情况，掌握好生产技术和工艺流程，为顺利衔接基本建设和生产经营阶段做好准备。

3）生产技术准备。主要包括技术资料的汇总、运行技术方案的制定、岗位操作规程制定和新技术准备。

4）生产的物资准备。主要是落实投产运营所需要的原材料、协作产品、工器具、备品备件和其他协作配合条件的准备。

5）正常的生活福利设施准备。

（3）及时具体落实产品销售合同协议的签订，提高生产经营效益，为偿还债务和资产的保值增值创造条件。

10.1.7　竣工验收

（1）竣工验收是工程完成建设目标的标志，是全面考核基本建设成果、检验设计和工程质量的重要步骤。竣工验收合格的项目即从基本建设转入生产或使用。

（2）当建设项目的建设内容全部完成，并经过单位工程验收（包括工程档案资料的验收），符合设计要求并按《水利基本建设项目（工程）档案资料管理暂行规定》（水利部水办[1997] 275 号）的要求完成了档案资料的整理工作：完成竣工报告、竣工决算等必须文件的编制后，项目法人按水利工程建设项目管理规定（试行）（水利部水建［1995］128 号）规定，向验收主管部门提出申请，根据国家和部颁验收规程，组织验收。

（3）竣工决算编制完成后，须由审计机关组织竣工审计，其审计报告作为竣工验收的基本资料。

（4）工程规模较大、技术较复杂的建设项目可先进行初步验收。不合格的工程不予验收；有遗留问题的项目，对遗留问题必须有具体处理意见，且有限期处理的明确要求并落实责任人。

10.1.8 后评价

（1）建设项目竣工投产后，一般经过 1～2 年生产运营后，要进行一次系统的项目后评价，主要内容包括：影响评价——项目投产后对各方面的影响进行评价；经济效益评价——项目投资、国民经济效益、财务效益、技术进步和规模效益、可行性研究深度等进行评价；过程评价——对项目的立项、设计施工、建设管理、竣工投产、生产运营等全过程进行评价。

（2）项目后评价一般按三个层次组织实施，即项目法人的自我评价、项目行业的评价、计划部门（或主要投资方）的评价。

（3）建设项目后评价工作必须遵循客观、公正、科学的原则，做到分析合理、评价公正。通过建设项目的后评价以达到肯定成绩、总结经验、研究问题、吸取教训、提出建议、改进工作，不断提高项目决策水平和投资效果的目的。

10.2 水利工程的可行性研究

水利工程可行性研究报告是确定建设项目和编制设计文件的依据，是工程建设前期工作的一个重要阶段。其目的是为项目的决策提供依据，其任务是研究工程项目的前提条件，关键性问题和综合技术经济效果。可行性研究中有工程设计的内容，但这是为了证实建设项目技术经济的可行性，不能取代工程设计。水利工程受自然科学和社会经济两个规律的制约，涉及多种学科，多个部门，其可行性研究的内容和报告编制应按《水利水电工程可行性研究报告编制规程》（DL5020—93）进行编制。

10.2.1 综合说明

（1）简述工程地理位置和所在河流（河段）的规划成果及工程可行性研究报告编制的依据过程。

（2）简述工程的自然条件，水文计算成果，区域地质、水库地质、工程地质的主要结论。

（3）简述工程建设的任务和作用，工程规模及综合利用效益，水库淹没，工程占地移民及处理，环境影响评价。

（4）简述工程场址、坝（闸）址、厂（站）址，基本坝型和主要建筑物型式和工程布置，施工导流，对外交通，工程控制进度，主要工程量和材料、劳动力、投资估算等。

（5）经济评价和综合评价的结论。

（6）今后工作的建议。

10.2.2　水文

（1）流域概况。说明工程所在流域的自然地理概况。水系分布、河道特征和水利设施、水土保持概况。

（2）水文气象。应搜集流域和工程所在地区的国家水文气象站网历年整编的降水、径流、地下水位、蒸发、气温、日照、风力、风向、无霜期、水位、流量、泥沙、冰情、水质等资料及沿海潮河段的潮汐资料，必要时应进行水资源评价，提出设计暴雨、设计洪水及洪涝地区遭遇等。

（3）分析研究流域或现有河道的洪涝特性，历史灾情及成灾原因；调查河道防洪除涝和输水能力；合理选定与确定设计标准或设计代表年有关的水文资料。

（4）根据需要进行专门观测和分析计算的其他问题。

10.2.3　工程地质

（1）概述勘察工作过程，进行的勘察工作项目，完成的工作量和主要成果。

（2）概述地形地貌、地层岩性、地质构造、物理地质现象和水文地质条件等。可溶岩地区要着重说明喀斯特发育情况和规律。

（3）测量资料。应具有地形图，主要工程枢纽应具有新测绘完整的不小于 1/2000 的地形图；主要河道、渠道、闸坝轴线应具有实测纵横断面图，一般横断面间距不大于 500m，对地形变幅大的地段应适当加密。

（4）地质勘察资料。应对区域地质构造、地层岩性、区域水文地质、物理地质等进行概述，并评价区域构造稳定性，确定工程所在地的地震设计基本烈度。枢纽工程应概述工程地质、水文地质条件、各类岩土物理力学性质、物理现象等。

（5）地质勘察报告是工程设计的基础文件，编写的内容应准确、全面评述土壤的物理力学指标，并对主要建筑物提出工程地质、水文地质技术参数和地基处理中应着重注意的问题。

（6）简要综述工程地质问题初步评价和结论，提出对本工程初步设计阶段工作的意见和建议。

10.2.4　工程任务和规模

10.2.4.1　地区社会经济发展状况及工程建设的必要性

（1）概述工程所在河流的规划成果及审查主要结论。

（2）概述与工程有关地区的社会经济现状及远近期发展规划。

（3）概述工程所在江河流域（河段）、区域综合规划或专业规划中的地位和作用，论证兴建本工程的必要性和迫切性。

10.2.4.2　综合利用

（1）概述工程的综合利用任务和主次顺序。协调各部门的要求，并确定可能达到的目标。

（2）基本选定工程规模。

（3）基本选定工程的正常蓄水位和防洪高水位，初选其他特征水位。

（4）提出不同水平年水库和下游泥沙冲淤计算和回水成果。

（5）初选水库的调度运用方案（包括与其他共同承担防洪、发电等任务的工程的联合运

用方案）

10.2.4.3 水力发电

（1）论述本工程在电力系统中的作用和近期开发的必要性。

（2）论证供电范围，必要时需研究远期供电范围。

（3）论述各设计水库水位选择方案。

（4）基本选定水库水位选择方案。

（5）拟定装机规模及装机程序。

（6）确定径流冲淤分析及防沙措施。

（7）确定泥沙冲淤分析及防沙措施。

10.2.4.4 防洪

（1）概述流域的洪水特性、实测洪水和历史洪水、洪灾情况、防洪现状和防洪要求。

（2）确定防洪工程的总体方案。

（3）分别拟定水库、河道与堤防、行、蓄洪区等的设计标准、工程设计与规划方案。

10.2.4.5 灌溉

（1）概述灌溉工程所在地区及灌区的自然社会经济状况，农业水利现状和发展规划。提出兴建灌溉工程的必要性。

（2）分析论证灌溉水源不同水平年的可供水量，进行灌区水土资源平衡，初选灌区开发方式，确定灌区范围，选定灌溉方式。

（3）调查灌区土地利用现状，进行灌区土地利用规划，初定灌溉面积和农林牧业生产结构、作物组成、轮作制度、复种指数以及计划产量等。

（4）初拟灌区水利土壤改良分区，论述灌区排水工程的必要性和排水工程的初步规划，选定排水方式。

（5）拟定设计水平年，选定灌溉设计保证率。

（6）拟定不同年型的灌溉制度，研究节水措施，初选灌溉水利用系数，进行灌区供需水量平衡，拟定灌溉年用水总量和年内分配。

（7）基本选定灌溉工程整体规划和总体布置方案。

（8）提出典型区田间灌排渠系布置规划。

10.2.4.6 治涝

（1）概述涝区的涝水特性、涝灾和治涝要求。

（2）基本选定治涝区范围和治涝标准。

（3）基本选定治涝区排水方式和排水系统总体布置。

（4）基本选定治涝骨干工程的规模及主要参数。

（5）初选主要交叉建筑物规模。初选排水典型区布置。

10.2.4.7 城镇和工业供水

（1）供水地区水资源（地表水、地下水）的总量和开发利用概况，基本确定供水地区范围，供水主要对象，对不同水平年的水量和水质的基本要求。

（2）选定不同对象的供水保证率和相应的典型年的供水量，基本选定供水工程的总体规划，包括水源工程和输水系统的布置等。

（3）基本选定供水水库的调蓄库容，相应水位及输水、扬水工程的规模和主要参数。

（4）提出水源保护、调度运用的要求。

10.2.4.8　通航过木

（1）调查客、货和木（竹）运量的现状和发展趋势。确定通航标准及过坝（闸）客、货和木（竹）设计运量。

（2）论证工程区上、下游通航水位、流量的范围。

（3）确定过坝设计最大船舶吨位。确定过木（竹）排型、尺寸。

（4）基本选定过坝（闸）建筑物或设施的规模。

10.2.4.9　垦殖

（1）概述垦殖区暴雨、洪水、径流、台风、潮汐、泥沙等特性和地形，地质条件。

（2）概述地区垦殖规划，论述垦殖的必要性、初选垦殖范围和方式。

（3）初选垦殖区土地利用、工农业生产、水产养殖等开发利用规划。

（4）分析可利用的淡水资源、水量及其保证率。

（5）初选防洪、防潮、灌、排标准及相应工程布置方案。

（6）基本选定挡水堤线，设计洪水位，挡潮水位及提高堤坝高程，涵闸的规模及主要参数。

（7）分析垦殖对河口、港湾及其他方面的影响并提出处理意见。

10.2.5　工程选址、工程总布置及主要建筑物

10.2.5.1　工程等别和标准

确定工程等别及主要建筑物的级别和相应洪水标准。确定地震设防烈度。

10.2.5.2　工程选址

研究工程场址（如坝址、闸址、厂址、站址、堤线、渠线等）比较方案的地形、地质、工程型式及布置、工程量、施工条件、建材、工期、投资、环境影响、工程效益、运行条件等，经综合论证比较选定工程场址。

10.2.5.3　工程布置和主要建筑物型式

根据选定的工程场址条件和基本选定的工程规模。经综合论证比较，确定基本坝型。初选工程总体布置及引水、输水、泄水、发电、通航、过木、过鱼等主要建筑物的基本形式。

10.2.5.4　主要建筑物

（1）说明初选主要建筑物的布置、控制高程、主要尺寸。

（2）进行水力计算、说明泄流能力、上下游水力衔接条件、消能防冲分析成果。对重要工程项目，需进行必要的水工模型试验；对多泥沙河流的重要工程项目，必要时需做泥沙试验，以验证工程布置的合理性。

（3）说明稳定、应力、变形、渗流等计算方法和初步成果。

（4）初步分析围岩稳定，初选地下洞室的位置、结构、衬砌支护型式。

（5）说明地基和边坡的稳定条件，渗透及渗流稳定初步分析成果。初选基础处理措施。

（6）说明防沙排沙、防污排漂、防冻抗冻、抗震等工程措施。

（7）初拟主要建筑物及基础观测设计工程量。

（8）对有分期开发要求和提前发挥效益的工程，应提出相应的工程设计。

10.2.6　机电及金属结构

10.2.6.1　机组

（1）经方案比较论证，初选水轮发电机组或水泵电动机组的型式、单机容量或单机流量、台数及主要参数。

（2）提出水轮发电机组调节保证计算或水泵电动机暂态分析的初步成果。

10.2.6.2 接入电力系统方式

初选水电厂（泵站）的运行方式、送电或受电方向、容量、距离、交、直流电压等级、出线或进线回路数。

10.2.6.3 电气主接线

根据动能特性和接入电力系统方式，进行电气主接线方案比较和计算，初选电气主接线。初定抽水蓄能电厂的启动接线方案，必要时应初步论证分期过渡方式。

10.2.6.4 主要机电设备选择

（1）初选进水阀、厂房吊车等主要机械设备。

（2）根据本工程的调度管理方式，初选主要电力设备。如选择全封闭组合电器方案，应进行比较论证。

（3）初选控制、保护、运行、通信（包括接入系统和水情测报系统）方案和主要设备。

（4）对机电设备有特殊要求或有大、重件运输等特殊问题时，应专门论证并简述其可行性。

10.2.6.5 机电设备布置

（1）初选机电设备的布置方式。

（2）初选开关站（变电站、换流站）的站址、型式和布置。

（3）初选直流接地极极址位置。

10.2.6.6 金属结构

（1）研究并初选各水工建筑物（如泄水、引水、输水、电站、泵站等）闸门、拦污栅、阀和启闭机等的布置、型式、尺寸、容量和数量。

（2）论证并初选其他建筑物（如通航、过木、过鱼等）金属结构及机械设备的规模、型式、主要参数和布置方案。

（3）列出主要金属结构分项（技术参数、工程量等）汇总表。

10.2.6.7 采暖通风

初选采暖、通风和空气调节系统的设计方案、主要设备及其布置。

10.2.6.8 消防

初选水电厂（泵站）、厂区、主要建筑物及通航设施等消防总体设计方案和主要机电设备的消防方案，初选消防设备。

10.2.7 工程管理

（1）管理机构。提出工程管理机构设置的初步方案，初步确定管理机构的人员编制和生产、生活的用房规模。

（2）管理办法。提出水利工程的管理办法，初步确定工程管理和保护区的范围。提出土地征用、利用和管理的初步意见，研究库区、行、蓄洪区、滞涝洼地等土地利用原则、管理办法和主要措施。

10.2.8 施工组织设计

10.2.8.1 施工条件

（1）对外交通（铁路、公路、水运）现况及近期拟建的交通设施。

（2）工程布置特点、施工场地条件、水文、气象、冰情等基本情况。

（3）施工期（包括初期蓄水）通航、过木、排水、下游排冰及供水等要求。

（4）建筑材料的来源，水、电等供应条件，当地可能提供修配加工的条件。

（5）对工程建设期的有关要求及意见。

10.2.8.2　天然建筑材料

调查分析混凝土骨料（天然和人工）、石料等各种料场的分布、储量、质量、开采运输条件、开采获得率与利用率及主要技术参数，通过技术经济比较选择料场，提出开采工艺，选择开采、运输及加工设备。

10.2.8.3　施工导流、截流

初选各期导流及拦洪度汛标准、施工时段、导流流量、导流度汛方式。研究导流建筑物的型式与布置。提出相应工程量。研究施工期通航、过木、排冰、下闸蓄水、下游供水等措施和安排，初选截流方式及下闸蓄水时段、流量。

10.2.8.4　主体工程施工

初选主体工程（包括导流工程）的施工方法、施工程序及施工进度，估算主要施工机械设备。

10.2.8.5　施工交通及施工总布置

基本选定对外交通方案和场内主要交通干线布置，研究主要施工工厂、生活设施的规模并进行规划和布置，研究弃渣场规划，提出临建工程量及施工占地。

10.2.8.6　施工总进度

提出施工总进度并说明安排原则。研究提前发挥工程效益和提前发电的措施方案：提出工程筹建期、工程准备期、主体工程施工期和工程完建期的控制进度；论述各阶段施工控制性进度和相应施工强度；进行施工强度及土石方平衡；估算工程所需三材数量和劳动力。

10.2.9　水库淹没处理和工程永久占地

10.2.9.1　淹没处理范围及实物指标

（1）简述水库区地理位置、淹没涉及地区的自然条件及社会经济状况。

（2）选定库区移民和征地的设计洪水标准及泥沙淤积计算年限，计算相应回水线，初定淹没处理范围。对公路、铁路及重要的工矿企业、城市、文物古迹等应按相应的洪水标准确定淹没影响程度。

（3）说明会同地方政府和有关部门共同进行淹没实物调查的方法和时间，分析调查成果的精度，用表列出不同水位方案的实物指标。分析淹没主要控制地段的淹没对象，提出对选择水位的意见。查明推荐方案的主要实物指标成果，并计算影响人口和增长人口，估算设计水平年的总移民规模。

10.2.9.2　移民安置

（1）会同地方政府和有关部门分析安置区的环境容量和安置条件，提出推荐水位方案的初步移民安置规划，说明移民安置方式，去向地点以及恢复和发展生产，生活措施的可行性。必要时研究工程防护减少淹没的可行性。

（2）初步选定乡镇及城市新址，提出迁建的可行性规划。

（3）提出下阶段做好移民安置规划的意见。

10.2.9.3　专业项目设施改建

说明会同有关部门提出淹没范围内的重要工矿企业、交通、电力、电信及文物古迹等改建、迁建或防护的可行性规划，并征求各主管部门的意见。

10.2.9.4 淹没处理投资估算

按照国家现有政策规定，针对淹没的实物数量、质量以及移民安置区必要的基础设施，分项估算农村及集镇部分的投资。根据初步规划估算各专项设施所需要的迁建投资；汇总列出分项投资、总投资、并估算分年投资。

10.2.9.5 工程永久占地

工程永久占地包括工程占地和工程管理范围内的占地，应说明占地范围、实物指标、移民安置初步规划并估算分年投资。

10.2.10 环境影响评价

10.2.10.1 环境状况

简述工程影响地区的自然环境和社会环境状况。

10.2.10.2 环境影响预测评价

简述工程对自然环境和社会环境有关因子影响的预测和评价。

10.2.10.3 综合评价与结论

（1）简述工程对环境影响的综合评价。

（2）说明工程对环境产生的主要有利影响和不利影响，初步分析工程实施后对环境现状引起的变化趋势，提出评价结论，从环境角度论证工程建设的可行性。

（3）概述拟采用的环境保护措施、监测手段并估算相应的投资。

10.2.11 工程投资估算

10.2.11.1 编制说明

（1）工程概述。主要包括兴建缘由、水系、工程地点、工程规模、工程效益、主要工程量、主要工程材料用量、施工总工日和施工总工期等。

（2）编制原则和依据，按工程投资估算年的价格水平编制，估算静态总投资是控制该建设项目初步设计静态总投资的依据。

（3）投资主要指标。包括工程静态投资和工程总投资。

（4）建设项目投资主体的组成、投资筹措意见。

（5）主要经济指标表。

10.2.11.2 投资估算表

主要包括：①投资总估算表；②建筑工程估算表；③机电设备及安装工程估算表；④金属结构设备及安装工程估算表；⑤临时工程估算表；⑥水库淹没处理补偿费用估算表；⑦独立费用估算表；⑧分年度投资估算表；⑨主要工程单价估算表；⑩主要材料预算价格汇总表；⑪主要材料、工日数量汇总表。

10.2.11.3 附件

主要包括：①人工预算单价计算书；②主要材料运输费用及预算价格计算表；③砂石料预算单价计算书；④主要施工机械台班费计算表；⑤建筑安装工程单价综合系数表（建筑与安装工程分列）；⑥安装工程材料费调差系数计算表；⑦安装工程施工机械台班费调差系数计算表；⑧主要工程单价计算表；⑨独立费用计算书；⑩计算人工、材料、设备预算价格和费用的有关文件、报价资料。

10.2.12 经济评价

10.2.12.1 概述

工程项目的任务、规模、主要效益、建设计划、经济评价的基本依据、计算方法和成果，并概述本工程有关地区经济、政治、社会、环境等效益中的地位和作用。

10.2.12.2　国民经济评价

（1）估算投资费用。

（2）效益估算。

（3）经济评价指标。

（4）国民经济评价。

10.2.12.3　财务评价

（1）估算财务投资、年费用。

（2）财务效益估算。

（3）财务评价指标计算。

（4）财务评价。

10.2.12.4　利用外资项目的经济评价

（1）概述利用外资的途径和使用还贷条件及利用额度。

（2）提出偿还外资能力的分析成果。

（3）说明利用外资经济合理性，财务可行性和评价结论。

最后经综合评价，提出工程项目评价结论。

10.3　勘　测　调　查　工　作

勘测调查是水利工程建设的基础工作，其任务是收集资料，为工程决策和规划设计提供依据，勘测调查工作必须坚持实事求是的科学态度，所得到的资料必须是能客观全面反映实际情况，具有高度的可信度和较长的系列。要求我们准确把握各阶段勘测调查工作的深度和广度，以适应不同工程不同阶段的需要。

10.3.1　资料收集的原则与内容

（1）收集基本资料，必须遵循以下原则：

1）根据工程特点，设计阶段等要求来收集资料，做到有的放矢。

2）坚持实事求是的科学态度，客观全面反映实际。

3）资料收集的范围和系列长短，以满足工程建设前期工作需要为前提。

4）对外借鉴的资料，要科学分析，全面评价。

5）资料收取主要通过调查访问，现场勘察，收集观测试验成果，专项试验等途径。

（2）资料内容包括自然地理资料和社会经济资料两个方面，主要资料如下：

1）自然地理资料。

a. 气象资料：包括降雨、蒸发、气温、日照、积温、无霜期、冰冻、温度、风力、风向、冰雹等。

b. 水文资料：包括河流水位、流量、含沙量、河流水质、河道长度、坡降、面积、水能资料。感潮地区，还应包括潮汐特性资料、水文观测资料。

c. 地形地貌资料：包括植被、地势、水土侵蚀状况，不同比例的地形图等。

d. 工程地质资料：包括区域地质构造、地层、岩性、地震记载等。

e. 水文地质资料：包括地下水类型、埋深、各含水层特征与厚度、水的化学性质、储量等。

f. 土壤资料：如土壤类型、理化特性、分布情况、土壤图、土壤盐碱化分布图、土地利用现状及规划图等。

　　g. 农业灌溉、排水试验成果资料。

　　h. 野生动植物：如森林树种分布、珍稀植物分布、野生动物、水生动物、水生生物等情况。

　　2）社会经济资料。

　　a. 区域内行政区划、人口、劳动力、土地利用情况。耕地及农业结构，主要作物种植比例。

　　b. 区域内工业产值，工业结构，工业用水与耗能，工业污染。

　　c. 区域内现有水土资源利用情况，各类水利工程设施状况、规模、效益与作用；近年来管理、维修及效益变化情况、工程管理机构状况。

　　d. 区域内工农业生产状况，经济发展现状。

　　国民收入、人均收入、投入产出比、粮食生产供应、贫富情况、教育文化状况。

　　e. 区域内国民经济和社会发展近期、中期、远期规划等，区域经济社会发展的有关政策文件等。

　　f. 区域内交通运输、能源等现状，生产生活用水用电用气等情况。

　　g. 区域内工矿资源及开发利用情况，可利用的工程材料状况及各种材料价格。

　　h. 区域内水旱及自然灾害资料。

10.3.2　调查访问

　　调查访问是资料收集中最常见、最经济的一种方法。它是将客观上已经存在的资料进行收集和整理，做调查访问工作，一般要注意如下几点：①要明确目标，如收集有关社会经济资料，可到政府的相关部门收集，收集河流水文资料可到水文测站或水文管理机构，气象资料可到气象管理机构等；②要集体行动，调查访问一般要有两人以上同行，这样有利于资料的收集整理；③调查访问小组中要配备内行，专项调查访问是一种有较强专业性的工作，如收集水文气象资料就必须有这方面的专业知识；④做到先计划，后行动，调查访问前，先要做出调查计划，如资料内容，时间安排，人员安排等，调查工作按计划进行；⑤要及时整理分析。对调查访问收集的资料，要及时进行整理、分析，去伪存真。

10.3.3　测量工作

　　规划建设水利工程，离不开测量工作。兴建水利工程需进行的测量工作主要有：

　　（1）地形图的测量。如坝址地形图，厂房地形图，渠系建筑物地形图，库区地形图等。有的地形图可直接利用已有成果，如库区地形图常采用已有航测资料，一般不再进行测量。

　　（2）河流或水库纵横断面测量。如流域规划阶段，应进行全流域纵横断面测量，各梯级坝址，比较坝址应进行横断面测量等。

　　（3）渠道和堤线测量。规划和设计渠道，都要沿渠堤的中心线按不同间距施测纵横断面，以便计算工程量。

　　（4）道路测量。

　　（5）水库淹没调查和淹没线测量。

　　（6）地质勘察测量。

　　（7）专用平面控制网测量。如进行大坝、滑坡等的变形监测等。

　　（8）施工放样测量等。

　　随着科学技术的迅猛发展，许多新技术、新工艺、新设备在测量工作中得到应用。如原来的测量数据用人工手记，而现在已大量地用袖珍电子计算机自动记录和校核；原来控制点的平面坐标是用三角测量，导线测量和各种交会图形来测定，而目前则采用三边网，边角网、三维网和 GPS 全球定位系统等方法来测定；原来距离测量是用钢尺或视差导线来进行，而今大量采用电磁波测距仪来进行。测量中采用的新技术还有如计算机辅助绘图、正射影像地图，近景摄影测量，GPS 全球定位系统，遥感技术等。

在新时期做好测量工作，必须要做到以几下几条：①根据测量内容，在作业前要充分了解并掌握测区内已有资料，并提出具有技术规定，精度指标，可靠性指标和效益要求的测量工作设计报告；②对所用仪器，工具在作业前要按有关规范要求进行检视与检校，检视、检校的记录要作为原始资料保存，要确保所用仪器和工具在整个作业过程中始终保持良好性能和状态；③在测量作业过程中应经常进行成果质量校核和检查，确保测量成果的质量；④测量工作结束后要及时进行测量成果验收，编写测量技术报告和工作总结。

测量技术报告内容包括：①测量内容；②测区基本情况；③已有资料情况和作业经过；④技术设计书及各种技术标准的执行情况；⑤主要技术方案和作业方法；⑥新技术的应用情况；⑦成果质量评价和主要问题的处理。测量技术报告和测绘成果一样，要上缴归档。

10.3.4　工程地质勘察

水利工程地质勘察的任务，是查明建设地区的工程地质条件，为规划，设计和施工提供可靠的依据，以便充分利用有利的地质因素，避开或改造不利的地质因素，比较合理地选定水工建筑物位置和进行有效布局。同时，要对工程或建筑物在施工和运行过程中可能发生的工程地质问题进行预测，使设计人员根据预测结果制定出解决这些问题的措施，确保工程安全可靠。

水利工程地质勘察一般划分为 4 个阶段，即规划阶段、可行性研究阶段、初步设计阶段和技施设计阶段。各阶段地质勘察的内容和重点基本相同，只是深度有差别，主要内容有：①地形和地貌；②地质构造；③岩石和土壤的物理力学性质；④物理地质作用；⑤区域地震烈度；⑥建筑材料分布和储量；⑦水文地质条件。工程地质勘察的方法有多种，如地质测绘，地球物理勘探、钻探、坑探、槽探，竖井，平洞，各种户外试验和室内试验等。

为做好地质勘察工作，勘察单位在进行地质勘察前，应收集和分析工程地区已有的地质资料，按有关规范要求编制工程地质勘察大纲，勘察过程中要按勘察大纲执行，如地区情况有变化可适当调整勘察大纲。

勘察过程中的各项原始资料应真实、准确、完整并及时整理和综合分析，勘察工作结束时，应编制和提交工程地质勘察报告，各勘察阶段的地质勘察报告的格式大体相同，主要包括以下内容：

（1）绪言。说明工程概况，勘察地区的自然地理条件，历次所进行的勘察工作情况和研究深度，本阶段进行的工作项目和完成的工作量等。

（2）区域地质概况。主要说明区域地形地貌，地层岩性，地质构造、地理地质现象和水文地质条件等。

（3）水库区工程地质条件。主要说明和评价水库区的地质概况，水文地质条件、水库渗漏、浸没、库区稳定和诱发地震的可能性等。

（4）建筑物区的工程地质条件。应根据工程的开发方式和建筑物的布置，分坝址，引水线路和溢洪道等节编写，说明和评价各建筑物的地质情况及推荐方案。

（5）天然建筑材料。说明建筑材料的分布，储量和质量等情况，开采和运输条件。天然材料不足时的补充方案等。

（6）结论和建议。包括基本地质特点，各建筑物的主要工程地质问题和评价，下阶段勘察需查明和研究的问题和建议。

10.4 设 计 与 试 验

10.4.1 设计的目的与阶段划分

设计是对拟建工程项目的实施在技术上和经济上所进行的全面而详细的安排，主要解决工程建设时的具体技术措施和手段，它属于实施工程任务的具体技术经济工作。

水利工程设计一般划分为初步设计和施工图设计两个阶段，对一些特殊工程，可根据其需要增加技术设计阶段。

初步设计是根据批准的工程可行性研究报告，进一步阐明拟建项目在技术上的可行性和经济上的合理性，并通过对工程项目所做出的基本技术经济规定，编制项目总概算。初步设计不得随意改变已批准的可行性研究报告所确定的建设规模、工程标准、建设地址、总概数不得超过可研报告的投资估算，如超估算达 10％以上，或其他主要指标变更时，应按有关规定办理。

技术设计是根据初步设计和更详细的调查研究资料，为进一步解决初步设计中的一些重大技术问题，如工艺流程，建筑结构等而进行的更具体，更细致，更完善的设计。

施工图设计是根据初步设计或技术设计的成果。为满足项目实施的具体要求，在进一步收集和掌握工程有关基础资料的情况下，做出的更详细，更具体的设计，它要反映各建筑物的外形尺寸，内部空间分割，细部构造，及各种运输、通信、管理系统和建筑设备的设计，确保施工单位能按图施工。

10.4.2 设计说明书编制内容

工程设计成果有设计说明书和设计图纸，水利工程设计说明书应根据《水利水电工程初步设计报告编制规程》的要求编写。

10.4.3 设计图纸的要求

设计图纸是设计的一项非常重要的成果资料，是进行工程施工的必不可少、缺一不可的设计资料，对设计图纸有如下要求：

（1）设计图纸的深度和数量要满足施工要求。

（2）设计图纸要规范、整洁，图幅、比例、尺寸标注、单位、线条、图签等要符合有关规范要求。

（3）设计图纸要仔细校审，特别是结构布置、尺寸标注有无错漏，尺寸单位是否注明。

（4）图签中要注明设计单位、设计和校审人员、图纸名称等主要内容。

（5）设计图纸要分阶段，分专业统一编号，以便查阅和存档。

10.4.4 工程试验

由于人们认识问题的局限性，对自然界和工程建设中的许多复杂问题，我们还不能掌握它的规律，为解决认识落后于实践需要的矛盾，在水利工程建设中往往通过一些模型试验来检查设计是否可行，并以此来丰富设计理论。如为解决溢洪道消能而进行水力模型试验，在多沙河流上为预测河床演变而进行的河床水工模型试验，还有许多结构模型试验等。进行各种模型试验，必须使模型能反映工程实际，模型是实物按一定比例的缩小。

随着科学技术迅猛发展，各种高新技术、材料、仪器设备在水利工程的勘测设计中不断得到推广使用，水利工程勘测设计技术也更完善，更先进，更全面。

<h1 style="text-align:center">思　考　题</h1>

10.1　为什么要规范水利工程基本建设程序？

10.2　水利工程项目后评价作用有哪些？

10.3　水利工程项目可行性研究和设计的区别是什么？

10.4　如何收集水利工程规划设计资料？

第 11 章 水 利 工 程 施 工

【学习目标】　掌握水利工程施工导流与截流的概念、方法，水利工程施工管理的基本知识，熟悉水利工程施工的特点及内容、基坑抽排水及人工降低地下水位的方法，了解水利工程施工组织设计的基本内容与要求。

11.1 水利工程施工的特点及内容

11.1.1 水利工程施工的任务及特点

水利工程建设，可概括为规划、设计和施工等阶段。各个阶段即有分工，又有联系，相辅相成。施工应以规划、设计的成果为依据，而规划和设计又要考虑施工方面的要求，并受施工实践的检验。在这几个阶段中，施工起着将规划、设计方案转变为工程实体的作用。

11.1.1.1 水利工程施工的任务

水利工程施工的主要任务可归纳如下：

（1）依据设计、合同任务和有关部门的要求，根据工程所在地区的自然条件，当地社会经济状况。设备、材料和人力等资源的供应情况以及工程特点，编写切实可行的施工组织设计。

（2）按照施工组织设计，做好施工准备，加强施工管理，有计划地组织施工，保证施工质量，合理使用建设资金多快好省地全面完成施工任务。

（3）在施工过程中开展观测、试验和研究工作，促进水利工程建设科学技术的发展。

11.1.1.2 水利工程施工的特点

施工的全过程都直接与水紧密相连，与当地的地形、地质、水文、气象、施工环境等密切相关。其特点归纳起来有以下几点：

（1）水利工程承担挡水、蓄水和泄水等任务，因而对水工建筑物的稳定、承压、防渗、抗冲、耐磨、抗冻、抗裂、抗震、抗腐蚀等性能都有特殊要求，需按照水利工程的技术规范，采取专门的施工方法和措施，确保工程质量。

（2）水利工程对地基的要求比较严格，构成又常处于地质条件比较复杂的地区和部位，处理不当留下隐患，难以补救，需采取专门的地基处理措施。

（3）水利工程多在河道、湖泊及其他水域施工，需根据水流的自然条件及工程建设的要求进行施工导流、截流或水下作业。

（4）水利工程施工受气候的影响较大，如降雨、降雪、冰冻等，有时根据质量要求，在高温夏季或严寒冬季需采取降温和保温措施，才能确保工程质量。

（5）水利工程多为较大的工程规模，并与当地自然环境关系密切，社会、经济影响较大，对国民经济发展和人们生命财产安全都直接相关。

水利工程又常需利用枯水期施工，工期紧、施工强度大，因此，需合理安排计划，精心组织施工，及时解决施工过程中的防洪、度汛等问题。

11.1.2 水利工程施工的内容

主要包括施工技术、施工机械的使用和施工管理等。一般可分为9个方面：

（1）施工准备工程。包括施工交通、施工供水、施工供电、施工通信、施工通风及施工临时设施等。

（2）施工导流工程。包括导流、截流、围堰及度汛、临时孔洞封堵与初期蓄水等。

（3）地基处理。包括桩工、防渗墙、灌浆、沉井、沉箱以及锚喷等。

（4）土石方施工。包括土石方开挖、土石方运输、土石方填筑等。

（5）混凝土施工。包括混凝土原材料制备、储存、混凝土制备、混凝土运输、混凝土浇筑、混凝土养护，模板制作、安装、钢筋加工、安装，埋设件加工、安装等。

（6）金属结构安装。包括闸门安装、启闭机安装、钢管安装等。

（7）水电站机电设备安装。包括水轮机安装、水轮发电机安装、变压器安装、断路器安装以及水电站辅助设备安装等。

（8）施工机械。包括挖掘机械、铲土运输机械、凿岩机械、疏浚机械、土石方压实机械、混凝土施工机械（如水泥储运系统、砂石骨料加工系统、混凝土搅拌系统、混凝土运输设备、混凝土平仓振捣设备）、起重输运机械、工程运输车辆等。

（9）施工管理。包括施工组织、监督、协调、指挥和控制。按专业划分为计划、技术、质量、安全、供应、劳资、机械、财物等管理工作。全面实行项目法人责任制、招标承包制、建设监理制。一些大型工程还建立信息管理系统，对工程及时、全面、准确地监控。

11.2 施 工 导 流 与 截 流

施工导流是水利工程施工过程中，为了创造干地施工条件，将河流水流通过适当方式导向下游的工程措施。截流是施工导流中截断河道，迫使原河床水流流向预留通道的工程措施。

正确合理的施工导流，可以加快施工进度，降低工程造价，否则会使工程施工遇到意外的障碍，拖延工期，增加投资，甚至会引起工程失事。

11.2.1 施工导流方式

施工导流的基本方式可分为两类：一类是河床外导流，又称一次拦断导流、全段围堰法导流，即用围堰一次拦断全部河床，将河道水流引向河床外的明渠或隧洞等导向下游；另一类是河床内导流，又称分段围堰法，采用分期导流，即将河床分段用围堰挡水，使河道水流分期通过被束窄的河床或坝体底孔、缺口、隧洞、涵洞、厂房等导向下游。此外，按导流泄水建筑物还可分为明渠导流、隧洞导流、涵洞导流、底孔导流、缺口导流、厂房导流等。一个完整的施工导流方案，常由几种导流方式组成，以适应围堰挡水的初期导流、坝体挡水的中期导流和施工期拦蓄洪水的后期导流等三个不同导流阶段的需要。

11.2.1.1 全段围堰法导流

全段围堰法导流，就是在河床主体工程的上下游各建一道拦河围堰，使河水经河床以外的临时泄水道或永久泄水建筑物下泄。主体工程建成或接近建成时，再将临时泄水道封堵。

全段围堰法导流，根据泄水道类型不同分为：隧洞导流、明渠导流、涵管导流、渡槽导流等。

（1）隧洞导流。隧洞导流（图 11-1）是在河岸山体中开挖隧洞，在基坑上下游修筑围堰，水流经由隧洞下泄的施工导流方式。

导流隧洞的布置，决定于地形、地质、枢纽布置以及水流条件等因素。

一般山区河流，河谷狭窄，两岸地形陡峻，山岩坚实，采用隧洞导流较为普遍。但由于隧洞的泄水能力有限，汛期洪水宣泄常需另找出路，如允许基坑淹没或与其他导流建筑物联合泄洪。隧洞是造价昂贵和施工复杂的地下建筑物，所以导流隧洞应尽量与泄洪洞、引水洞、尾水洞、放空洞等永久隧洞相结合。但是，由于永久隧洞的进口高程通常较高，而导流隧洞的进口高程通常

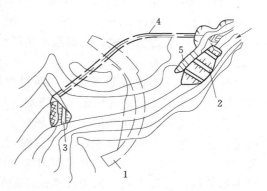

图 11-1　龙羊峡水电站隧洞导流

1—混凝土坝；2—上游围堰；3—下游围堰；

4—导流隧洞；5—临时溢洪道

较低，此时，可开挖一段低高程的导流隧洞与永久隧洞低高程部分相连，导流任务完成后将导流隧洞进口堵塞，不影响永久隧洞运行。这种布置方式俗称"龙抬头"（图 11-2）。只有当条件不允许时，才专为导流开挖隧洞，导流任务完成后还需将其堵塞。

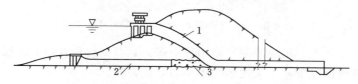

图 11-2　毛家村水库导流隧洞与永久隧洞结合布置

1—永久隧洞；2—导流隧洞；3—混凝土堵头

（2）明渠导流。明渠导流（图 11-3）是在河岸上开挖渠道，在基坑上下游修筑围堰，水流经渠道下泄。明渠导流，一般适用于岸坡平缓的平原河道。在规划时，应尽量利用有利条件，以取得经济合理的效果。如利用当地老河道，或利用裁弯取直开挖明渠，或与永久建筑物相结合。

（3）涵管导流。一般在修筑土坝、堆石坝工程中采用，见图 11-4。

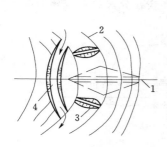

图 11-3　明渠导流

1—坝轴线；2—上游围堰；3—下游围堰；

4—导流明渠

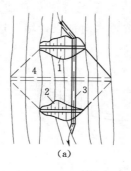

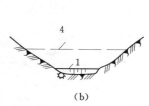

（a）　　　　　　　　（b）

图 11-4　涵管导流

（a）平面图；（b）上游立视图

1—上游围堰；2—下游围堰；3—涵管；4—坝体

涵管通常布置在河岸岩滩上，其位置常在枯水位以上，这样可在枯水期不修筑围堰或只修小围堰而先将涵管筑好，然后再修上、下游全段围堰，将水流导入涵管下泄。由于涵管的泄水能力较低，所以一般仅利用导流流量较小的河流上，或只用来担负枯水期的导流任务。

（4）渡槽导流。渡槽导流（图11-5）多用于导流流量小（通常不超过 $20\sim30m^3/s$）的小型工程的枯水期导流。渡槽一般为装配式钢筋混凝土矩形槽。

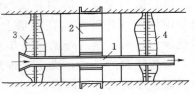

图11-5 渡槽导流
1—渡槽；2—坝体；3—上游围堰；
4—下游围堰

11.2.1.2 分段围堰法导流

分段围堰法亦称分期围堰法，即用围堰将水工建筑物分段、分期维护起来进行施工的方法。

所谓分段，就是在空间上用围堰将建筑物分为若干施工段进行施工。所谓分期，就是在时间上将导流分为若干时期。图11-6为导流分期和围堰分段的几种情况，从图中可以看出，导流的分期数和围堰的分段数可以不同。因为在同一导流分期中，建筑物可以在一段围堰内施工，也可以同时在两段围堰中施工。段数分得愈多，围堰工程量愈大，施工也愈复杂；同样，期数分得愈多，工期有可能拖得愈长。

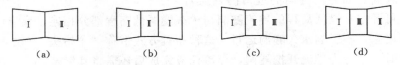

图11-6 导流分期与围堰分段示意图
(a) 两段两期；(b) 三段两期；(c) 三段三期；(d) 三段三期

因此，在工程实践中，两段两期导流用得最多。只有在比较宽阔的通航河道上施工、不允许断航或其他特殊情况下，才采用多段多期的导流方式。

分段围堰法导流一般适用于河床宽、流量大、工期较长的工程，尤其适用于通航河流和冰凌严重的河流。这种导流方法费用低，国内外一些大、中型水利水电工程采用较广。例如，葛洲坝和三峡、富春江等水利枢纽工程都采用这种导流方法。

分段围堰法，前期都利用被束窄的原河道导流，后期要通过事先修建的泄水道导流，其类型有：

（1）底孔导流。底孔导流（图11-7）时，应事先在混凝土坝体内修建临时或永久底孔，导流时让全部或部分导流流量通过底孔宣泄到下游，保证工程继续施工。如为临时底孔，则在工程接近完工或需要蓄水时加以封堵。这种导流方式在分段分期修建混凝土坝时用得比较普遍。

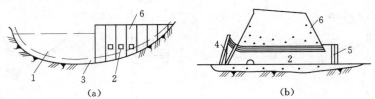

图11-7 底孔导流示意图
(a) 二期施工时下游立视图；(b) 底孔纵断面

1—二期修建坝体；2—底孔；3—二期纵向围堰；4—封闭闸门门槽；5—出口封闭门槽；6—混凝土坝体

底孔导流的优点是：挡水建筑物上部的施工可以不受水流干扰，有利于均衡连续施工，这对修建高坝特别有利。若坝体内有永久底孔可以利用时，则更为理想。底孔导流的缺点是：由于坝体设置了临时底孔，使钢材用量增加；如果封堵质量不好，会削弱坝的整体性，还可能漏水；导流流量往往不大；在导流过程中，底孔有被漂浮物堵塞的危险；封堵时，由于水头较高，安放闸门及止水等工作均较困难。

（2）缺口导流。在混凝土坝施工过程中，当汛期河水暴涨暴落，其他导流建筑物又不足于宣泄全部流量时，可以在未建成的坝体上预留缺口，以配合其他导流建筑物宣泄洪峰流量；待洪峰过后，上游水位回落，再继续修筑缺口。因这种导流方法比较简单，常被采用。

（3）束窄河床和明渠导流。分段围堰法导流，当河水较深或河床覆盖层较厚时，纵向围堰的修筑常常十分困难。若河床一侧的河滩基岩较高且岸坡稳定又不太高陡时，常采用束窄河床导流是较为合适的。有的工程将河床适当扩宽，形成明渠导流，就是在第一期围堰维护下先修建导流明渠，河水由束窄河床下泄，导流明渠河床侧的边墙常用作第二期的纵向围堰；第二期工程施工时，水流经由导流明渠下泄。

上述三种后期导流方式，一般只适用于混凝土坝，特别是重力式混凝土坝。对于土石坝、非重力式混凝土坝，若采用分段围堰法导流，常与河床外的隧洞导流、明渠导流等方式相配合。

11.2.2 围堰

围堰是围住水工建筑物施工基坑，避免水中施工而修建的临时挡水建筑物。在导流任务完成以后，如果围堰对永久建筑物的运行有妨碍，或没有考虑作为永久建筑物的一部分时，应予以拆除。

11.2.2.1 围堰的类型

按其所使用的材料可以分为：土石围堰、草土围堰、钢板桩格型围堰、混凝土围堰等。

按围堰轴线与水流方向的关系可以分为：基本垂直水流方向的横向围堰和顺水流方向的纵向围堰。

按导流期间基坑淹没条件可以分为：过水围堰和不过水围堰。过水围堰除需要满足一般围堰的基本要求外，还需满足堰顶过水的专门要求。

11.2.2.2 围堰的基本要求

选择围堰型式时，必须根据当时当地具体条件，在满足下述基本要求的原则下，通过技术经济比较加以选定。

（1）具有足够的稳定性、防渗性、抗冲性和强度。

（2）就地取材，造价便宜，构造简单，修建、拆除方便。

（3）围堰的布置，应力求使水流平顺，不发生严重的局部冲刷。

（4）围堰接头、与岸坡联结处要可靠，避免因集中渗漏等破坏作用而引起围堰失事。

（5）必要时应设置抵抗冰凌、船筏冲击破坏的设施。

11.2.3 截流

在施工导流中，只有截断原河床水流，才能把河水引向导流泄水建筑物下泄，在河床中全面开展主体建筑物的施工，这就是截流。截流戗堤一般与围堰相结合，因此截流实际是在河床中修筑横向围堰工作的一部分。在大江大河中截流是一项难度较大的工作。

一般来说，截流的施工过程为：先在河床的一侧或两侧向河床中填筑截流戗堤，这种向水中筑堤的工作叫做进占。戗堤将河床束窄到一定程度，就形成了流速较大的龙口。封堵龙口的工作叫合龙。合龙以后，龙口部位的戗堤虽已高出水面，但其本身依然漏水，因此须在其迎水面设置防渗设施。在戗堤全线设置防渗体的工作叫闭气。所以，整个截流过程包括戗堤的进占、龙口范围的加固、合龙和闭气等工作。截流以后，再对戗堤进行加高培厚，直至达到围堰设计要求。

长江葛洲坝工程于 1981 年 1 月仅用 35.6h，在 4720m^3/s 流量下胜利截流，为在大江大河上进行截流积累了宝贵的经验。1997 年 11 月三峡工程大江截流和 2002 年 11 月三峡工程三期导流明渠截流的成功，标志着我国截流工程的实践已经处于世界先进水平。

（1）截流的基本方法。河道截流的方法主要有：立堵法、平堵法、立平堵法、平立堵法、下闸截流以及定向爆破截流等。

1）立堵法截流。立堵法截流（图 11-8）是将截流材料，从龙口一端向另一端或从两端向中间抛投进占，逐渐束窄龙口，直至全部拦断。截流材料通常用自卸汽车在进占戗堤的端部直接卸料入水，或先在堤头卸料，再用推土机推入水中。

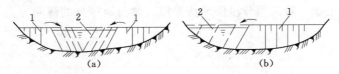

图 11-8 立堵法截流

（a）双向进占；（b）单向进占

1—截流戗堤；2—龙口

立堵法截流不需要在龙口架设浮桥或栈桥，准备工作比较简单，费用较低。但截流时龙口的单宽流量较大，出现的最大流速较高，而且流速分布不均匀，需用单个重量较大的截流材料。截流时工作前线狭窄，抛投强度受到限制，施工进度受到影响。立堵法截流一般适用于大流量、岩基或覆盖层较薄的岩基河床。对于软基河床只要护底措施得当，采用立堵法截流也同样有效。

2）平堵法截流。平堵法截流（图 11-9）事先要在龙口架设浮桥或栈桥，用自卸汽车沿龙口全线从浮桥或栈桥上均匀、逐层抛填截流材料，直至戗堤高出水面为止。因此，平堵法截流时，龙口的单宽流量较小，出现的最大流速较低，且流速分布比较均匀，截流材料单个重量也较小，工作前线截流时长，抛投强度较大，施工进度较快。平堵法截流通常适用在软基河床上。

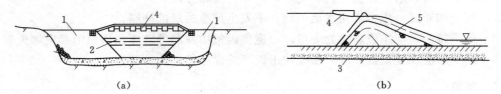

图 11-9 平堵法截流

（a）立面图；（b）横断面图

1—截流戗堤；2—龙口；3—覆盖层；4—浮桥；5—截流体

（2）截流的材料类型。截流材料类型的选择，主要取决于截流时可能发生的流速及开挖、起重、运输设备的能力，一般应尽可能就地取材。在黄河上，长期以来用梢料、麻袋、草包、石料、土料等作为堤防溃口的截流堵口材料。在南方，如四川都江堰，则常用卵石竹笼、砾石和杩槎等作为截流堵河材料。国内外大江大河截流一般采用混凝土六面体、四面体、四脚体、钢筋混凝土构架以及钢筋笼、合金网兜等（图 11-10）。

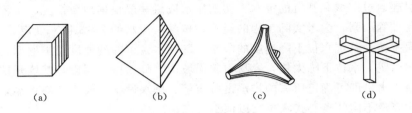

（a）　　　　　　　（b）　　　　　　　（c）　　　　　　　（d）

图 11-10　截流材料

（a）混凝土六面体；（b）混凝土四面体；（c）混凝土四脚体；（d）钢筋混凝土构架

11.3 基 坑 工 作

11.3.1　基坑的基本工作

　　水工建筑物对地基的要求非常严格，不仅要求地基具有足够的强度和稳定性，而且还要求具有一定的不透水性。因此，做好基坑工作是保证工程质量的首要环节。基坑基本工作一般包括：基坑排水、基坑开挖和地基处理等。

　　基坑开挖指挖除建筑物基础面以上的土或岩石，使地基满足建筑物对其轮廓形态、强度、稳定性、压缩性、不均匀沉降及抗震要求。水工建筑物的地基一般分为岩石地基（岩基）和土或砂砾石地基（土基）两类。地基开挖是水工建筑物主体工程施工的第一道工序，往往具有工程量大，施工条件复杂，受洪水和地下水影响等特点；且质量要求严格、施工安全问题突出，是水利工程施工中的重要环节。施工前，需研究分析设计图纸、技术文件以及地形、地质、水文、气象等资料，进行现场查勘，根据施工条件和总进度要求，进行技术经济分析，编制施工组织设计和施工技术措施。

　　地基处理指采取各种工程技术措施，改变或改善支承建筑物的土层或岩石地基条件，使之能适应工程设计对地基的要求。地基处理是水利工程的重要组成部分，直接关系着工程质量与安全，同时也将影响到造价和工程进度。地基处理的目的是：①提高天然地基防渗能力和渗透稳定性，减少蓄水建筑物的地基渗漏；②增加天然地基强度和稳定性，提高承载力，减少变形及防止不均匀沉陷，避免产生工程失稳破坏。

　　在进行基坑其他工作之前，必须排除基坑中的积水和渗水，下面主要介绍基坑排水工作。

11.3.2　基坑排水

　　在截流戗堤合龙闭气以后，就要排除基坑的渗水，以利于基坑施工工作。但在用定向爆破修筑截流、拦淤堆石坝，或直接向水中倒土形成建筑物时，不需组织基坑排水工作。

　　基坑排水工作按排水时间及性质，一般可分为两个阶段：①基坑开挖前的初期排水，包括基坑积水、基坑积水排除过程中围堰及基坑的渗水和降水的排除；②基坑开挖及建筑物施工过程中的经常性排水，包括围堰和基坑的渗水、降水、基岩冲洗及混凝土养护用废水的排除等。

11.3.2.1　初期排水

戗堤合龙闭气后，基坑内的积水应有计划地组织排除。排除积水时，基坑内外产生水位差，将同时引起通过围堰和基坑的渗水。初期排水流量一般根据地质情况、工程等级、工期长短及施工条件等因素，参考实际工程的经验，按基坑积水的 2～3 倍来确定。

排水时间主要受基坑水位下降速度的限制。基坑水位下降的速度视围堰型式、地基特性及基坑内水深而定。水位下降太快，容易引起塌坡；下降太慢，则影响基坑开挖时间。

根据初期排水量即可确定所需的排水设备容量。排水设备一般用离心式水泵。为了方便运行，宜选择容量不同的离心式水泵，以便组合运用。

11.3.2.2　经常性排水

为保证基坑的正常开挖和保持建筑物在干地施工，在施工过程中，需经常进行排水。排水系统的组成一般包括排水沟、集水井及水泵站等。

排水系统的布置通常应考虑两种不同的情况：一种是基坑开挖过程中的排水系统布置；另一种是基坑开挖完成后修建建筑物时的排水系统布置。在进行布置时，最好能两者结合考虑，并使排水系统尽可能不影响施工。

基坑开挖过程中布置排水系统，应以不妨碍开挖和运输工作为原则。

修建建筑物时的排水系统，通常都布置在基坑的四周，如图 11-11 所示。

水经排水沟流入集水井，在井边设置水泵站，将水从集水井中抽出。

为防止下雨时因地面经流进入基坑而增加抽水量甚至淹没基坑，往往在基坑外缘挖排水沟或截水沟，以拦截地面水。基坑外地面排水系统最好与道路排水系统相结合，以便自流排水。

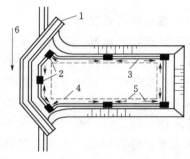

图 11-11　修建建筑物时基坑的排水系统布置
1—围堰；2—集水井；3—排水沟；4—建筑物轮廓线；5—水流方向；6—河流

11.3.3　人工降低地下水位

人工降低地下水位的基本做法是：在基坑周围钻设一些井管，地下水渗入井管后，随即被抽走，使地下水位线降至开挖基坑底面以下。

人工降低地下水位的方法，按排水工作原理来分有管井法和井点法两种。管井法是纯重力作用排水，井点法还附有真空或电渗排水的作用。

11.3.3.1　管井法降低地下水位

管井法降低地下水位时，在基坑周围布设一系列管井，管井中放入水泵的吸水管，地下水在重力作用下流入井中，被水泵抽走。

用管井法降低地下水位，须先设管井，管井通常由下沉钢井管组成，在缺乏钢管时也可用预制混凝土管代替。

井管的下部安装滤水管节（滤头），有时在井管外还需设置反滤层。地下水从滤水管进入井管内，水中的泥沙则沉淀在沉淀管中。

管井中抽水可应用各种抽水设备，但主要是离心式水泵、深井水泵或潜水泵。用普通离心式水泵抽水，由于吸水高度的限制，当要求降低地下水位较低时，要分层进行排水，如图11-12所示。

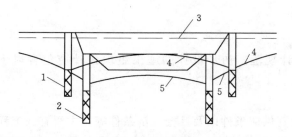

图11-12　分层降低地下水位

1—第一层管井；2—第二层管井；3—天然地下水位；

4—第一层水面降落曲线；5—第二层水面降落曲线

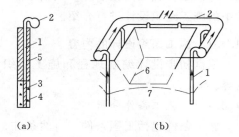

(a)　　　　　　　(b)

图11-13　井点的构造和布置示意图

(a) 构造；(b) 布置

1—井点管；2—总管；3—滤管；4—滤料；

5—封口黏土；6—坑底线；7—下降水位线

11.3.3.2　井点法降低地下水位

井点法是把井管和水泵的吸水管合二为一，简化了井的构造，便于施工。

井点法降低地下水位的设备，根据其降深能力分为轻型井点（浅井点）和深井点。

（1）轻型井点。沿基坑四周将许多直径较细的带有滤管的井点管埋入地下含水层内，井点管的上端通过弯联管与总管相连接，利用真空泵、离心泵和水气分离器组成抽水设备，将地下水从井管内不断抽出。

井点的构造和布置如图11-13所示。当轻型井点达不到深度要求时，可采用多层轻型井点（即先挖去上层井点疏干的土，再在其底部装设下层井点）。

（2）深井点。当降水深度很大，在管井井点内用一般水泵满足不了要求时，可加大管井深度，改用深井泵。深井井点降低水位可达15～30m，甚至更大。

深井点和轻型井点不同，它的每一根井管都装有扬水器（水力扬水器或压气扬水器），因此它不受吸水高度的限制，有较大的降深能力。

深井点有喷射井点和压气扬水井点两种。

11.4　施工组织设计的内容及要求

施工组织设计是根据工程建设任务的要求，研究施工条件，制定施工方案，指导施工的技术经济文件。施工组织设计是水利工程设计文件的重要组成部分，是确定枢纽布置、优化工程设计、编制工程总概算及控制工程投资的重要依据。做好施工组织设计，对正确选定坝址、坝型、枢纽布置及对工程设计优化，合理组织工程施工，保证工程质量，缩短工期，降低工程造价，提高工程效益等都有十分重要的作用。

不同环节所研究的施工组织问题，由于工作深度和资料条件的限制，其内容详略和侧重点虽不尽相同，但研究的范围是大同小异的。在可行性研究中，要根据工程施工条件，从施工角度提出可行性论证；在初步设计中，要编制施工组织设计，说明论证工程施工技术上的可能性和经济上的合理性；在招标投标活动中，参加招投标的单位都要从各自的角度，分析施工条件，研究施工方案，提出质量、工期、施工布置等方面的要求，对工程的投资或造价进行合理的估计；在工程施工过程中，要针对各项工程或专项工程的具体条件，编制单项工程或专项工程施工措施设计，从技术组织措施上落实施工组织设计的要求。下面仅对初步设计中的施工组织设计进行介绍。

11.4.1 施工组织设计的内容

根据初步设计编制规程和施工组织设计规范，初步设计的施工组织设计应包含以下内容。

11.4.1.1 施工条件分析

施工条件包括工程条件、自然条件、物资供应条件以及社会经济条件等，主要有：工程所在地点，对外交通运输，枢纽建筑物及其特征；地形、地质、水文、气象条件；主要建筑材料来源和供应条件；当地水源、电源情况，施工期间通航、过鱼、供水、环保等要求；对工期、分期投产的要求；施工用地、居民安置以及工程施工有关协作条件等。

11.4.1.2 施工导流

施工导流设计包括确定导流标准，划分导流时段，明确施工分期，选择导流方案、导流方式和导流建筑物，进行导流建筑物设计，提出导流建筑物的施工安排，拟定截流、度汛、拦洪、排冰、通航、下闸封堵、供水、蓄水、发电等措施。

11.4.1.3 主体工程施工

主体工程包括挡水、泄水、引水、发电、通航等主要建筑物，应根据各自的施工条件，对施工程序、施工方法、施工强度、施工布置、施工进度和施工机械等问题，进行分析比较和选择。

对有机电设备和金属结构安装任务的工程项目，应对主要机电设备和金属结构的加工、制作、运输、拼装、吊装以及土建工程与安装工程的施工顺序等问题，作出相应的设计和论证。

11.4.1.4 施工交通运输

施工交通运输分为对外交通运输和场内交通运输。

对外交通运输是在弄清现有对外交通和发展规划的情况下，根据工程对外运输总量、运输强度和重大部件的运输要求，确定对外交通运输方式，选择线路的标准和线路，规划沿线重大设施和国家干线的连接，并提出场外交通工程的施工进度安排。

场内交通运输应根据施工场区的地形条件和分区规划要求，结合主体工程的施工运输，选定场内交通主干线路的布置和标准，提出相应的工程量。施工期间，若有船、木过坝问题，应做出专门的分析论证，提出解决方案。

11.4.1.5 施工工厂设施和大型临建设施

施工工厂设施，如混凝土骨料开采加工系统、土石料场和土石料加工系统、混凝土拌和及制冷系统、机械修配系统、汽车修配厂、钢筋加工厂、预制构件厂、风、水、电、通信、照明系统等，均应根据施工的任务和要求，分别确定各自位置、规模、设备容量、生产工艺、工艺设备、平面布置、占地面积、建筑面积和土建安装工程量，提出土建安装进度和分期投产的计划。

大型临建工程，如施工栈桥、过河桥梁、缆机平台等，要做出专门设计，确定其工程量和施工进度安排。

11.4.1.6 施工总布置

施工总布置的主要任务是根据施工场区的地形地貌、枢纽主要建筑物的施工方案、各项临建设施的布置要求，对施工场地进行分期、分区和分标规划，确定分期分区布置方案和各承包单位的场地范围，对土石方的开挖、堆料、弃料和填筑进行综合平衡，提出各类房屋分区布置一览表，估计用地和施工征地面积，提出用地计划，研究施工期间的环境保护和植被恢复的可能性。

11.4.1.7 施工总进度

施工总进度的安排必须符合国家对工程投产所提出的要求。为了合理安排施工进度，必须仔细分析工程规模、导流程序、对外交通、资源供应、临建准备等各项控制因素，拟定整个工程，包括准备工程、主体工程和结束工作在内的施工总进度，确定项目的起讫日程和相互之间的衔接关系；对导流截流、拦洪度汛、封孔蓄水、供水发电等控制环节，工程应达到的形象面貌，需做出专门的论证；对土石方、混凝土等主要工种工程的施工强度，对劳动力、主要建筑材料、主要机械设备的需用量，要进行综合平衡；要分析施工工期和工程费用的关系，提出合理工期的推荐意见。

11.4.1.8 主要材料供应计划

根据施工总进度的安排和定额资料的分析，对主要建筑材料（如钢材、钢筋、木材、水泥、粉煤灰、油料、炸药等）和主要施工机械设备，列出总需要量和分年需要量计划。

必须指出，施工组织设计的内容虽然各有侧重、自成体系，但密切关联、相辅相成。弄清施工组织设计各部分内容之间的内在联系，对于搞好施工组织设计，做好现场施工的组织和管理，都有重要意义。

11.4.2 施工组织设计的编制原则

编制施工组织设计，必须遵照国家关于发展国民经济的总方针和水利水电建设的技术政策，结合工程的实际条件，参照国内的实践经验，吸收国内外先进技术，加强调查研究，掌握基本资料，落实技术措施，使设计真正能符合实际，符合又好又快的要求。

编制施工组织设计，应遵循以下原则：

（1）执行国家有关方针政策，严格执行国家基本建设程序和遵守有关技术标准、规程、规范，并符合中国招标投标法的规定和国际招投标的惯例。

（2）面向社会，深入调查，收集市场信息，根据工程特点，因地制宜提出施工方案，并进行全面技术经济比较。

（3）开发和推广新技术、新材料、新工艺和新设备，努力提高技术效益和经济效益。

（4）统筹安排，综合平衡，妥善协调各分部分项工程，均衡施工。

我国在水利工程施工组织设计方面技术发展很快，在施工组织设计工作中应用现代化科学管理，以系统工程为指导，广泛应用计算机和现代数学方法优化设计方案。如使用计算机模拟技术，模拟工程未来的施工状况，以得到切合工程实际的各种设计参数；应用数理统计学和应用数学，分析工程施工中各因素之间的关系等技术。在使用对象方面，不仅项目法人、工程设计单位重视施工组织设计，各施工企业也充分认识到了施工组织设计的重要性，因为一个切合本企业情况的、科学的、先进的施工组织设计，不仅可以帮助企业在工程招投标时中标，还可以使企业在工程施工中提高管理水平、节约成本，保证工程质量，加快工程施工进度。因此，施工组织设计工作已成为现代化施工管理的重要依据。

11.5 工程施工管理的基本知识

工程施工管理是根据有关规定、设计文件及合同条款，在保证施工质量和安全的前提下，用最少的人力、物力和财力，实现工程设计和各项技术经济指标的要求，按期发挥工程效益的组织、安排、协调与控制的一系列活动。

施工管理水平对于缩短建设工期，降低工程造价，提高施工质量，保证施工安全，至关重要。施工管理工作涉及到施工、技术、经济等活动。其管理活动从制订计划开始，通过计划的制定，进行协调与优化，确定管理目标；然后在实施过程中按计划目标进行指挥、组织、协调与控制，实现施工管理的目标。

施工管理的内容主要包括施工招投标与合同管理、进度控制、成本控制、质量控制、安全管理、物资管理、设备管理、文档信息管理和人力资源管理等方面。

11.5.1 施工招投标与合同管理

工程建设实现招标投标，在建筑行业中引进竞争机制，有助于施工企业提高经营管理水平、采用先进技术和方法、保证工程质量、提高投资效果。招标投标是确定工程建设承发包关系的一种方式，必须遵循《中华人民共和国招标投标法》。

11.5.1.1 施工招标

招标是项目法人运用竞争机制进行采购的一种方式。工程招标是指建设项目法人（或称招标人）运用竞争机制选择工程承包人的一种方式。招标是常用的组织工程建设的方式，如工程项目的勘察、设计、建设监理、建筑安装工程、机电设备、建筑材料的采购等。招标是招标人与投标人的正常经济活动，受法律保护。我国于 2000 年 1 月 1 日实施《中华人民共和国招标投标法》。

（1）施工招标条件。建设工程实行施工招标，应具备一定的条件，通常要求有以下几方面：①建设工程项目已经主管部门批准，并列入年度基本建设投资计划；②有已经批准的设计文件和概（预）算；③包括征地、拆迁、水、电、道路、通信等现场条件已经基本就绪，并已获开工许可；④建设资金、主要材料和设备加工订货已经落实。

（2）施工招标的范围。施工招标的范围，可以是一个建设项目的全部工程，也可是单项工程、专项工程乃至分部分项工程；可以是包工包料，也可是包工、部分包料或包工不包料。

（3）施工招标的基本方式。施工招标的基本方式，可以是：①公开招标，指招标人（也称发包人）以招标公告的方式邀请不特定的法人或者其他组织投标；②邀请招标，指招标人以投标邀请书的方式邀请特定的法人或者其他组织投标。

（4）施工招标的主要程序。施工招标的程序大致经历招标准备、招标和开标决标三个阶段，如图 11-14 所示。

11.5.1.2 施工投标

投标人按照招标要求编制实施方案和投标报价等文件，在招标人规定的时间内送达指定地点，以期获得工程承包的程序。投标是与招标相对应的活动，被广泛应用于工程建设的勘察设计、建设监理、建筑安装工程以及与工程建设有关的机电设备、材料等的采购。

投标人在投标过程中，要对招标文件进行研究，弄清工程规模、施工条件、工期要求，以及承包方式等；要了解合同类型和合同条款中所规定的合同双方的权利、义务、风险和责

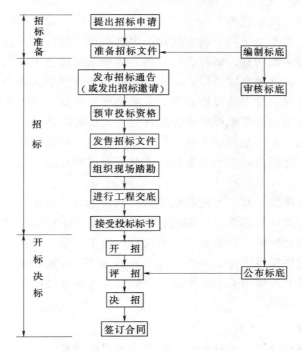

图 11-14 施工招标过程

任，有关技术、经济、法律条款，以及有关规范、标准和对建筑材料的要求。在参加现场勘察时，需要进一步调查工程所在地的社会经济状况，并核实施工条件，听取招标人的答疑。然后根据招标文件的要求与自身的能力、水平和经验，提出施工组织设计，包括施工进度计划、施工总平面布置、施工方法和技术措施、施工交通、施工通信、环境保护和施工临时设施，以及技术供应计划的详细说明，辅之相应的施工设计图纸等，并依此编制投标报价。投标报价是投标工作的核心，对投标成败和承包项目的盈亏起决定作用，所以投标人应当合理确定投标价格，不能低于成本的报价竞标。合理报价能反映出投标人的经营管理水平与施工技术水平，也是工程顺利实施的保证。虽然投标可能要承担一定的风险，但是，风险一旦发生，投标人要能承受。所以，投标人要加强经济分析和预测，并事先拟定投标对策。

11.5.1.3 施工合同

（1）施工合同的概念。施工合同即建筑安装工程的承包合同，是建设单位（发包方）和施工单位（承包方）为完成商定的建筑安装工程，明确相互权利、义务关系的合同。

施工合同的当事人是建设单位（业主、发包方）和施工单位（承包方）。承发包双方签订施工合同，必须具备相应资质条件和履行合同的能力。

（2）施工合同的订立。施工合同作为经济合同的一种，其订立也应经过要约和承诺两个阶段。如果没有特殊的情况，工程建设的施工都应通过招标投标确定施工企业。

招标的施工企业应当与建设单位及时签订合同。依照《中华人民共和国招标投标法》和招标文件规定，中标通知书发出后规定的时间内，中标单位应与建设单位依据招标文件、投标书等签订工程承发包合同。如果中标的施工企业拒绝与建设单位签订合同，则建设单位将不再返还其投标保证金，按照招标文件和招标人的投标文件的相关条款给予一定的处罚。

（3）施工合同的履行和管理。监理工程师监督合同当事人依据合同准则履行合同规定的权利、义务和承担违约责任以及合同分配的风险责任，解释合同文件，处理合同变更和额外工程事宜，处理索赔和合同争议等。

在合同履行阶段，应严格按照合同所规定的内容执行，任何人无权修改合同，如有变更应取得合同当事人双方一致同意。解释合同文件，应根据诚实信用原则、反义居先原则、明显证据优先原则等进行。处理合同争议，应充分听取并尊重当事人的意见，做出公正合理的解决。当事人双方应通过监理人员以协商的方式解决合同争议，当事人和解不成的，可通过争议调解机构评审，乃至向仲裁机构申请仲裁或向人民法院起诉。

（4）施工索赔管理。索赔是当事人在合同实施过程中，根据法律、合同规定及惯例，对并非由于自己的过错，而应由对方承担责任的情况所造成的损失，向对方提出给予补偿或赔偿的权利要求。

在工程建设的各个阶段，都有可能发生索赔。但发生索赔最集中、处理难度最复杂的情况常发生在施工阶段，因此我们常说的工程建设索赔主要指工程施工的索赔。

施工索赔是法律和合同赋予当事人的正当权利。施工企业应当树立起索赔意识，重视索赔、善于索赔。索赔的性质属于经济补偿行为，而不是惩罚。索赔的损失结果与被索赔人的行为并不一定存在法律上的因果关系。索赔工作是承发包双方之间经常发生的管理业务，是双方合作的方式，而不是对立。

11.5.2 施工进度控制

施工进度的控制是影响工程项目建设目标实现的关键因素之一。其控制的总任务是在满足工程项目建设总进度计划要求的基础上，编制或审核施工进度计划，对其执行情况进行动态控制与调整，以保证工程项目按期实现控制目标。在工程进度控制过程中，必须明确进度控制的目标、实现目标的手段、方法与途径。

施工项目进度控制是项目工程进度控制的主要环节，常用的控制方法有：横道图控制法、S形曲线控制法、香蕉形曲线比较法等。

11.5.2.1 横道图控制法

人们常用的、最熟悉的方法是用横道图编制实施性进度计划，指导项目的实施。它简明、形象、直观、编制方法简单、使用方便。

横道图控制法是在项目实施过程中，收集检查实际进度的信息，经整理后直接用横道线表示，并直接与原计划的横道线进行比较。

11.5.2.2 S形曲线控制法

S形曲线是一个以横坐标表示时间，纵坐标表示完成工作量的曲线图，如图11-15所示。工作量的具体内容可以是实物工程量、工时消耗或费用，也可以是相对的百分比。对于

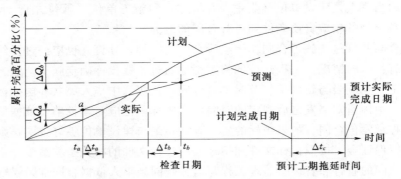

图11-15 S形曲线比较图

大多数工程项目来说，在整个项目实施期内单位时间（以天、周、月、季为单位）的资源消耗（人、财、物的消耗）通常是中间多两头少。由于这一特性，资源消耗累加后形成一条中间陡而两头平缓的形如"S"的曲线。

S形曲线能直观反映工程项目的实际进展情况。项目进度控制工程师事先绘制进度计划的S形曲线。在项目实施过程中，每隔一定时间按项目实际进度情况绘制完工进度的S形曲线，并与原计划的S形曲线进行比较。

11.5.2.3　香蕉形曲线比较法

香蕉形曲线是由两条以同一开始时间、同一结束时间的S形曲线组合而成。其中，一条是按最早开始时间安排进度所绘制的S形曲线，简称ES曲线；而另一条是按最迟开始时间安排进度所绘制的S形曲线，简称LS曲线。除了项目的开始和结束点外，ES曲线在LS曲线的上方，同一时刻两条曲线所对应完成的工作量是不同的。在项目实施过程中，理想的状况是任一时刻的实际进度在这两条曲线所包含区域内的曲线R，如图11-16所示。

11.5.3　施工成本控制

施工成本的控制是施工生产过程中以降低工程成本为目标，对成本的形成所进行的预测、计划、控制、核算、分析等一系列管理工作的总称。

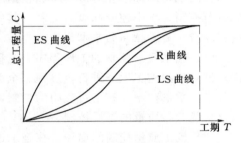

图11-16　香蕉形曲线图

施工成本是施工过程工作质量的综合性指标，反映着企业生产经营管理活动各个方面的工作成果。成本管理是国内外承包企业获得承包合同以后所关心的一项极为重要的工作。

11.5.3.1　降低工程成本的措施

（1）加强施工生产管理。合理组织施工生产，正确选择施工方案，进行现场施工成本控制，降低工程成本。

（2）提高劳动生产率。工资采用机械化施工和新技术新工艺，可以取得降低工资支出、降低工程成本的效果。此外，尽量减少活劳动消耗。

（3）节约材料物资。尽量选择质优价廉的材料，做到就地取材，避免远距离运输；合理选择运输方式，合理确定库存，注意外内运输衔接，避免二次搬运；合理使用材料，避免大材小用；控制用料，合理使用新材料。

（4）提高机械化设备利用率和降低机械使用费。

（5）节约施工管理费。

加强技术质量管理，积极推行新技术、新结构、新材料、新工艺，不断提高施工技术水平，保证工程质量，避免和减少返工费用。

11.5.3.2　工程成本综合分析

工程成本综合分析，就是从总体上对企业成本计划执行的情况进行较为全面概略的分析。

在经济活动分析中，一般把工程成本分为三种：预算成本、计划成本和实际成本。

（1）预算成本。一般为施工图预算所确定的工程成本，在实行招标承包工程中，为工程承包合同价款减去法定利润后的成本。因此又称承包成本。

（2）计划成本。是在预算成本的基础上，根据成本降低目标，结合本企业的技术组织措施计划和施工条件等所确定的成本。是企业降低生产消耗费用的奋斗目标，也是企业成本控制的基础。

（3）实际成本。是指企业在完成建筑安装工程施工中实际发生费用的总和。是反映企业经济活动效果的综合性指标。

计划成本与预算成本之差即为成本计划降低额；实际成本与预算成本之差即为成本实际降低额。将实际成本降低额与计划成本降低额比较，可以考察企业降低成本的执行情况。

11.5.4　施工质量控制

施工质量控制是施工管理的中心内容之一。施工技术组织措施的实施与改进，施工规成的制定与贯彻，施工过程的安排与控制，都是以保证工程质量为主要前提，也是最终形成工程产品质量和工程项目使用价值的保证。

11.5.4.1　施工质量控制的任务

施工质量控制的中心任务，是要通过建立健全有效的质量监督工作体系来确保工程质量达到合同规定的标准和等级要求。根据工程质量形成的时间阶段，施工质量控制可分为质量的事前控制、事中控制和事后控制。其中，工作重点应是质量的事前控制。

11.5.4.2　质量控制的基本方法

（1）施工质量控制的工作程序。工程项目施工过程中，为了保证工程施工质量，应对工程建设对象的施工生产进行全过程、全面的质量监督、检查与控制，即包括事前的各项施工准备工作质量控制，施工过程中的控制，以及各单项工程及整个工程项目完成后，对建筑施工及安装产品质量的事后控制。

（2）施工质量控制的途径。在施工过程中，质量控制主要是通过审核有关文件、报表，以及进行现场检查、试验这两条途径来实现的。

（3）现场质量控制方法。施工现场质量控制的有效方法就是采用全面质量管理。全面质量管理除了"施工质量"的含义外，还包括工作质量、如期完工交付使用的质量、质量成本以及投入运行的质量等更为广泛的含义。

全面质量管理的基本方法可以概括为：4 个阶段、8 个步骤和 7 种工具。

1）4 个阶段。质量管理过程可分为计划、执行、检查和措施 4 个阶段，简称 PDCA循环。

2）8 个步骤。为了保证 PDCA 循环有效地运转，有必要把循环的工作进一步具体化，一般分为以下 8 个步骤：

a. 分析现状，找出存在的质量问题。

b. 分析产生质量问题的原因或影响因素。

c. 找出影响质量的主要因素。

d. 针对影响质量的主要因素，制定措施，提出行动计划，并预计改进的效果。

e. 质量目标措施或计划的实施。

f. 调查采取改进措施以后的效果。

g. 总结经验，把成功和失败的原因系统化、条例化，使之形成标准或制度，纳入到有关质量管理的规定中去。

h. 提出尚未解决的问题，转入到下一循环。

3）7 种工具。在以上 8 个步骤分析中，需要调查、分析大量的数据和资料，才能做出科学的分析和判断。为此，要根据数理统计的原理，针对分析研究的目的，灵活运用 7 种统计图表作为工具，使每个阶段各个步骤的工作都有科学的依据。

常用的 7 种工具：排列图、直方图、因果分析图、分层法、控制图、散布图、统计分析表等。

（4）施工质量监督控制手段。施工质量监督控制，一般可采用以下几种手段：旁站监督、测量、试验、指令文件和规定质量监控程序。

11.5.5　施工质量事故处理的程序

水利工程施工过程中的质量事故，一般具有复杂性、严重性、可变性及多发性的特点。施工中出现质量事故，一般是很难完全避免的。

施工质量事故发生后，一般可以按图 11 - 17 所示程序进行处理。

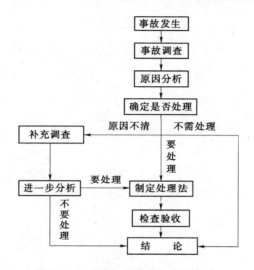

图 11 - 17　质量事故分析处理程序

思 考 题

11.1　水利工程施工的特点是什么？

11.2　水利工程施工导流与截流的概念。

11.3　施工导流的基本方式有哪些？

11.4　什么是全段围堰法和分段围堰法？

11.5　全段围堰法导流的导流方式分为哪几种？

11.6　分段围堰法导流的导流方式分为哪几种？

11.7　什么是围堰？围堰的类型有哪些？

11.8　进占、合龙与闭气的概念。

11.9　河道截流的基本方法有哪些？

11.10　基坑基本工作一般包括哪些？

11.11　基坑排水工作可分为哪两个阶段？包括哪些内容？

11.12　人工降低地下水位的方法有哪些？

11.13　施工组织设计包含哪些内容？

11.14　工程施工管理的概念。

11.15 工程施工管理的内容有哪些？

11.16 什么是施工招标？施工招标的条件、范围与基本方式是什么？

11.17 简述施工招标的主要程序。

11.18 施工投标时应注意哪些问题？

11.19 什么是施工合同？什么是施工索赔？

11.20 施工进度控制的方法有哪些？

11.21 降低工程成本的途径有哪些？

11.22 施工质量控制的任务和基本方法是什么？

第 12 章　水 利 工 程 管 理

【学习目标】　了解水利工程管理的基本任务和主要内容，理解水工建筑物检查与观测的基本方法和步骤，掌握水工建筑物维修的主要内容和常用方法，以及常见病害处理的方法和步骤。

水利工程管理大致可以分为两个方面：一是生产管理，即运行和经营性管理；二是工程管理，即建筑物技术性管理。本教材因受学识和篇幅限制，主要讲述工程管理，不包括经营性管理内容。

要充分发挥水利水电工程的效益，确保工程安全运用，就必须做好水利水电工程的管理工作。有些工程由于管理不善，并没有发挥其应有的效益。国务院早在20世纪60年代就曾指出要纠正"四重四轻"的错误思想。所谓"四重四轻"就是：重建设，轻管理；重骨干，轻配套；重大型，轻小型；重工程，轻实效。今后必须加强水利水电工程的技术经济管理，要"建"和"管"并重，充分发挥工程效益。

12.1　工程管理的任务和工作内容

12.1.1　水利工程管理的任务

工程管理的主要任务是：确保水利水电工程的安全、完整，充分发挥工程和水利资源的综合效益；通过工程的检查观测，了解建筑物的工作状态，及时发现隐患，进行必要的养护，维修和加固；验证设计的正确性，开展科学研究，不断提高管理水平，逐步实现工程管理现代化；必要时进行扩建和改建，以便更好地满足和促进工农业生产和国民经济事业发展的需要。

水利水电工程的管理工作，既是长期的、细致的、复杂的工作，又是一项综合性的工作。所以要求管理人员应具备规划、设计、施工、管理等方面的知识，要有认真负责的工作态度才能把工程管好。逐步使管理工作科学化、现代化，可持续发挥工程的经济效益、社会效益和生态环境效益。

12.1.2　水利工程管理的内容

工程管理的内容主要包括以下几个方面。

12.1.2.1　检查观测

水利工程检查观测是水利工程管理最重要的工作之一。检查是指主要凭感官的直觉（如眼看、耳听、手摸等）或辅以必要的工具，对水利工程中的水工建筑物及周围环境的外表现象进行巡视的工作；观测则是利用专门的仪器或设备，对水工建筑的运行状态及变化进行观测的工作。管理人员应经常的对建筑物进行全面的、系统的检查和观测，随时掌握建筑物状态的变化和工作情况，及时发现问题并采取措施，保证工程安全运用。设计时，应确定必要的观测设备的布置，为检查观测创造必要的条件。施工中要有详细的工程质量情况的记录，管理人员应了解工程质量情况，以便进行必要的针对性观测。

12.1.2.2 养护维修

水利工程养护维修是指对土、石、混凝土建筑物，金属和木结构，闸门和启闭设备，机电动力设备，通信、照明、集控装置及其他附属设备进行的各种养护和修理。养护工作的目的是保持水工建筑物和设备、设施的清洁完整，防止和减少自然和人为因素的损坏，使其经常处于完好的工作状态，保持设计功能。修理工作的主要目是恢复和保持工程原有设计标准，使其安全运行。养护修理应本着"经常养护，随时维修，养重于修，修重于抢"的原则进行，一般可分为经常性维修、岁修、大修和抢修。经常性的养护是根据经常检查发现的问题而进行的日常保养维修和局部修补；岁修是根据汛后检查所发现的问题，编制计划并报批的年度修理；如工程损坏较大或工程存在严重的隐患，修理工程量大、技术复杂时，就需要专门立项报批进行大修；抢修是工程发生事故危及安全时，应立即进行的修理工作，如险情危急，则需采取紧急抢护措施，也称抢险。

12.1.2.3 防汛抢险

防汛抢险是一项由政府组织领导的安全性的、涉及各方面的重大工作，与水利工程管理密切相关，也是水利工程管理单位的一项重要工作。防汛是在汛期进行的防御洪水的工作，目的是保证水库、堤防和水库下游的安全。防汛抢险工作的主要内容有：汛前的准备工作，汛期水库大坝、堤防、水闸等防洪工程的巡察防守，气象水情预报、蓄洪、泄洪、分洪、滞洪等防洪设施或措施的调度运用，发现险情后的抢险等。

12.1.2.4 扩建与改建

水利工程建成后，若发现原工程有严重缺陷而必须进行消除时，或国民经济的发展对该水利工程提出更高要求，而原有工程设施不能满足要求时，应考虑对原有工程进行改建和扩建。一般地说，扩建和改建决策，应在技术经济论证的基础上，经有关上级部门的批准，按基本建设程序，进行设计和施工。

12.2 水工建筑物的检查与观测

水工建筑物受各种荷载的作用和外界因素的影响，其状态及工作情况不断发生变化，故必须进行检查观测。除直接观察检查外，要积极采用遥测，自动记录等现代化观测技术，对观测资料、数据等及时进行整编、分析。目前在我国正在推广应用电子计算机进行数据处理，以提高检查观测工作的效率和质量。

12.2.1 检查观测工作的内容

12.2.1.1 巡视检查

水工建筑物的巡视就是用眼看、耳听、手摸、鼻闻、脚踩等直观方法或辅以锤、钎、钢卷尺、放大镜、石蕊试纸等简单的工具，对工程的表面和异常现象进行检查。检查项目和内容有：

（1）土石坝和堤防检查。检查土石坝和堤防表面的变形。如检查坝面有无裂缝、滑坡、隆起、塌坑、冲沟；检查坝顶、路面及防浪墙是否松动、崩塌、垫层流失，草皮护坡有无塌坑、冲沟等；检查土石坝和堤防有无异常的渗透现象。如检查背水坡及坝址有无散漫、阴湿、冒水、管涌等现象；检查排水系统、导渗降压设施、基础排水设施等的工况是否正常；检查渗漏水量、咽侧、气味、浑浊度等有无变化；检查土坝和堤防与岩体、混凝土或砌石建筑物的连接处有无裂缝、错动、渗水等现象；检查有无兽洞、蚁穴等隐患。

土石坝的巡视检查分为日常巡视检查、年度巡视检查和特别巡视检查三类。

1) 日常巡视检查。应根据土石坝的具体情况和特点，制定切实可行的巡视检查制度，具体规定巡视检查的时间和检查顺序，让有经验的技术人员负责进行。巡视检查的次数：在施工期宜每周两次，但每月不得少于 4 次；在储蓄水期或水位上升期间，宜每天或两天一次，但每周不得少于 2 次，具体次数视水位上升或下降速度而定；在运行期，宜每周一次，但每月不得少于 2 次，但汛期高水位时应增加次数。

2) 年度巡视检查。在每年的汛前汛后、用水期前后、冰冻较严重的冰冻期和冰融期、有害地区的白蚁活动显著期等，阴干规定的检查项目进行巡视检查。检查次数，视地区不同而异，一般每年不少于 2~3 次。

3) 特别巡视检查。当遇到严重影响安全运用的情况（如发生暴雨、大洪水、地震、强热带风暴以及库水位骤升或骤降等）、发生比较严重的破坏现象或出现其他危险迹象时，应由主管单位负责组织特别巡视检查。

（2）混凝土和砌石建筑物的检查。检查混凝土和砌石建筑物有无明显的变形情况、裂缝和破损。如检查坝段（闸段）之间的错动、伸缩缝开合情况和止水的工作状况，上下游坝坡和廊道内有无破损、剥蚀、露筋、钢筋锈蚀、溶蚀或水流侵蚀等现象。

检查基础岩体有无挤压、错动和鼓出，坝体与基岩（或岸坡）结合处有无错动、开裂、脱离及渗水，坝肩有无裂缝、滑坡现象。

检查渗流情况。如检查基础排水设施和工作状况，渗漏水量、浑浊度等有无变化，坝肩有无溶蚀及绕渗等情况。

检查泄水和引水建筑物。如检查进水口和引水渠有无堵淤，拦污栅有无损坏，溢洪道的闸墩、边墙、胸墙、溢流面等处有无裂缝和损伤，消能设施有无磨损、冲蚀，下游河床及岸坡的冲沙淤积情况等。

（3）闸门金属结构和设备的检查。闸门主要检查门叶、门槽、支座、止水设施等是否完好，能否正常工作，有无不安全因素，特别要检查启闭机能否正常工作、备用电源与手动启闭机是否可靠等。

金属结构物应检查有无裂纹、锈蚀、开焊、零件松动等迹象。

附属设备应检查动力、照明、通信、防雷等设备，线路是否正常完好，能否正常工作。

12.2.1.2 变形观测

一般情况下，水工建筑物在施工和运用期会发生变形，这是正常现象。但这些变形应有一定的规律和限度，因此变形情况反映了水工建筑物工作是否正常。若出现非正常情况，应及时分析原因采取相应的措施。

变形观测的内容主要是水工建筑物的水平位移、垂直位移、伸缩缝的开合情况，以及裂缝的位置、长度、宽度和走向等。各类建筑物的变形观测项目必须依据工程等级、坝型、坝高及不同工程安全监测的需要来选择，具体可参照有关规范进行。也可参考表 12-1~表 12-3。

表 12-1　　　　　　　　　　　各类型混凝土建筑物变形与渗流观测项目

坝高(m)	检测项目坝型	水平位移	垂直位移	渗流量	扬压力	坝体应力	坝体温度	钢筋应力	基岩变形	裂缝	接缝
<70	拱坝	△	△	△	☆	☆	△	—	△	△	△
	重力坝	△	△	△	☆	☆	☆	☆	☆	△	△
	支墩坝	△	△	△	☆	☆	☆	☆	☆	△	△
	船闸	△	△	△	☆	☆	☆	☆	☆	△	△
	泄水闸	△	△	△	☆	☆	☆	☆	☆	△	△
>70	拱坝	△	△	△	☆	△	△	—	△	△	△
	重力坝	△	△	△	☆	☆	☆	—	△	△	△
	支墩坝	△	△	△	☆	☆	☆	☆	△	△	△
	船闸	△	△	△	△	☆	△	△	△	△	△
	泄水闸	△	△	△	△	☆	△	△	△	△	△

注　"△"表示必须观测项目；"☆"表示建议观测项目。

表 12-2　　　　　　　　　　混凝土坝按等级划分安全监测的一般项目

大坝级别	检测项目
一	位移、挠度、倾斜、接缝、裂缝、下游冲淤、坝前淤积、渗漏量、应力、扬压力、绕坝渗流、水质分析、应变、混凝土温度、坝基温度、水位、气温、库水温
二	位移、挠度、接缝、裂缝、下游冲淤、坝前淤积、渗漏量、扬压力、绕坝渗流、水质分析、应变、混凝土温度、坝基温度、水位、气温、库水温
三	位移、渗漏量、扬压力、水位、气温
四	坝体位移、渗漏量、扬压力、水位、气温

表 12-3　　　　　　　　　　　　土石坝安全监测项目分类表

序号	检测类别	检测项目	建筑物级别 Ⅰ	建筑物级别 Ⅱ	建筑物级别 Ⅲ
一	变形	1. 表面变形	★	★	★
		2. 内部变形	★	☆	—
		3. 裂缝及接缝	★	☆	—
		4. 岸坡位移	★	☆	—
		5. 混凝土面板变形	★	☆	—
二	渗流	1. 渗流量	★	★	★
		2. 坝基渗流压力	★	★	☆
		3. 坝体渗流压力	★	★	☆
		4. 绕坝渗流	★	☆	—
三	压力（应力）	1. 孔隙水压力	★	☆	
		2. 土压力（应力）	☆	☆	—
		3. 接触土压力	★	☆	
		4. 混凝土面板应力	★	☆	

注　"★"表示必设项目；"☆"表示一般项目，可根据需要选设。

变形观测的各项目依照不同的坝型、地质地形条件、枢纽布置等具体情况可以采用不同的观测方法，观测方法所选用的仪器、埋设要求不同，读数次数和精度也不尽相同，故应按照工程的实际需要和观测项目重要程度选择合适的观测方法。

12.2.1.3 渗流观测

土坝的渗流观测包括：浸润线、坝基渗透压力、渗流量、绕坝渗流观测等，可参考表12-3或相关规范执行。

（1）浸润线观测。库水通过坝体渗流到下游，在坝体内形成一个逐渐降落的自由渗流水面，成为浸润面；浸润面与坝体横断面的交线成为浸润线。浸润线的高低和变化，与土石坝的安全有密切关系。因设计理论的不完善、采用参数与实际情况的差异、施工不良、管理不善等原因，土石坝在运用时的浸润线位置往往与实际的设计位置不同，如果设计的浸润线位置高于设计值，就会降低坝坡的稳定性，甚至会造成失稳滑坡。所以，浸润线观测是土石坝最重要的渗流观测项目。

土石坝浸润线和渗透动水压力观测常用孔隙水压力计（渗压计）和测压管，测压管实际也是一种应用最早、结构最简单的渗压计。通常在土坝坝体内选择有代表性的横断面埋设测压管，并利用专门的仪器测量管中的水位高程，以掌握浸润线的形状及变化。测压管断面布置的多少，应根据工程的重要性、建筑物的规模以及地质条件等决定。对于大中型土坝，测压管断面不应少于3个，并尽量与变形、应力观测断面相结合，每一个测压断面布置3～4条观测铅垂线，应根据坝型结构、断面大小和渗流场特征来布置测点。如均质坝的上游坝肩、下游排水体前各1条，其间部位至少1条；斜墙（或面板）坝的斜墙下游侧底部、排水体前缘和其间部位各1条；宽塑性心墙坝，墙体内可设1～2条，心墙下游侧和排水体前缘各1条；窄塑性心墙坝或刚性心墙坝，墙体外上下游侧各1条，排水体前缘1条。

测压管的种类和结构应该根据工程的具体情况和对观测资料的要求选用。一般采用镀锌钢管或硬塑料管，内径不大于50mm，主要由进水管段、导管段和管口保护设备三部分组成。

1）进水管段。进水管段必须保证坝体的渗透水能进入测压管内，并真实地反映出进水管所在位置的渗流水头。为此，管壁需要有足够的开孔率，开孔率取决于土质或筑坝材料的透水性，黏性土的开孔率约为15%，无黏性土的开孔率约为20%，孔径一般为4～6mm。金属测压管进水段孔径一般为6mm，孔与孔的纵距为100～120mm，横向一般沿管周分四排，梅花形排列，钻孔的毛刺应打掉。进水管要求能进水滤土，以防止坝体土料进入管内，故外壁应包无纺土工织物滤层。透水段与孔壁之间用反滤料填满。进水管段长度一般为1～2m，当用于点压力观测时应小于0.5m。

2）导管段。导管是进水管引伸到坝体表面以便测量管内水位的一端连接管。导管要求管壁和导管接口处不漏水，内壁光滑，直径、材料与进水管段相同。导管一般为直管，当观测上游防渗铺盖下或斜墙下游渗透水头时，采用L形导管。

3）管口保护设备。管口保护设备的作用是防止雨水、地表水流入测压管内或沿测管外壁流入坝体，避免石块、杂物落入管中堵塞测压管、导管。保护设备一般采用混凝土预制、现浇混凝土或砖石砌筑，除满足功能要求外，能锁闭且开启方便，结合测读方法及测量仪表的要求确定合理的尺寸和形式。

（2）坝基渗流压力观测。为坝基渗流压力观测目的在于了解坝基渗流压力的分布，监视土石坝防渗和排水设备的工作情况；估算坝基渗流实际的水力坡降，判断运行期有无管涌、流土等渗透破坏的问题；根据渗流压力的分布及大小并结合工程的水文以及地质条件进行坝基渗透稳定分析。

坝基渗流压力通常是在坝基埋设测压管来进行观测，如果受到条件设置无法布置测压管，再选用其他形式渗压计。观测断面的选择，主要取决于地层构造、地质构造情况，断面数一般不少于 3 个，并顺流线方向布置或与坝体渗流压力观测断面相重合。观测横断面上的测点布置，应根据建筑物地下轮廓线形状、坝基地质条件以及防渗和排水形式等确定，一般每个断面上的测点不少于 3 个。

坝基渗压管的结构和观测与观测浸润线的测压管基本相同，但进水管段较短，一般小于 0.5m。坝基渗流压力观测一般与浸润线同时进行，但在水位每上涨 1.0m，下降 0.5m 时观测一次，以掌握渗流压力随着库水位变化的相应关系。

（3）渗流量观测。渗流量观测不仅能了解水库的渗漏损失，更重要的是监测土石坝的安全，国内外一些大坝就是从观测渗流量突然增大而发现险情的。由于渗流量观测能直观地反映大坝的工作状况，因此渗流量观测是坝工管理中最重要的观测项目之一，必须予以高度重视。

渗流量观测包括渗漏水的流量及其水质观测。水质观测中包括渗漏水的温度、透明度观测和化学成分分析。

大坝的总渗流量有三部分组成，即通过坝体的渗流量、通过坝基的渗流量、通过两岸绕渗或两岸地下水补给的渗流量。为了检测各部分的渗流量，应尽量分区观测，并要特别重视坝基浅层、心墙和斜墙的渗漏，因为他们对大坝的安全关系密切。观测渗流量的方法根据渗流量的大小和汇流条件，可选用容积法、量水堰法或测流速法。其中量水堰法一般用三角堰或矩形堰来测量，适用于流量变化较小的情况，结构简单且精度高。当流量小于 1L/s 时，宜采用容积法；当渗流量较大，受落差限制不能用量水堰时，可以将渗水引到平直的排水沟中，采用流速仪或浮标观测渗水流速，计算渗流量。

渗水水质观测是对水工建筑物及其基础渗水所含物质含量及成分的观测分析，主要包括物理指标和化学指标两部分。其中物理指标有：渗漏水的温度、pH 值、电导率、透明度、颜色、悬浮物、矿化度等。化学指标有：总磷、总氮、硝酸盐、高锰酸钾、溶解氧、生化需氧量等。其目的是了解渗水所含物质的成分、数量以及变化规律，借以判断是否存在管涌，检验是否产生化学溶蚀，以便及时采取处理措施，保证工程安全。

渗水透明度的观测是为了判断排水设备的工作是否正常，检查有无发生管涌，对土坝及坝基的渗水应进行透明度观测。观测方法是在渗水出口处用玻璃瓶取水样，利用透明度管（高 35cm，直径 3.0cm）观测实验。当渗水透明度大于 30cm 时，渗水即为清水，反之为浊水。若渗水为浊水时，表明排水设备工作失效，有发生管涌的可能，需及时采取措施处理。

（4）绕渗观测。水库蓄水后，上游库水绕过两岸坝头或坝体和岸坡的接触面渗到下游，称为绕坝渗流。绕坝渗流一般是一种正常现象，但如果坝与岸坡接触不好，或岸坡陡出现裂缝，或岸坡中有未探明的强透水层，即可能发生渗透变形，危及大安全。为判断两岸坝肩和岸坡的接触部位、土石坝与混凝土或砌石闸坝的连接面是否发生异常渗漏，应在相关位置埋设测压管或孔隙压力计。

土石坝绕坝渗流观测，包括两岸坝端及部分山体、土石坝与岸坡或混凝土建筑物接触面、防渗齿墙或帷幕灌浆与坝体或两岸结合部等关键部位。土石坝两端的渗流观测，宜沿流线方向或渗流较集中透水层设 2～3 个断面，每个断面布置 3～4 条观测铅垂线。土石坝与刚性建筑物结合部的渗流观测，在轮廓线的控制处设置观测铅垂线，沿接触面不同高程设观测点。岸坡防渗齿墙或帷幕灌浆的上下游侧各设1个观测点。

混凝土重力坝绕坝渗流测点的布置应根据地形、枢纽布置、渗流控制设施及绕坝渗流区岩体渗透性而定。两岸帷幕后顺帷幕方向布置两排测点，测点分布靠坝肩较密，帷幕前可布置少量测点。对于层状渗流，可利用不同高程上的平洞布置测压管。

（5）土压力观测。土压力观测是水工建筑物安全监测和土木工程测试常见项目之一。土压力观测分两种情况，一是土体内部压力分布观测，如土石坝内部应力观测；另一是土体与刚性建筑物的接触应力观测，如土和堆石等与混凝土、基岩面或圬工建筑物接触面上的土压力观测。土压力观测可采用土压力计直接测定。

12.2.1.4 混凝土坝的观测

（1）坝基扬压力观测。混凝土重力坝坝基扬压力观测，一般是在坝体内埋设测压管或在坝基接触面上埋设差动电阻式渗压计。应根据建筑物的类型、规模、坝基地质条件和控制渗流的工程措施等进行设计布置一般应设纵向观测断面1～2个，1、2级坝横向观测断面少于3个，每个测压断面上3～4个测点。

（2）混凝土坝的应力、应变观测。为了解混凝土坝在不同工作条件下内部应力的分布和变化，以便为工程的控制运用、安全监测以及验证设计和科学试验提供资料。可根据工程的重要性、建筑物的类型、受力情况和地基条件，选择一些具有代表性的坝段进行应力、应变观测。重力坝一般可选一个溢流坝段和一个非溢流坝段作为观测坝段，在该坝段上除靠近地基（距地基部小于5m）布置一个观测截面外，还可根据坝高、结构形式等条件布置几个截面，每个截面上最少布置3个测点。在施工期间在坝体内埋设应变计，以电缆引至观测站的集线箱，用比例电桥测读应变计的电阻和电阻比，计算出其应力。

（3）混凝土坝的温度观测。混凝土坝的观测主要是观测内部温度分布及变化情况，为防止温度裂缝及确定灌浆时间提供依据。测点分布应该是越接近坝体表面越密，在钢管、廊道、宽缝和伸缩缝附近，测点应适当加密。混凝土坝内部温度的观测，可采用电阻式温度计，在坝体施工期间埋设在混凝土内，测定温度计的电阻即可换算出相应的温度。

12.2.2 观测资料的整理分析

观测资料的整理分析和反馈是水利工程安全监测工作中必不可少的组成部分，也是进行安全监控、指导施工和改进设计方法的一个重要和关键环节，在水利工程的施工、管理和运行等不同阶段都将发挥重要作用。

由于水利工程自身的特殊性和复杂性，一般情况下直接采用安全监测原始数据对建筑物运行状态进行评估和反馈是困难的。因此，须根据安全监测不同时段的不同特点和要求，分别选用不同的手段和方法，认真做好观测资料的整理、分析、预报、反馈，以实现水利工程安全监测的目的。

12.2.2.1 观测资料整理分析反馈的基本内容和方法

大坝和建筑物等各类水利工程观测资料的整理、分析、反馈的方法和内容，通常包括以下5个方面：

（1）资料收集。包括观测数据的采集，与之相应的其他资料的收集、记录、存储、传输和表示等。

（2）资料整理。包括原始观测数据的检验、物理量的计算、填表制图、异常值的识别与剔除、资料的初步分析和整编等。

（3）资料分析。通常采用比较法、作图法、特征值统计法和各种数学、物理模型法，分析各观测物理量的大小、变化规律、发展趋势、各种原因量和效应量的相关关系和相关程度，以便对工程的安全状态和应采取的技术措施进行评估决策。

（4）安全预报和反馈。应用观测资料整理和分析的成果，选用适宜的分析理论、模型和方法，分析解决工程面临的实际问题，重点是安全评估和预报，其次是对工程提出加固措施，同时也为工程设计、施工及运行方案的优化提供参考依据。

（5）综合评判和决策。综合评判和决策是收集各种类型的材料（包括设计、施工的观测和目测资料），对这些资料进行不同层次的分析（包括单项分析、反馈分析、混合分析以及非确定性分析），找出荷载集与效应集之间定性和定量关系。对各项资料和成果进行综合比较和推理分析，评判工程的安全状态，制定防范措施和处理方案。综合评判和决策是反馈工作的深入和发展。

12.2.2.2 资料整理的基本内容

（1）复核原始观测数据的计算是否准确。如水平位移观测，正、倒镜度数平均，各测回平均、间隔位移量计算等，都要进行复核。

（2）进行精度检查。各项计算成果经复核无误后，即进行精度检查，检查观测成果有无超过允许误差，是否符合精度要求。

（3）进行合理性检查。若发现个别测值不合理时，因查明原因。

（4）基准值的检查。基准值直接影响到测值的计算成果和资料分析的正确性，必须慎重选定。

（5）填报表格。各项测值和计算成果经复核无误后，即可填入统计表内。

（6）绘制曲线图。将各种观测成果绘制成过程线、分析图及关系曲线，直观的展现出观测值得变化规律和趋势以及各种观测的合理性和可能误差程度。

（7）资料整编。观测资料的整编是定期或按上级主管部门要求进行系统全面的观测资料整理工作，在平时整理、分析工作的基础上汇编成系统的资料，并刊印成册，以供分析使用。整编内容包括工作情况、观测设备的布置、结构和变化情况、观测方法、精度、测次以及观测中发生的问题。原始数据的整理和整编的工作量很大，目前已采用计算机进行观测数据处理，对工程的安全监测能及时提供所需的信息。

12.3 水工建筑物的维护与改建

由于水工建筑物长期和水接触，受到各种荷载的作用，水的侵蚀作用，泄流时产生的冲刷、空蚀和磨损等作用，以及设计时考虑不周或施工质量控制不严等原因都会引起在运动中出现各种问题。如不均匀沉陷、渗流变形或形成裂缝等。这些问题都需要及时进行解决和处理。

水工建筑物的养护维修应根据"养重于修，修重于抢"的精神，做到定期养护，小坏小修，随坏随修，以尽量避免或减轻建筑物的损坏，保证建筑物正常安全运行。

12.3.1 土石坝的养护修理

土石坝的病险情主要有裂缝、滑坡和渗透三个方面。

12.3.1.1 土石坝的裂缝及处理

裂缝是土石坝和堤防最普遍的病害，裂缝可能在渗流作用下发展成渗透变形，以致溃坝失事；也可能发展成为滑坡，导致坝体滑塌；有的裂缝虽未造成失事，但影响正常蓄水，长期不能发挥水库效益。因此对于裂缝尤其是危害性较大的裂缝，必须引起足够的重视，应及时查明原因，及时采取有效措施，防止裂缝的发展和扩大。

（1）裂缝类型和成因。裂缝按其方向可分为纵向裂缝、横向裂缝和水平裂缝；按其产生的原因可分为干缩裂缝、冻融裂缝、不均匀沉陷裂缝、滑坡裂缝、水力劈裂缝、塑流裂缝、振动裂缝；按其部位可分为表面裂缝和内部裂缝等。下面介绍几种主要类型裂缝的成因及其特征。

1）按其产生的原因可分为：

a. 干缩裂缝。干缩裂缝是由于土体暴露在空气中，表面受日光暴晒，表层水分迅速蒸发干缩而产生裂缝。干缩裂缝一般对土石坝危害性不大，但如不及时维修处理，雨水沿裂缝渗入，发生冲蚀或降低裂缝区土体的抗剪强度，使裂缝扩展。

b. 冻融裂缝。在寒冷地区，坝体表层土料因冰冻而产生收缩裂缝；冰冻以后气温进一步降低时，会因冻胀而产生裂缝；气温升高融冰时，因熔化的土体不能够恢复原有的密度而产生裂缝；冬季气温变化时，黏性土表面反复冻融而形成冻融裂缝和松土层。因此，在寒冷地区，应在坝坡和坝顶用块石、碎石、砂性土作保护层，保护层的厚度应大于冻层深度。

c. 变形裂缝。这类裂缝是由于坝体不均匀变形（大多是不均匀沉降）引起的。这种裂缝一般规模较大，深入坝体内，是破坏坝体完整性的主要裂缝。引起坝体不均匀沉降的因素有多种，主要有坝址地质地形、筑坝材料的性质、坝基不均匀沉降、坝体内有无建筑物及施工质量等。

d. 滑坡裂缝。它是因滑移土体开始发生位移而出现的裂缝。这种裂缝多发生在滑坡顶部，在平面上呈弧形，方向大致与坝轴向平行。上游滑坡裂缝，多出现在水库水位降落时；下游滑坡裂缝，常因下游坝体浸润线太高，渗水压力太大而发生，滑坡裂缝的危害性比其他裂缝更大。它预示着坝坡即将失稳，可能造成失事，需要特别重视，迅速采取有效加固措施。

e. 水力劈裂缝。它是指由水压力所引起的水平或垂直裂缝。如土石坝坝体内裂缝，当库水进入裂缝后会使其进一步张开，并可能发展成较大的渗流通道，甚至造成土石坝失事。

f. 塑流裂缝。如果土石坝的坝基存在大面积淤泥、淤泥质黏土、含水量大的粉质黏土和砂质黏土，当坝基剪应力超过这些土层的屈服强度时，土层就会发生塑流变形，向坝脚挤出隆起，并在坝基的中部发生裂缝。这种裂缝，常常由坝基贯穿到坝体。

g. 振动裂缝。地震或其他强烈震动会使土石坝产生裂缝。例如，在地震过程中，坝体受到很大的地震惯性力和动水压力，使坝体和坝基原有的应力状态发生变化，若坝体内部由原来的受压状态转变为受拉状态时，则可能产生裂缝。

2）按其方向可分为：

a. 纵向裂缝。它是走向与坝轴线平行的裂缝。多数出现在坝顶，有时也会出现在坝坡和坝身内部。其长度在平面上可延伸数十米甚至几百米，深度一般为数米，也有数十米。这种裂缝一般为坝体或坝基不均匀沉降的结果。纵向裂缝如未与贯串性的横向裂缝连通，一般不会直接危及坝体安全，但需要及时处理，以免库水或雨水渗入裂缝内引起滑坡。斜墙上的纵缝由于容易发展成渗流通道而危及坝体安全，应特别重视。

b. 横向裂缝。它是走向与坝轴线垂直的裂缝。多出现在坝体与岸坡接头处，或坝体与其他建筑物连接处，缝深十米甚到几十米，上宽下窄，缝口宽几毫米到十几厘米。这种裂缝一般为纵向不均匀沉降的结果。横向裂缝往往上下游贯通，其深度又通常延伸到正常蓄水位以下，因而危害极大，可以造成集中渗漏甚至导致坝体溃坝。

　　c. 水平裂缝。裂缝平行或接近水平面的缝称为水平裂缝。多发生在坝体内部且主要发生在较薄的黏土心墙坝。产生的原因主要是土心墙的压缩性远大于坝壳，心墙下部沉陷较大，而上部则因挤在坝壳中间由于拱的作用沉陷不大，使心墙上下部脱开而造成水平裂缝（图 12-1）。这种裂缝事先很难发现，有时它可能贯通上下游，形成渗流的集中通道，修补也比较困难，因此应特别重视。

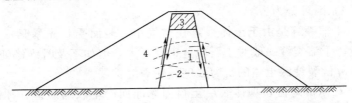

图 12-1　心墙坝内部水平裂缝示意图
1、2—裂缝；3—心墙；4—坝壳

　　(2) 土坝裂缝的处理。各种裂缝对土石坝都有不利影响，都应该及时处理。发现裂缝后，一方面要注意了解裂缝的特征，观察裂缝的发展和变化，分析裂缝产生的原因，判断裂缝的性质；另一方面要采取防止裂缝进一步发展的措施，同时制定处理方案。常用的处理方法一般有以下几种：

　　1) 缝口封闭法。对于表面干缩、冻融裂缝以及深度小于 1m 的裂缝，可只进行缝口封闭处理。处理方法是用干而细的砂壤土从缝口灌入，用竹片或板条等填塞捣实，然后在处用黏性土封堵压实。

　　2) 开挖回填法。开挖回填是将裂缝部位的涂料全部挖出，重新回填，它是处理裂缝比较彻底的方法。不论纵向或横向裂缝都可以使用。

　　深度小于 5m 的裂缝，一般可用人力挖出回填；深度大于 5m 的裂缝，可用简单的机械开挖回填。开挖时，一般采用梯形断面。开挖深度应比裂缝深大 0.3~0.5m，长度应超过缝端 2~3m，宽度以能够作业并能保持边坡稳定为准。回填宜采用原坝体土料，压实含水量宜高于最优含水量，严格分层夯实，并采取洒水刨毛等措施，以保证新老土体良好结合。

　　3) 灌浆处理。当开挖工程量大或开挖会危及坝坡的稳定时可采用灌浆处理；对于坝体内的裂缝只能采用灌浆处理。灌浆的材料和灌浆浓度应满足可灌性、填满缝隙、固结后收缩小或不收缩，以及能和坝体协调变形等要求。一般常用纯黏土浆或黏土、水泥混合浆两种。在黏土中掺入 10%~30% 的水泥，可以加快浆液的凝固和减少浆液的体积收缩，适用于黏土心墙或浸润线以下的坝体裂缝的处理。浆液的稠度应在保证良好灌入的条件下，尽量采用稠浆，以减少体积干缩，常用的水与干料之比为 1:1~1:2.5。灌浆有重力灌浆和压力灌浆。重力灌浆是利用浆液自重自流压浆；压力灌浆则是利用灌浆泵加压灌注。灌浆压力对灌浆质量的好坏和施工安全关系极大，若压力不足则灌不密实，若压力过高则会使坝体发生过大变形，产生裂缝过大、串浆、冒浆等。

12.3.1.2　土石坝滑坡处理

　　土石坝在施工或竣工后的运行中，由于各种内外因素的综合影响，坝体的一部分（有时也包括部分地基）失去平衡，脱离原来位置向下滑动移，这种现象称为滑坡。滑坡是一种常见病害，如不及时采取适当的处理措施，将造成垮坝事故。

（1）滑坡的成因。造成土坝滑坡的原因很多，如筑坝土料颗粒组成细而均匀、坝体断面坡度太陡、施工填筑质量较差或因地震、水库水位骤降等都会造成土坝滑坡。对滑坡土坝的加固应查明原因对症下药。

（2）土坝滑坡处理。防止滑坡最根本的措施是设计合理的坝坡和保证施工质量。管理应用中应注意做好经常性的养护工作；当发现在高水位或其他不利情况下有可能发生滑坡时，应尽早采取措施。一般采取的措施归纳为"上部减载"与"下部压重"。"上部减载"是在滑坡体上部与裂缝上侧陡坝部分进行消坡，或者适当降低坝高，增加防浪墙等；"下部压重"是放缓坝坡，在坝脚出修建镇压台及滑坡段下部做压坡体等。具体处理时应根据滑坡的原因和具体情况，采用开挖回填、加培缓坡、压重固脚、导渗排水等多种方法综合处理。

12.3.1.3　土石坝渗透及处理

土石坝坝体、坝基或岸坡在一定程度上都是透水的，水流在水位差作用下从上游向下游渗透是一种正常现象。但大量的渗透不但影响水库的蓄水和经济效益，而且渗透坡降和超过一定限度时将会引起坝身、坝基或岸坡的渗透变形，对于这种渗漏称异常渗漏。出现异常渗漏时，必须根据具体情况采取措施进行处理。处理原则是"上堵下排"。"上堵"就是在坝身或坝基的上游堵截渗漏途径，防止渗流或延长渗径，降低渗透坡降和减少渗流量；"下排"就是在下游做好反滤导渗设施，使渗入坝身或地基的渗水安全通畅的排走，以增强坝坡稳定。

"上堵"的工程措施有垂直防渗和水平防渗两种。垂直防渗常用的方法有抽槽回填、铺设土工膜、冲抓套井回填、坝体劈裂灌浆、高压定向喷射灌浆、灌浆帷幕、混凝土防渗墙等方法；水平防渗有黏土水平铺盖和水下抛土等方法。"下排"的工程措施有导渗沟、反滤层导渗等。一般来说，"上堵"为上策，而在"上堵"措施中垂直防渗可以比较彻底地解决坝基渗漏问题，"下排"的工程措施往往结合"上堵"同时采用。

12.3.2　混凝土和浆砌石坝的养护修理

混凝土坝和浆砌石坝在其运行过程中，往往也会出现混凝土的风化、磨损、剥蚀、裂缝、渗漏等现象，甚至出现大坝破坏，特别浆砌石建筑物更宜产生裂缝和渗漏。因此，必须加强混凝土坝和浆砌石坝的运用管理，做好大坝的养护修理。

12.3.2.1　混凝土和浆砌石坝的日常养护

混凝土和浆砌石坝的日常养护工作，主要包括建筑物表面、伸缩缝、止水设施、排水设施、监测设施的养护，以及冻害、碳化与氯离子侵蚀、化学侵蚀等的防护。

12.3.2.2　混凝土表面损坏的修补

混凝土坝和其他混凝土建筑物，由于设计、施工、管理等方面的原因，常会产生不同程度生的表面损坏，主要原因有：施工质量差，冲刷、空蚀和撞击，冰冻、侵蚀，机械撞击等。混凝土表层损坏后，应先凿除已经损坏的混凝土，并对修补面凿毛和冲洗，然后再根据损坏的部位和程度选用填混凝土、喷水泥砂浆、喷混凝土修补，也可用环氧砂浆、环氧混凝土等方法进行修补。

12.3.2.3　混凝土坝裂缝的处理

当混凝土坝由于温度变化、地基不均匀沉降及其他原因，引起的应力和变形超过了混凝土强度和抵抗变形的能力时，将产生裂缝。按其产生的原因不同，通常分为沉陷缝、干缩缝、温度缝、应力缝和施工缝。这些裂缝，有的是表面裂缝，对结构强度影响较小，有的是深层或贯穿性的裂缝，将破坏建筑物的整体性，引起漏水、溶蚀，对建筑物十分有害。根据裂缝的性质，应采用不同的方法进行处理。

对于表面的，对结构强度影响较小的裂缝，可以采用水泥浆、水泥砂浆、防水快凝砂浆、环氧基液及环氧砂浆等涂抹在混凝土表面，或进行表面贴补、凿槽嵌补等。

对于贯穿裂缝或水下裂缝的处理，宜采用钻孔灌浆的方法。常用灌浆材料有水泥和化学材料，可按裂缝的性质、开度以及施工条件等情况选用。开度大于 0.3mm 的裂缝，一般采用水泥灌浆；开度小于 0.3mm 的裂缝，宜采用化学灌浆；渗透流速较大或受气温变化影响（如伸缩缝）的裂缝，则不论其开度如何，均宜采用化学灌浆。

12.3.2.4 混凝土坝渗漏的处理

引起混凝土坝渗漏的原因很多，一般由于设计和施工缺陷，或运用过程中遭受意外破坏。按其发生的部位分为：建筑物本身渗漏，如裂缝、结构缝、伸缩缝等引起的渗漏；基础渗漏；建筑物与基础岩石接触面渗漏；绕坝渗漏。

混凝土坝渗漏处理因遵循"上堵下排"的原则，采用以堵为主的方法进行处理。不能降低上游水位时，宜采用水下修补，不影响结构安全时也可在背水面封堵。处理方案要根据渗漏产生的部位、原因、危害程度及处理条件等因素，经技术经济比较后确定。

12.3.3 水工建筑物的改建

12.3.3.1 改建的原因和类型

水工建筑物由于下列等原因，有时需进行加固和改建：

（1）由于水利工程的任务有了改变或发展，原有的水工建筑物不能满足发展的需要，必须对原有的建筑物进行改建或扩建。

（2）由于科学技术的发展，需要改善原建筑物或水利枢纽的工作状况。

（3）根据运用的经验，发现建筑物的构造有重大缺陷而需要改善等。

水工建筑物的改建工作是很复杂的，不同的建筑物有不同的要求，进行改建工作的方法也有所不同。改建工作一般有以下几种类型：

（1）抬高水位增加坝高，扩大兴利或防洪库容，增进工程效益。

（2）增大排洪能力。一般是由于实际洪水较设计洪水位大或因综合利用目标有所改变，为满足实际需要，增加排洪能力。

（3）建筑物分期施工。工程在兴建时期由于技术经济条件的限制不宜一次完成，而采取分期施工较为合理，以后根据原规划设计，为建筑物续建。

一般地说，为工程进行加固改建应事先进行专门的技术经济研究和设计，经批准后方可进行施工。

12.3.3.2 土坝的改建

土坝的改建比较容易，有时可不要求将水库放空，而在坝的下游面利用碾压的方法进行。

（1）均质坝的改建加高。一般采用填筑上游边坡的方法，如图 12-2（a）所示；或者在下游坝坡填土碾压，如图 12-2（b）所示。

若在下游坝坡填筑，坝身排水体需要重新改建，要求新坝体土料的渗透系数不小于老土体的渗透系数。

（2）斜墙坝的改建加高。这种坝型的改建加高是将斜墙延伸并加大下游坝体，如图 12-3 所示。

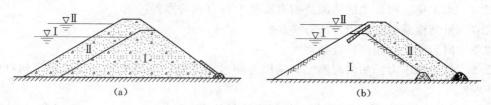

图 12-2 均质坝的改建方法

(a) 在上游坝坡填筑; (b) 在下游坝坡填筑

(3) 心墙坝的改建加高。这种坝型的改建加高应由心墙情况而定。如果心墙是用黏性土作防渗体时,则可增大下游坝体,并在上游坡加设斜墙,两者连接处做好止水,如图 12-4 所示。如果心墙是刚性心墙时,则可延长心墙,并将老新心墙用铰链连接,而在坝壳的上下游培土已加大坝体,如图 12-5 所示。

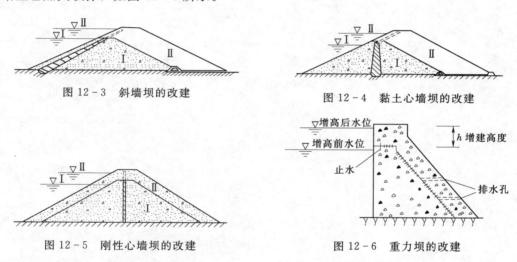

图 12-3 斜墙坝的改建

图 12-4 黏土心墙坝的改建

图 12-5 刚性心墙坝的改建

图 12-6 重力坝的改建

12.3.3.3 混凝土重力坝的改建

重力坝的改建比土石坝的改建复杂,因为必须保证新老混凝土结合缝之间的强度、整体性,并有可靠的防渗性等要求。

重力坝的改建工作,通常在不放空水库的情况下进行。浇注混凝土是沿着坝顶及坝的下游面进行,如图 12-6 所示。在新老混凝土结合的地方应首先将老混凝土加以凿毛,去掉不坚固的混凝土,垂直于缝设螺栓且很可靠地筑于老混凝土,并插入新混凝土中。在挡水处,缝用防渗榫槽遮住,而在下游处设排水。为了防止缝被拉开及增加可靠程度,可设置锚筋并用压力灌浆使之牢固结合为一体。

思 考 题

12.1 水利工程管理的主要内容及意义?

12.2 水工建筑物检查的基本内容和具体步骤是什么?

12.3 水工建筑物观测的基本方法主要有哪些?

12.4 土石坝的主要隐患有哪些? 如何预防与消除?

12.5 如何检查观测土石坝的渗漏现象?

12.6　水工建筑物常见的渗漏类型有哪些？各有何特点？

12.7　量测渗漏量的常用方法有哪些？

12.8　何为管涌？如何检查处理？

12.9　何为扬压力？如何观测？若扬压力超过允许值，混凝土大坝将会出现何种险情？如何处理？

12.10　水闸的主要病害有哪些？如何预防与处理？

12.11　谈谈水工建筑物改扩建的意义。

参 考 文 献

1 崔振才．水资源与水文分析计算．北京：中国水利水电出版社，2004
2 梅孝威．水利工程管理．北京：中国水利水电出版社，2005
3 田士豪，陈新元．水利水电工程概论．北京：中国电力出版社，2004
4 李宗坤，等．水利水电工程概论．郑州：黄河水利出版社，2005
5 张彦法，等．水利工程．北京：水利电力出版社，1993
6 邹冰．水利工程概论．北京：中国水利水电出版社，2006
7 水利部．水闸设计规范（SL256—2001）．北京：中国水利水电出版社，2001
8 宋祖昭，等．取水工程．北京：中国水利水电出版社，2002
9 陈宝华，张世儒．水闸．北京：中国水利水电出版社，2003
10 王英华．水工建筑物．北京：中国水利水电出版社，2004
11 王庆河．农田水利学．北京：中国水利水电出版社，2006
12 水利部．土石坝养护修理规程（SL210—98）．北京：中国水利水电出版社，2001
13 王世泽，张洪楚．水电站．北京：北京出版社，1980
14 天津大学水利系．小型水电站．北京：电力工业出版社，1980
15 水利部．混凝土大坝安全监测技术规范（SDJ336—89）．北京：中国水利水电出版社，2000
16 水利部．土石坝安全监测技术规范（SL60—94）．北京：中国水利水电出版社，2005
17 水利部．水闸安全鉴定（SL75—98）．北京：中国水利水电出版社，1998
18 吴俊奇，等．给水排水工程．北京：中国水利水电出版社，2004
19 许宝树．水利工程概论．第二版．北京：水利电力出版社，1992
20 高湘．给水工程技术及工程实例．北京：化学工业出版社，2002
21 陈良堤．水利工程管理．北京：中国水利水电出版社，2006